Análise de séries temporais
Volume 2

Política editorial do Projeto Fisher

O Projeto Fisher, uma iniciativa da Associação Brasileira de Estatística (ABE) e tem como finalidade publicar textos básicos de estatística em língua portuguesa.

A concepção do projeto se fundamenta nas dificuldades encontradas por professores dos diversos programas de bacharelado em Estatística no Brasil em adotar textos para as disciplinas que ministram.

A inexistência de livros com as características mencionadas, aliada ao pequeno número de exemplares em outro idioma existente em nossas bibliotecas impedem a utilização de material bibliográfico de uma forma sistemática pelos alunos, gerando o hábito de acompanhamento das disciplinas exclusivamente pelas notas de aula.

Em particular, as áreas mais carentes são: amostragem, análise de dados categorizados, análise multivariada, análise de regressão, análise de sobrevivência, controle de qualidade, estatística bayesiana, inferência estatística, planejamento de experimentos etc. Embora os textos que se pretende publicar possam servir para usuários da estatística em geral, o foco deverá estar concentrado nos alunos do bacharelado.

Nesse contexto, os livros devem ser elaborados procurando manter um alto nível de motivação, clareza de exposição, utilização de exemplos preferencialmente originais e não devem prescindir do rigor formal. Além disso, devem conter um número suficiente de exercícios e referências bibliográficas e apresentar indicações sobre implementação computacional das técnicas abordadas.

A submissão de propostas para possível publicação deverá ser acompanhada de uma carta com informações sobre o objetivo de livro, conteúdo, comparação com outros textos, pré-requisitos necessários para sua leitura e disciplina onde o material foi testado.

Associação Brasileira de Estatística (ABE)

Blucher

Análise de séries temporais

Pedro A. Morettin
Clélia M. C. Toloi

Instituto de Matemática e Estatística
Universidade de São Paulo

Volume 2
Modelos multivariados e não lineares

ABE - PROJETO FISHER

Análise de séries temporais, vol. 2: Modelos multivariados e não lineares
© 2020 Pedro A. Morettin
          Clélia M. C. Toloi
Editora Edgard Blücher Ltda.

Blucher

Rua Pedroso Alvarenga, 1245, 4º andar
04531-934 – São Paulo – SP – Brasil
Tel.: 55 11 3078-5366
contato@blucher.com.br
www.blucher.com.br

Segundo o Novo Acordo Ortográfico, conforme 5. ed.
do *Vocabulário Ortográfico da Língua Portuguesa*,
Academia Brasileira de Letras, março de 2009.

É proibida a reprodução total ou parcial por quaisquer
meios sem autorização escrita da editora.

Todos os direitos reservados pela Editora
Edgard Blücher Ltda.

Dados Internacionais de Catalogação na Publicação (CIP)
Angélica Ilacqua CRB-8/7057

Morettin, Pedro A.
   Análise de séries temporais – volume II : Modelos
multivariados e não lineares / Pedro A. Morettin,
Clélia M. C. Toloi. – São Paulo : Blucher, 2020.
   284 p. : il.

   Bibliografia
   ISBN 978-65-5506-004-1 (impresso)
   ISBN 978-65-5506-006-5 (eletrônico)

   1. Séries temporais I. Título. II. Toloi, Clélia M. C.

20-0371   CDD 519.232

Índices para catálogo sistemático:
1. Séries temporais

 **ABE - PROJETO FISHER**

Livros já publicados

ANÁLISE DE SÉRIES TEMPORAIS, VOL. 1: modelos lineares multivariados, 3ª edição
Pedro A. Morettin
Clélia M. C. Toloi

ANÁLISE DE SOBREVIVÊNCIA APLICADA
Enrico Antônio Colosimo
Suely Ruiz Giolo

ELEMENTOS DE AMOSTRAGEM
Heleno Bolfarine
Wilton O. Bussab

INTRODUÇÃO À ANÁLISE DE DADOS CATEGÓRICOS COM APLICAÇÕES
Suely Ruiz Giolo

Conteúdo

Prefácio   **xi**

1   Preliminares   **1**
   1.1   Introdução   1
   1.2   Aspectos computacionais   2
   1.3   Séries temporais usadas no texto   2
       1.3.1   Séries temporais usadas no Volume 1   2
       1.3.2   Séries novas   3

2   Modelos de Espaço de Estados   **7**
   2.1   Introdução   7
   2.2   Representação em espaço de estados   7
   2.3   O filtro de Kalman   10
   2.4   Estimadores de máxima verossimilhança   12
   2.5   Modelos estruturais   14
       2.5.1   Modelo de nível local   14
       2.5.2   Modelo de tendência local   15
       2.5.3   Modelo com tendência local e componente sazonal . . .   16
       2.5.4   Modelo com ciclo   17
   2.6   Observações perdidas   29
   2.7   Tópicos adicionais   33
   2.8   Problemas   34

3   Modelos Lineares Multivariados   **37**
   3.1   Introdução   37
   3.2   Séries estacionárias   39
   3.3   Estimação de médias e covariâncias   41

vii

3.4	Modelos autorregressivos vetoriais	42
3.5	Construção de modelos VAR	48
3.6	Problemas	54

Apêndice 3.A: Modelo VAR(p) na Forma VAR(1) 57

Apêndice 3.B: Causalidade de Granger 57

4 Modelos Heteroscedásticos Condicionais — **61**

4.1	Introdução	61
4.2	Retornos	62
4.3	Fatos estilizados sobre retornos	64
4.4	Distribuições de retornos	66
4.5	Assimetria e curtose	69
4.6	Modelos ARCH	70
4.7	Modelos GARCH	84
4.8	Extensões do modelo GARCH	98
	4.8.1 Modelos EGARCH	98
	4.8.2 Modelos TGARCH	101
4.9	Modelos de volatilidade estocástica	108
4.10	Problemas	116

5 Modelos GARCH Multivariados — **123**

5.1	Introdução	123
5.2	Generalizações do modelo GARCH univariado	125
	5.2.1 Modelos VEC	125
	5.2.2 Modelos BEKK	130
5.3	Modelo fatorial via componentes principais	134
	5.3.1 Modelo via componentes principais	134
	5.3.2 Modelo GO–GARCH	137
5.4	Combinações não lineares de modelos GARCH	139
	5.4.1 Modelos com correlações condicionais constantes	139
	5.4.2 Modelos com correlações condicionais dinâmicas	143
5.5	Problemas	145

6 Modelos Não Lineares — **149**

6.1	Introdução	149
6.2	Expansões de Volterra	151
6.3	Modelos bilineares	152
	6.3.1 Formulação geral	153
	6.3.2 Forma vetorial de um modelo bilinear	154
	6.3.3 Estacionariedade e invertibilidade	156
	6.3.4 Estimação	156

CONTEÚDO

ix

6.4	Modelos lineares por partes	161
6.4.1	Formulação geral	161
6.4.2	Modelos TAR	162
6.4.3	Estimação de modelos TAR	163
6.4.4	Identificação e teste para linearidade	169
6.4.5	Previsão de modelos TAR	170
6.5	Modelos de transição markovianos	173
6.5.1	Formulação geral	173
6.5.2	Estimação	176
6.5.3	Previsão de MTM	186
6.6	Modelos AR funcionais	187
Apêndice 6.A: Estimação de um modelo bilinear		192
Apêndice 6.B: Estimação de MTM		193

7 Análise Espectral Multivariada   197

7.1	Introdução	197
7.2	Representações espectrais	199
7.3	Coerência complexa e quadrática	200
7.4	Estimação do espectro cruzado	201
7.5	Estimadores suavizados	204
7.6	Aplicações	205
7.7	Problemas	209
Apêndice 7.A: Cumulantes		216

8 Processos Não Estacionários   221

8.1	Introdução	221
8.2	Processos cointegrados	222
8.2.1	Tendências comuns	223
8.2.2	Modelo de correção de erro	224
8.2.3	Testes para cointegração	228
8.3	Espectros dependentes do tempo	233
8.3.1	Soluções que preservam a ortogonalidade	235
8.3.2	Soluções que preservam a frequência	238
8.3.3	Processos localmente estacionários	239
8.3.4	Estimação do espectro de Priestley	243
8.3.5	Estimação do espectro de Wigner-Ville	246
8.3.6	Estimação do espectro de PLE	248
8.3.7	Comentários adicionais	250
8.4	Problemas	252
8.4.1	Cointegração	252
8.4.2	Espectros dependentes do tempo	255

Referências	**257**
Índice remissivo	**269**

Prefácio

Este é o segundo volume de nosso livro Análise de Séries Temporais. O Volume 1 incorporou os modelos lineares univariados comumente usados na análise de dados que ocorrem na forma de séries temporais.

Neste volume iremos tratar de modelos lineares multivariados e modelos não lineares. Entre os modelos multivariados, incluímos os modelos autorregressivos vetoriais (VAR), os modelos GARCH multivariados e a análise espectral bivariada. Entre os modelos não lineares, estudaremos os modelos bilineares, TAR (lineares por parte) e modelos de transição markovianos. Descrevemos brevemente os modelos autorregressivos com coeficientes funcionais e expansões de Volterra.

No Capítulo 8, introduzimos dois tópicos sobre processos não estacionários: o primeiro, no domínio do tempo, cobre processos cointegrados. O segundo, a análise espectral de alguns processos não estacionários.

Sempre que possível utilizamos os pacotes apropriados para cada modelo do repositório R. Mas para alguns modelos, especialmente os não lineares e não estacionários, não há pacotes disponíveis.

Agradecemos a Francisco Marcelo da Rocha pelo auxílio computacional, especialmente no que se refere à estimação de modelos bilineares, para os quais ele desenvolveu um programa em R.

Como no Volume 1, os *scripts* em R, para os exemplos do livro, encontram-se no site http://www.ime.usp.br/~ pam.

São Paulo, julho de 2020
Os autores

CAPÍTULO 1

Preliminares

1.1 Introdução

No Volume 1, tratamos os modelos lineares univariados, principalmente os chamados modelos ARIMA (autorregressivos, integrados, de médias móveis). Estudamos, também, a análise espectral para séries temporais estacionárias univariadas.

Neste segundo volume, estudaremos modelos multivariados lineares e alguns modelos não lineares. Modelos não estacionários, de modo geral, são complicados de analisar. No Capítulo 8, trataremos de uma forma especial de não estacionariedade, ou seja, relações de cointegração entre séries não estacionárias que são integradas de determinada ordem, em particular, integradas de ordem um, ou I(1).

No que se refere à análise espectral, trataremos do caso bivariado para séries estacionárias. A análise espectral para processos não estacionários será apresentada no Capítulo 8 para o caso univariado.

Começamos, no Capítulo 2, com os modelos de espaço de estados lineares e gaussianos. Esses modelos são importantes, porque muitas classes de modelos como os de regressão, ARMA etc., são casos particulares desses modelos. Não trataremos de modelos de espaço de estados não lineares e não gaussianos. Para detalhes, veja a Seção 2.7 e Douc et al. (2014).

A seguir, no Capítulo 3, estudamos os modelos lineares multivariados, em especial os modelos VAR (autorregressivos vetoriais).

No Capítulo 4, estudamos os modelos heteroscedásticos condicionais, apropriados para modelar a volatilidade de séries financeiras. Em especial, consideramos os modelos da família ARCH e os modelos de volatilidade estocástica.

Modelos GARCH multivariados são estudados no Capítulo 5 e, modelos não lineares, no Capítulo 6. Este capítulo talvez seja o mais difícil para o leitor, por várias razões, mas principalmente porque pacotes computacionais somente existem para alguns modelos.

No Capítulo 7, estudamos a análise espectral multivariada, restringindonos ao caso bivariado. Finalmente, no Capítulo 8, apresentamos noções sobre cointegração e análise espectral para processos não estacionários univariados.

1.2 Aspectos computacionais

Nos exemplos do livro, procuramos usar, sempre que possível, pacotes do Repositório R. Em algumas situações, foi necessário usar o pacote SPlus, ou porque o R não possui pacotes apropriados, ou porque seu uso conduziu a resultados conflitantes ou inesperados. Pacotes do R podem ser obtidos gratuitamente em *The Comprehensive R Archive Network*, no site www.r-project.org/.

1.3 Séries temporais usadas no texto

Nesta Seção descreveremos as séries temporais usadas no texto. Os arquivos de dados estão no site do livro.

1.3.1 Séries temporais usadas no Volume 1

Iremos ilustrar várias técnicas usadas no livro com séries apresentadas no Volume 1, Seção 1.9. São elas:

1) No Capítulo 2 usamos as séries ICV, Chuva (Lavras), Consumo, Índices (IPI, PFI), Energia, Temperatura (Ubatuba), Ibovespa e Petrobras (ambas de 19/08/1998 a 29/09/2010).

2) No Capítulo 3 usamos as séries Ibovespa e Petrobras (como em 1)), Ibovespa e C-Bond mensais, Ibovespa e Merval, Ibovespa e IPC (essas quatro últimas de 04/09/1995 a 30/12/2004), Ibovespa e Cemig (de 02/01/1995 a 27/12/2000), Vale e Petrobras (de 31/05/1998 a 29/09/2010).

3) No Capítulo 4 usamos as séries Ibovespa (de 04/07/1994 a 29/09/2010), Petrobras (de 30/01/1995 a 27/12/2000), Vale (de 31/08/1998 a 29/09/2010), TAM (de 10/01/1995 a 27/12/2000), Globo (de 06/11/1996 a 27/12/2000) e Cemig (como em 2)).

1.3. SÉRIES TEMPORAIS USADAS NO TEXTO

4) No Capítulo 5 usamos as séries Ibovespa e Petrobras (de 02/01/1995 a 30/07/2010), as séries Petrobras e Vale usadas no Capítulo 3 e as séries HP e IBM (de 02/02/1984 a 31/12/1992), constantes do pacote S+FinMetrics.

5) No Capítulo 8 usamos as séries Ibovespa e Petrobras, Ibovespa e C-Bond, Ibovespa e IPC e Ibovespa, Petrobras, com períodos especificados em [1] e [2], Vale, especificada em 2), Petrobras3 e Petrobras4 (de 02/01/2006 a 29/09/2010).

1.3.2 Séries novas

Novas séries foram introduzidas no Volume 2, que passamos a descrever.

1) Ibovespa (de 04/07/1994 a 30/07/2018), no Capítulo 8. Veja a Figura 1.1.

2) Série Linces Canadenses, que dá o número anual desses animais capturados no distrito Mackenzie River, no norte do Canadá, no período 1821–1934, no Capítulo 6. Veja a Figura 6.8.

3) Dados de mortes diárias em acidentes de tráfego na Espanha durante o ano de 2010, constantes do pacote MSwM. Como covariáveis temos a temperatura média diária e a precipitação média diária. Os dados são da Dirección General de Trafico e da Agencia Estatal de Meteorologia da Espanha. Na Figura 6.19 temos os gráficos das três séries.

4) Variação do PIB do Brasil (em porcentagem ao ano), de 1901 a 2013. Veja a Figura 1.2.

5) Série mensal do índice de produção industrial nos Estados Unidos (EUA), de janeiro de 1952 a janeiro de 1995. Veja a Figura 1.3.

6) Séries temporais que fornecem o número de mortes mensais causadas por bronquite, enfisema e asma, no Reino Unido, para homens (X_{1t}, mdeaths) e mulheres (X_{2t}, fdeaths), de janeiro de 1974 a dezembro de 1980, total de $N = 72$ observações. Veja a Figura 7.1.

7) Séries de poluição em Los Angeles, CA, constantes do pacote astsa do R.

8) Séries de alturas de ondas oceânicas, medidas por dois instrumentos, ondógrafo de fio (brevemente WIRE) e ondógrafo de infra-vermelho (brevemente, IR), colocado a uma distância de 6 metros um do outro, sobre uma mesma plataforma no Cape Henry, Virginia Beach, Virginia. Veja a Figura 7.7.

Os arquivos de dados dessas séries encontram-se no site do livro.

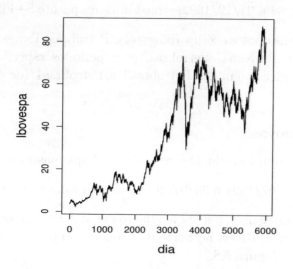

Figura 1.1: Índice Ibovespa diário, de 04/07/1994 a 30/07/2018.

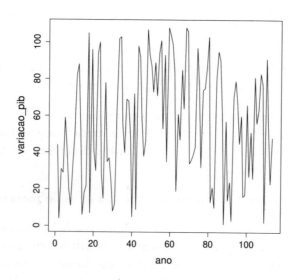

Figura 1.2: Variação do PIB real anual do Brasil (em % a.a.)

1.3. SÉRIES TEMPORAIS USADAS NO TEXTO

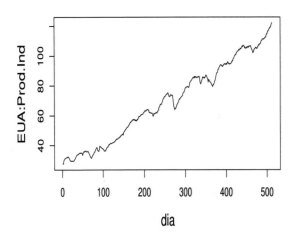

Figura 1.3: Produção industrial nos EUA de jan/1952 a jan/1995.

CAPÍTULO 2

Modelos de Espaço de Estados

2.1 Introdução

Uma classe bastante geral de modelos, denominados modelos de espaço de estados (MEE) ou modelos lineares dinâmicos (MLD), foi introduzida por Kalman (1960) e Kalman e Bucy (1961) no contexto de rastreamento de veículos espaciais. Tais modelos têm sido extensivamente utilizados para modelar dados provenientes da Economia (Harrison e Stevens, 1976; Harvey e Pierse, 1984; Harvey e Todd, 1983; Kitagawa e Gersch, 1984; Shumway e Stoffer, 1982), da área médica (Jones, 1984) e de ciências do solo (Shumway, 1985), dentre outras áreas.

Neste capítulo estudaremos os modelos estruturais, que podem ser postos facilmente na forma de espaços de estados. A referência básica para o estudo desses modelos é Harvey (1989). Há um enfoque bayesiano ao MLD que não será discutido aqui. Veja Meinhold e Singpurwalla (1983) e West e Harrison (1997) para detalhes. Abordagens basedas em projeções e distribuições normais multivariadas podem ser encontradas em Jazwinski (1970) e Anderson e Moore (1979).

2.2 Representação em espaço de estados

Todo modelo linear de séries temporais q-dimensionais tem representação em espaço de estados, que relaciona o vetor de observações $\{Z_t\}$ e o vetor de ruídos $\{v_t\}$, por meio de um processo de Markov $\{X_t\}$, p dimensional, denominado vetor de estados. Assim o *modelo de espaço de estados (MEE)* ou *modelo linear dinâmico (MLD)*, em sua forma básica, é constituído por duas

CAPÍTULO 2. MODELOS DE ESPAÇO DE ESTADOS

equações:

$$Z_t = A_t X_t + v_t, \tag{2.1}$$
$$X_t = G_t X_{t-1} + w_t, \quad t = 1, \ldots, N, \tag{2.2}$$

em que

A_t é a *matriz do sistema*, ou *matriz de mensurações*, de ordem $q \times p$;

v_t é o vetor ruído das observações, de ordem $q \times 1$, não correlacionado, com média zero e matriz de covariâncias R;

G_t é a *matriz de transição*, de ordem $p \times p$ e

w_t é um vetor de ruídos não correlacionados, representando a perturbação do sistema, de ordem $p \times 1$, com média zero e matriz de covariâncias Q.

A equação (2.1) é denominada *equação das observações*, enquanto (2.2) é a *equação de estados* ou do sistema.

No MEE supõe-se que:

(a) o estado inicial X_0 tem média μ_0 e matriz de covariâncias Σ_0;

(b) os vetores de ruídos v_t e w_t são não correlacionados entre si e não correlacionados com o estado inicial, isto é,

$$E(v_t w_s') = 0, \text{ para todo } t, s = 1, \ldots, N,$$
$$E(v_t X_0') = 0 \text{ e } E(w_t X_0') = 0, \ t = 1, \ldots, N.$$

Dizemos que o modelo de espaço de estados é gaussiano quando os vetores de ruídos forem normalmente distribuídos.

No modelo univariado $q = 1$, A_t é um vetor e v_t é um ruído com média zero e variância σ_v^2.

As matrizes A_t e G_t são não estocásticas; assim, se houver variação no tempo, esta será predeterminada. Quando essas matrizes forem constantes no tempo, o sistema será dito *invariante no tempo* ou *homogêneo no tempo*. Um caso especial desse tipo de modelo são os modelos estacionários. Além disso, se houver elementos desconhecidos, nessas matrizes, eles poderão ser estimados utilizando-se o método de máxima verossimilhança ou métodos bayesianos.

A análise de (2.1) e (2.2) indica que o vetor de estados não é diretamente observado; o que se observa é uma versão linear dele, adicionada a um ruído.

O modelo básico (2.1)–(2.2) pode ser modificado incluindo variáveis exógenas e/ou erros correlacionados; veja Shumway e Stoffer (2015).

2.2. REPRESENTAÇÃO EM ESPAÇO DE ESTADOS

Exemplo 2.1. Modelo AR(2). Uma representação em espaço de estados do modelo

$$Z_t = \phi_1 Z_{t-1} + \phi_2 Z_{t-2} + a_t, \quad t = 1, \ldots, N,$$

é dada por

$$
\begin{aligned}
Z_t &= [1 \ 0] X_t, \\
X_t &= \begin{bmatrix} Z_t \\ \phi_2 Z_{t-1} \end{bmatrix} = \begin{bmatrix} \phi_1 & 1 \\ \phi_2 & 0 \end{bmatrix} X_{t-1} + \begin{bmatrix} a_t \\ 0 \end{bmatrix}.
\end{aligned}
\tag{2.3}
$$

Uma representação alternativa é

$$
\begin{aligned}
Z_t &= [1 \ 0] X_t^*, \\
X_t^* &= \begin{bmatrix} Z_t \\ Z_{t-1} \end{bmatrix} = \begin{bmatrix} \phi_1 & \phi_2 \\ 1 & 0 \end{bmatrix} X_{t-1}^* + \begin{bmatrix} a_t \\ 0 \end{bmatrix}.
\end{aligned}
\tag{2.4}
$$

Em ambas as representações, (2.3) e (2.4), temos $\sigma_v^2 = 0$.

Exemplo 2.2. Modelo MA(1), sendo que uma representação em espaço de estados do modelo

$$Z_t = a_t - \theta a_{t-1}$$

é dada por

$$
\begin{aligned}
Z_t &= [1 \ 0] X_t, \\
X_t &= \begin{bmatrix} 0 & -1 \\ 0 & 0 \end{bmatrix} X_{t-1} + \begin{bmatrix} a_t \\ 0 \end{bmatrix},
\end{aligned}
\tag{2.5}
$$

em que $X_t = \begin{bmatrix} X_t \\ \theta a_t \end{bmatrix}$.

Exemplo 2.3. Modelo de regressão linear. Esse modelo tem a equação de observação dada por

$$Z_t = Y_t' \beta_t + \varepsilon_t, \tag{2.6}$$

em que

Z_t: observação escalar (variável resposta);

Y_t: vetor de variáveis explicativas;

β_t: vetor de coeficientes desconhecidos.

CAPÍTULO 2. MODELOS DE ESPAÇO DE ESTADOS

Se o modelo for estático, a equação do sistema será redundante, isto é,

$$\beta_t = \beta_{t-1} = \cdots = \beta_0 \ . \tag{2.7}$$

Se os coeficientes forem dinâmicos, então a equação do sistema será dada por

$$\beta_t = \beta_{t-1} + \delta\beta_t \ . \tag{2.8}$$

Ambos os modelos, (2.7) e (2.8), são MEEs particulares em que $X_t = \beta_t$, $A_t = Y_t$, $\phi_t = 1$, $v_t = \varepsilon_t$ e $w_t = \delta\beta_t$, no caso dinâmico, e $\sigma_w^2 = 0$ no caso estático.

O objetivo ao utilizar um MEE é estimar X_t, com as observações $\mathbf{Z}_{1:s} = (Z_1, \ldots, Z_s)$. Quando $s < t$, falamos em *previsão*, quando $s = t$ falamos em *filtragem* e quando $s > t$ falamos em *suavização*. As soluções desses problemas são dadas pelo *Filtro de Kalman* e pelo *Suavizador de Kalman*. No que segue, usaremos a notação $\mathbf{Z}_s$, no lugar de $\mathbf{Z}_{1:s}$.

2.3 O filtro de Kalman

O filtro de Kalman, um algoritmo de estimação recursiva, representa uma das maiores contribuições na teoria moderna de controle e sua importância pode ser constatada através de suas numerosas aplicações. No modelo de espaço de estados gaussiano, o filtro de Kalman fornece estimadores de mínimos quadrados do vetor de estados X_t, utilizando o conjunto de observações $\mathbf{Z}_s = (Z_1, \ldots, Z_s)$.

Daqui em diante utilizaremos a seguinte notação:

$$X_t^s = E(X_t | \mathbf{Z}_s) \tag{2.9}$$

e

$$P_{t_1,t_2}^s = E[(X_{t_1} - X_{t_1}^s)(X_{t_2} - X_{t_2}^s)'] \ . \tag{2.10}$$

Quando $t_1 = t_2 = t$, escreveremos simplesmente P_t^s em (2.10).

Quando utilizamos a suposição de normalidade para os ruídos v_t e w_t das equações (2.1) e (2.2), temos que

$$P_{t_1,t_2}^s = E\left[(X_{t_1} - X_{t_1}^s)(X_{t_2} - X_{t_2}^s)' | \mathbf{Z}_s\right], \tag{2.11}$$

ou seja, a matriz de covariâncias do erro será, também, uma matriz de covariâncias condicional. Veja o Problema 8.

Outras notações para (2.9) e (2.10) são, respectivamente,

$$X_{t|s} = E(X_t | \mathbf{Z}_s),$$

2.3. O FILTRO DE KALMAN 11

$$P_{t_1,t_2|s} = E[(X_{t_1} - X_{t_1|s})(X_{t_2} - X_{t_2|s})'].$$

O filtro de Kalman fornece as *equações de filtragem* ($s = t$) e as *equações de previsão* ($s < t$). Quando $s > t$, temos a suavização. O nome filtro deve-se ao fato de que X_t^t é uma combinação linear de $Z_1, Z_2, \ldots, Z_t$. A vantagem do filtro de Kalman é que pode-se atualizar o filtro de X_{t-1}^{t-1} para X_t^t, quando uma nova observação é obtida, sem ter que reprocessar o conjunto todo de observações $\mathbf{Z}_t$.

Filtro de Kalman

Para o modelo (2.1)–(2.2), com condições iniciais $X_0^0 = \mu_0$ e $P_0^0 = \Sigma_0$, temos para $t = 1, \ldots, N$

$$X_t^{t-1} = GX_{t-1}^{t-1}, \tag{2.12}$$

$$P_t^{t-1} = GP_{t-1}^{t-1}G' + Q, \tag{2.13}$$

com

$$X_t^t = X_t^{t-1} + K_t(Z_t - A_t X_t^{t-1}), \tag{2.14}$$

$$P_t^t = [I - K_t A_t]P_t^{t-1}, \tag{2.15}$$

em que

$$K_t = P_t^{t-1}A_t'[A_t P_t^{t-1}A_t' + R]^{-1} \tag{2.16}$$

é denominado *ganho* de Kalman.

As previsões para $t > N$ são calculadas utilizando (2.12)–(2.13) com valores iniciais X_N^N e P_N^N.

A demonstração das equações do filtro é dada em Harvey (1989) e Shumway e Stoffer (2015).

O filtro também fornece as inovações (ou erros de previsão)

$$\varepsilon_t = Z_t - Z_t^{t-1} = Z_t - G_t X_t^{t-1},$$

e a matriz de covariâncias correspondente

$$\Sigma_t = \mathrm{Cov}(\varepsilon_t) = \mathrm{Cov}[G_t(X_t - X_t^{t-1}) + v_t] = G_t P_t^{t-1} A_t' + R.$$

CAPÍTULO 2. MODELOS DE ESPAÇO DE ESTADOS

Suavizador de Kalman

Para o modelo (2.1)–(2.2) com condições iniciais X_N^N e P_N^N, calculadas utilizando (2.12)–(2.15), temos para $t = N, N-1, \ldots, 1$,

$$X_{t-1}^N = X_{t-1}^{t-1} + J_{t-1}(X_t^N - X_t^{t-1}), \qquad (2.17)$$

$$P_{t-1}^N = P_{t-1}^{t-1} + J_{t-1}(P_t^N - P_t^{t-1})J_{t-1}', \qquad (2.18)$$

em que

$$J_{t-1} = P_{t-1}^{t-1} G'[P_t^{t-1}]^{-1}. \qquad (2.19)$$

Assim, o suavizador de Kalman fornece as estimativas do vetor de estados e da matriz de covariâncias no instante $t-1$, utilizando como informação todas as observações $Z_1, Z_2, \ldots, Z_N$ da série temporal. Para uma prova de (2.17)–(2.18), veja Shumway e Stoffer (2015).

2.4 Estimadores de máxima verossimilhança

O objetivo é estimar os parâmetros $\Theta = \{\mu_0, \Sigma_0, Q, R\}$, que especificam o modelo de espaço de estados (2.1)–(2.2), supondo-se A_t e G_t conhecidas. Sob a suposição de que o estado inicial tem distribuição gaussiana, isto é, $X_0 \sim \mathcal{N}(\mu_0, \Sigma_0)$ e que os ruídos $w_1, \ldots, w_N$ e $v_1, \ldots, v_N$ são variáveis não correlacionadas e conjuntamente normais, podemos calcular a função de verossimilhança utilizando as *inovações*, definidas por

$$\begin{aligned} \varepsilon_t &= Z_t - E(Z_t|\mathbf{Z}_{t-1}) \\ &= Z_t - A_t X_t^{t-1}, \quad t = 1, \ldots, N. \end{aligned} \qquad (2.20)$$

Note que

$$E(\varepsilon_t) = E(Z_t) - E(Z_t) = 0 \qquad (2.21)$$

e

$$\begin{aligned} \Sigma_t &= \mathrm{Var}(\varepsilon_t) = \mathrm{Var}(Z_t - A_t X_t^{t-1}) \\ &= \mathrm{Var}(A_t X_t + v_t - A_t X_t^{t-1}) = \mathrm{Var}(A_t(X_t - X_t^{t-1}) + v_t) \end{aligned}$$

e, portanto,

$$\Sigma_t = A_t P_t^{t-1} A_t' + R . \qquad (2.22)$$

Considerando que, por definição, as inovações são vetores aleatórios com distribuições normais independentes, temos que a log-verossimilhança é

$$\ln L(\Theta|Z) = -\frac{1}{2} \sum_{t=1}^N \ln |\Sigma_t| - \frac{1}{2} \sum_{t=1}^N \varepsilon_t' \Sigma_t^{-1} \varepsilon_t , \qquad (2.23)$$

2.4. ESTIMADORES DE MÁXIMA VEROSSIMILHANÇA 13

que é uma função não linear em Θ. Uma possível solução é utilizar o algoritmo de Newton-Raphson sucessivamente, até que a log-verossimilhança seja maximizada. Os passos para esse procedimento de estimação são dados por:

1. Selecionar valores iniciais para os parâmetros, denotados por $\Theta^{(0)}$.

2. Utilizar o filtro de Kalman e os valores iniciais $\Theta^{(0)}$, para obter o conjunto de inovações e as matrizes de covariâncias, $\{\varepsilon_t^{(0)}, \Sigma_t^{(0)}, t = 1, \ldots, N\}$.

3. Executar uma iteração do algoritmo de Newton-Raphson utilizando os valores obtidos no passo 2 e obtendo um novo conjunto de estimativas, $\Theta^{(1)}$.

4. A cada iteração j ($j = 1, 2, \ldots$), repetir o passo 2 utilizando $\Theta^{(j)}$ para obter um novo conjunto de inovações e as respectivas matrizes de covariâncias, $\{\varepsilon_t^{(j)}, \Sigma_t^{(j)}, t = 1, \ldots, N\}$. Repetir então o passo 3, para obter uma nova estimativa $\Theta^{(j+1)}$. Parar quando as estimativas ou a log-verossimilhança estabilizar, ou seja, quando $\|\Theta^{(j+1)} - \Theta^{(j)}\|$ ou $|\ln L(\Theta^{(j+1)}|\mathbf{Z}) - \ln L(\Theta^{(j)}|\mathbf{Z})|$ for menor do que uma quantidade pequena e preestabelecida.

Esse procedimento é sugerido por Jones (1980), Gupta e Mehra (1974), Ansley e Kohn (1985).

A distribuição assintótica do estimador de máxima verossimilhança é dada pelo resultado a seguir.

Teorema 2.1. *Sob condições gerais, seja $\hat{\Theta}_N$ o estimador de máxima verossimilhança de Θ, obtido maximizando a expressão (2.23). Então, para $N \to \infty$,*

$$\sqrt{N}(\hat{\Theta}_N - \Theta) \xrightarrow{\mathcal{D}} \mathcal{N}(0, I(\Theta)^{-1}), \tag{2.24}$$

em que $I(\Theta)$ é a matriz de informação assintótica dada por

$$I(\Theta) = \lim_{N \to \infty} N^{-1} E[-\partial^2 \ln L(\theta/\mathbf{Z})/\partial\theta\partial\theta'].$$

A demonstração do teorema é dada em Caines (1988) e Hannan e Deistler (1988).

Uma solução alternativa, apresentada por Shumway e Stoffer (1982), é utilizar um procedimento de estimação baseado no algoritmo EM, desenvolvido por Dempster et al. (1977). Para mais detalhes, ver Shumway e Stoffer (2015).

14 CAPÍTULO 2. MODELOS DE ESPAÇO DE ESTADOS

2.5 Modelos estruturais

A essência dos modelos estruturais é considerar as observações de uma série temporal como sendo uma combinação linear de um nível (permanente ou aleatório) e uma componente irregular. Esse nível pode representar tendências fixas ou aleatórias, além de periodicidades.

A seleção de um modelo na metodologia de modelos estruturais, ao contrário da metodologia de Box e Jenkins, dá menos ênfase à análise de correlogramas de várias transformações da série original. A ênfase na formulação das componentes do modelo se dá no conhecimento da série (observações mensais ou não, por exemplo) e em uma inspeção gráfica que pode sugerir uma possível tendência nas observações.

Após a estimação do modelo selecionado, podemos fazer testes residuais do mesmo tipo que são utilizados em modelos ARIMA. O teste de Ljung-Box, por exemplo, pode ser aplicado aos resíduos do modelo, com um número de graus de liberdade igual ao número de autocorrelações utilizadas, menos o número de hiperparâmetros estimados. Além disso, pode-se fazer gráficos dos resíduos que permitirão ao usuário verificar se os movimentos dessas componentes correspondem ao comportamento da série original.

Apresentamos a seguir os principais modelos estruturais em séries temporais.

2.5.1 Modelo de nível local

É o modelo estrutural mais simples e é adequado quando o nível da série muda com o tempo de acordo com um passeio aleatório, isto é,

$$Z_t = \mu_t + \varepsilon_t, \quad t = 1, \ldots, N, \tag{2.25}$$

$$\mu_t = \mu_{t-1} + \eta_t, \quad t = 1, \ldots, N, \tag{2.26}$$

em que $\varepsilon_t \sim \mathcal{N}(0, \sigma_\varepsilon^2)$, $\eta_t \sim \mathcal{N}(0, \sigma_n^2)$ independentes e não correlacionadas entre si.

O modelo (2.25)–(2.26) pode ser colocado na forma de espaço de estados com

$$A_t = 1, \ X_t = \mu_t, \ G_t = 1, \ v_t = \varepsilon_t \text{ e } w_t = \eta_t \ .$$

Uma característica importante desse modelo é que o estimador do nível, μ_t^t, é dado por uma média móvel das observações passadas com uma constante de suavização que é função da razão sinal-ruído, $f = \sigma_\eta^2/\sigma_\varepsilon^2$. Para mais detalhes, veja Muth (1960). A previsão é constante, ou seja, a função previsão é uma reta horizontal.

2.5.2 Modelo de tendência local

Esse modelo é descrito pelas equações

$$Z_t = \mu_t + \varepsilon_t \ , \tag{2.27}$$

$$\mu_t = \mu_{t-1} + \beta_{t-1} + \eta_t \ , \tag{2.28}$$

$$\beta_t = \beta_{t-1} + \xi_t \ , \tag{2.29}$$

em que $\varepsilon_t \sim \mathcal{N}(0, \sigma_\varepsilon^2)$, $\eta_t \sim \mathcal{N}(0, \sigma_\eta^2)$ e $\xi_t \sim \mathcal{N}(0, \sigma_\xi^2)$ com η_t e ξ_t mutuamente não correlacionados e não correlacionados com ε_t; μ_t é denominado nível local e β_t a inclinação local.

O modelo (2.27)–(2.29) pode ser colocado na representação de espaços de estados, com:

$$Z_t = [1 \ 0] \begin{bmatrix} \mu_t \\ \beta_t \end{bmatrix} + \varepsilon_t \ , \tag{2.30}$$

$$\begin{bmatrix} \mu_t \\ \beta_t \end{bmatrix} = \begin{bmatrix} 1 & 1 \\ 0 & 1 \end{bmatrix} \begin{bmatrix} \mu_{t-1} \\ \beta_{t-1} \end{bmatrix} + \begin{bmatrix} \eta_t \\ \xi_t \end{bmatrix} . \tag{2.31}$$

A intensidade com que μ_t e β_t mudam com o tempo depende das quantidades $q_1 = \sigma_\eta^2 / \sigma_\varepsilon^2$ c $q_2 = \sigma_\xi^2 / \sigma_\varepsilon^2$. A função previsão é uma reta com nível e inclinação estimados no final da amostra: μ_N^N e β_N^N.

O modelo (2.27)–(2.29) corresponde a uma especificação bastante geral: componentes de nível e inclinação, ambas estocásticas. Alguns casos particulares desse modelo são:

1. Nível local ou passeio casual + ruído; neste caso a tendência é um passeio aleatório, isto é, não existe a componente β_t.

2. Nível local com "drift"; neste caso $\sigma_\xi^2 = 0$.

3. Tendência suave; neste caso $\sigma_\eta^2 = 0$.

4. Tendência determinística; neste caso $\sigma_\eta^2 = \sigma_\xi^2 = 0$.

A especificação da tendência é baseada em informações *a priori* da série e/ou no gráfico das observações. Na dúvida, estima-se o modelo geral e testa-se a significância de cada componente no vetor de estados. Em particular, se σ_ξ^2 é estimada como sendo zero, podemos testar se a inclinação β, agora fixa, também é zero.

2.5.3 Modelo com tendência local e componente sazonal

Pode-se incluir, quando necessário, uma componente sazonal nos modelos estruturais. O modelo básico é escrito na forma

$$Z_t = \mu_t + S_t + \varepsilon_t \ , \tag{2.32}$$

em que S_t é a componente sazonal, em sua forma geral estocástica, com μ_t dado por (2.28)–(2.29) e $\varepsilon_t \sim \mathcal{N}(0, \sigma_\varepsilon^2)$ não correlacionado com os demais ruídos do modelo. Para que (2.32) seja verdadeiro, muitas vezes temos que aplicar uma transformação logarítmica nos dados originais.

Existem várias maneiras de modelar a componente sazonal. Daqui em diante vamos supor que s é o período dessa componente.

(1) **Representação da componente sazonal com variáveis dummy**:

$$S_t + S_{t-1} + \cdots + S_{t-s+1} = a_t \ . \tag{2.33}$$

A expressão (2.33) nos diz que a componente sazonal é estocástica, indicando um padrão sazonal que se desenvolve no tempo. Esse padrão torna-se determinístico quando $\sigma_a^2 = 0$; essa opção é mais conveniente quando se tem uma série temporal com um número pequeno de observações, ou seja, informação insuficiente para modelar mudanças no padrão sazonal.

A representação em espaço de estados do modelo (2.32) e (2.33), supondo $s = 4$, é dada por

$$Z_t = [1 \ \ 0 \ \ 1 \ \ 0 \ \ 0] X_t + \varepsilon_t \ , \tag{2.34}$$

$$X_t = \begin{bmatrix} \mu_t \\ \beta_t \\ S_t \\ S_{t-1} \\ S_{t-2} \end{bmatrix} = \begin{bmatrix} 1 & 1 & & \mathbf{0} & \\ 0 & 1 & & & \\ \hline & & -1 & -1 & -1 \\ \mathbf{0} & & 1 & 0 & 1 \\ & & 0 & 1 & 0 \end{bmatrix} \begin{bmatrix} \mu_{t-1} \\ \beta_{t-1} \\ S_{t-1} \\ S_{t-2} \\ S_{t-3} \end{bmatrix} + \begin{bmatrix} \eta_t \\ \xi_t \\ a_t \\ 0 \\ 0 \end{bmatrix} \tag{2.35}$$

(2) **Representação utilizando funções trigonométricas**:

$$S_t = \sum_{j=1}^{[\frac{s}{2}]} S_{j,t} \ , \tag{2.36}$$

com $S_{j,t}$ gerado por

$$\begin{bmatrix} S_{j,t} \\ S_{j,t}^* \end{bmatrix} = \begin{bmatrix} \cos \lambda_j & \operatorname{sen} \lambda_j \\ -\operatorname{sen} \lambda_j & \cos \lambda_j \end{bmatrix} \begin{bmatrix} S_{j,t-1} \\ S_{j,t-1}^* \end{bmatrix} + \begin{bmatrix} a_{j,t} \\ a_{j,t}^* \end{bmatrix} , \tag{2.37}$$

2.5. MODELOS ESTRUTURAIS

$j = 1, 2, \ldots, [\frac{s}{2}]$, $\lambda_j = \frac{2\pi j}{s}$, $a_{j,t}$ e $a_{j,t}^*$ ruídos brancos com média zero e mutuamente não correlacionados e com a mesma variância σ_a^2, $j = 1, \ldots, [\frac{s}{2}]$. Além disso, $S_{j,t}^*$ aparece por construção, para formar $S_{j,t}$.

Para s par, $[\frac{s}{2}] = \frac{s}{2}$ e a componente $j = \frac{s}{2}$ se reduz a

$$S_{j,t} = S_{j,t-1} \cos \lambda_j + a_{j,t} \ .$$

A representação em espaço de estados do modelo (2.36)–(2.37), com $s = 4$, é dada por

$$Z_t = [1 \ 0 \ 1 \ 0] X_t + \varepsilon_t \ , \tag{2.38}$$

$$X_t = \begin{bmatrix} \mu_t \\ \beta_t \\ S_{1,t} \\ S_{1,t}^* \\ S_{2,t} \end{bmatrix} = \begin{bmatrix} 1 & 1 & 0 & 0 & 0 \\ 0 & 1 & 0 & 0 & 0 \\ 0 & 0 & \cos(\frac{\pi}{2}) & \operatorname{sen}(\frac{\pi}{2}) & 0 \\ 0 & 0 & -\operatorname{sen}(\frac{\pi}{2}) & \cos(\frac{\pi}{2}) & 0 \\ 0 & 0 & 0 & 0 & -1 \end{bmatrix} \begin{bmatrix} \mu_{t-1} \\ \beta_{t-1} \\ S_{1,t-1} \\ S_{1,t-1}^* \\ S_{2,t-1} \end{bmatrix} + \begin{bmatrix} \eta_t \\ \xi_t \\ a_{1,t} \\ a_{1,t}^* \\ a_{2,t} \end{bmatrix} \tag{2.39}$$

A vantagem de modelar a componente sazonal utilizando o modelo (2.36) – (2.37) é que ele permite uma evolução mais lenta do padrão sazonal. Se em (2.39) eliminarmos o vetor de ruídos ($\sigma_a^2 = 0$), a componente sazonal se tornará determinística.

2.5.4 Modelo com ciclo

O modelo ciclo mais ruído é dado por

$$Z_t = \mu_t + C_t + \varepsilon_t, \quad t = 1, \ldots N. \tag{2.40}$$

Um ciclo determinístico pode ser expresso por uma senoide, isto é,

$$C_t = \alpha \cos \lambda_c t + \beta \operatorname{sen} \lambda_c t, \quad t = 1, \ldots, N, \tag{2.41}$$

em que $0 \le \lambda_c \le \pi$ é a frequência, medida em radianos, correspondente ao período do ciclo $(2\pi/\lambda_c)$; $(\alpha^2 + \beta^2)^{1/2}$ é a amplitude da onda e $\operatorname{arctg}(-\beta/\alpha)$ é a fase.

Um ciclo estocástico é modelado por

$$\begin{bmatrix} C_t \\ C_t^* \end{bmatrix} = \rho \begin{bmatrix} \cos \lambda_c & \operatorname{sen} \lambda_c \\ -\operatorname{sen} \lambda_c & \cos \lambda_c \end{bmatrix} \begin{bmatrix} C_{t-1} \\ C_{t-1}^* \end{bmatrix} + \begin{bmatrix} \psi_t \\ \psi_t^* \end{bmatrix}, \tag{2.42}$$

com $0 \le \rho < 1$, denominado fator de desconto, C_t é o valor corrente do ciclo e C_t^* aparece por construção para formar C_t. Além disso, ψ_t e ψ_t^* são ruídos brancos com a mesma variância e não correlacionados.

Pode-se demonstrar que a fac de c_t é dada por

$$\rho_c(\tau) = \rho^\tau \cos \lambda_c \tau, \ \tau = 0, \pm 1, \ldots \tag{2.43}$$

O espectro tem um pico em torno de λ_c, denotando um comportamento pseudo-cíclico. Esse pico torna-se mais acentuado à medida que ρ se aproxima de um. No caso em que $\rho = 1$, ele se manifesta como um salto na função densidade espectral. Um teste de $H_0 : \rho = 1$ contra $H_1 : \rho < 1$ pode ser visto em Harvey e Streibel (1998).

Componentes cíclicas desse tipo são úteis para modelar ciclos econômicos e precipitação pluviométrica; ver Harvey e Jaeger (1993) e Koopman et al. (2000).

O ciclo pode ser combinado com uma tendência de várias formas. As duas formulações mais importantes são:

(i) **tendência + ciclo**

Neste caso,

$$
\begin{aligned}
Z_t &= \mu_t + C_t + \varepsilon_t \ , & (2.44) \\
\mu_t &= \mu_{t-1} + \beta_{t-1} + \eta_t \ , & (2.45) \\
\beta_t &= \beta_{t-1} + \xi_t & (2.46)
\end{aligned}
$$

e C_t dado por (2.42).

A representação desse modelo em espaço de estados é dada por

$$Z_t = [1 \ \ 0 \ \ 1 \ \ 0] X_t + \varepsilon_t \ , \tag{2.47}$$

$$
X_t =
\begin{bmatrix}
\mu_t \\
\beta_t \\
C_t \\
C_t^*
\end{bmatrix}
=
\begin{bmatrix}
1 & 1 & 0 & 0 \\
0 & 1 & 0 & 0 \\
0 & 0 & \rho \cos \lambda_c & \rho \mathrm{sen} \lambda_c \\
0 & 0 & -\rho \mathrm{sen} \lambda_c & \rho \cos \lambda_c
\end{bmatrix}
\begin{bmatrix}
\mu_{t-1} \\
\beta_{t-1} \\
C_{t-1} \\
C_{t-1}^*
\end{bmatrix}
+
\begin{bmatrix}
\eta_t \\
\xi_t \\
\psi_t \\
\psi_t^*
\end{bmatrix}
\tag{2.48}
$$

(ii) **modelo com tendência cíclica**

2.5. MODELOS ESTRUTURAIS   19

Neste caso o ciclo é incorporado junto com a tendência.

$$Z_t = \mu_t + \varepsilon_t , \tag{2.49}$$

$$\mu_t = \mu_{t-1} + C_{t-1} + \beta_{t-1} + \eta_t , \tag{2.50}$$

$$\beta_t = \beta_{t-1} + \xi_t \tag{2.51}$$

e C_t é dado por (2.42).

A representação em espaço de estados é dada por

$$Z_t = [1 \ \ 0 \ \ 0 \ \ 0]X_t + \varepsilon_t , \tag{2.52}$$

$$X_t = \begin{bmatrix} \mu_t \\ \beta_t \\ C_t \\ C_t^* \end{bmatrix} = \begin{bmatrix} 1 & 1 & 0 & 0 \\ 0 & 1 & 0 & 0 \\ 0 & 0 & \rho\cos\lambda_c & \rho\text{sen}\lambda_c \\ 0 & 0 & -\rho\text{sen}\lambda_c & \rho\cos\lambda_c \end{bmatrix} \begin{bmatrix} \mu_{t-1} \\ \beta_{t-1} \\ C_{t-1} \\ C_{t-1}^* \end{bmatrix} + \begin{bmatrix} \eta_t \\ \xi_t \\ \psi_t \\ \psi_t^* \end{bmatrix} \tag{2.53}$$

Em ambos os casos, (i) e (ii), a componente cíclica é suposta estacionária. Desta forma, $0 \leq \rho < 1$.

Nos exemplos a seguir, utilizaremos a biblioteca dlm (*dynamic linear models*) do repositório R. Ela é constituída de várias funções que, utilizadas sequencialmente, possibilitam o ajustamento de vários modelos da categoria de espaço de estados, dentre eles os modelos estruturais. A utilização sequencial é feita da seguinte forma:

1) Para a especificação de um modelo estrutural, podemos utilizar as funções:

(i) dlmModPoly: especifica um MLD, com tendência polinomial de ordem n;

(ii) dlmModTrig: especifica um MLD com componente sazonal trigonométrica;

(iii) dlmModSeas: especifica um MLD com componente sazonal representada por variáveis *dummies*.

No caso (i) temos um passeio aleatório, quando selecionamos um polinômio estocástico de ordem 1.

2) Para estimar as variâncias das componentes do modelo especificado, utilizamos a função dlmMLE.

3) A etapa da Filtragem é realizada utilizando a função dlmFilter, que fornece o ajustamento do modelo ("previsão um passo à frente") e os valores ajustados do vetor de estados.

CAPÍTULO 2. MODELOS DE ESPAÇO DE ESTADOS

4) As previsões são calculadas utilizando a função dlmForecast, tendo como argumento a série filtrada utilizando o passo anterior.

5) A análise residual é obtida utilizando a função residuals aplicada à série filtrada.

6) A suavização é realizada utilizando a função dlmSmooth.

Para mais detalhes, ver Petris (2011), Petris e Petrone (2011), Petris et al. (2009) e Teetor (2015).

Outra possibilidade é utilizar o programa STAMP (Structural Time Series Analyser, Modeller and Predictor), desenvolvido por Koopman et al. (2000), com a finalidade de analisar modelos lineares dinâmicos.

Pode-se, ainda, utilizar o pacote astsa do R, que contém diversas funções, como ssm, EM, Kfilter, Ksmooth, para obter estimativas dos parâmetros e realizar filtragem e suavização de MEE.

Nos exemplos a seguir, usaremos algumas séries temporais apresentadas no Volume 1, Capítulo 1, Seção 1.9.

Exemplo 2.4. Vamos ajustar um modelo estrutural ao logaritmo da série ICV, utilizando $N = 126$ observações.

A inspeção gráfica (Figura 2.1) revela que um modelo apropriado é o modelo de tendência local, dado pelas expressões (2.27) e (2.29). Os resultados do ajustamento nos revelam que

$$
\begin{bmatrix} \mu_{126}^{126} \\ \beta_{126}^{126} \end{bmatrix} = \begin{bmatrix} 7,2255 \\ 0,04511 \end{bmatrix}, \tag{2.54}
$$

$\hat{\sigma}_\varepsilon^2 = 1 \times 10^{-6}$, $\hat{\sigma}_\eta^2 = 2 \times 10^{-4}$ e $\hat{\sigma}_\xi^2 = 4 \times 10^{-6}$, indicando que os ruídos da observação e da inclinação são bastante reduzidos.

Para verificar a adequação do modelo, apresentamos, na Figura 2.2, os resíduos padronizados, a fac residual e os resultados da aplicação do teste de Lyung e Box. A análise dos resultados nos diz que o modelo é adequado.

As estimativas suavizadas da tendência e da inclinação estão na Figura 2.3. As previsões do ln(ICV), para o período de julho de 1980 a julho de 1981, estão na Tabela 2.1 e na Figura 2.4. As previsões para a série original ICV estão na Tabela 2.2 e na Figura 2.5.

2.5. MODELOS ESTRUTURAIS

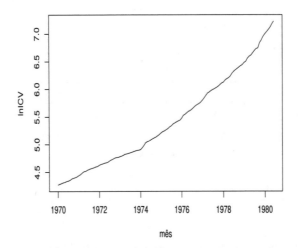

Figura 2.1: Logaritmo da série ICV.

Tabela 2.1: Previsões para a série ln(ICV) utilizando o modelo de tendência local.

Período	Previsão	Variância
127	7,2701	0,000233
128	7,3157	0,000528
129	7,3608	0,000896
130	7,4059	0,001345
131	7,4510	0,001883
132	7,4961	0,002517
133	7,5413	0,003256
134	7,5864	0,004108
135	7,6315	0,005081
136	7,6766	0,006182
137	7,7217	0,007420
138	7,7669	0,008803

Exemplo 2.5. Vamos agora ajustar um modelo estrutural sazonal à série Chuva–Lavras, com $N = 384$ observações. A Figura 2.6 apresenta o gráfico da série, o periodograma e as fac e facp amostrais.

Vamos comparar o ajustamento e a capacidade de previsão de um modelo estrutural com o modelo SARIMA, expressões (10.32) e (10.34), do Capítulo

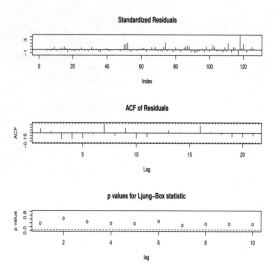

Figura 2.2: Análise residual do modelo de tendência local ajustado à série ln (ICV).

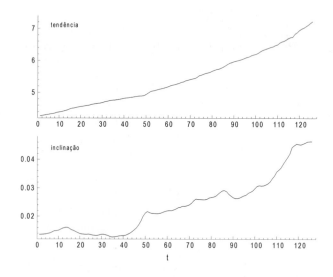

Figura 2.3: Estimativas suavizadas das componentes de tendência e inclinação do logaritmo da série ICV, utilizando o modelo de tendência local.

10, Volume 1. Utilizaremos as primeiras 372 observações para o ajustamento do modelo, sendo que as 12 últimas servirão como base para a comparação das previsões.

2.5. MODELOS ESTRUTURAIS

O comportamento da série indica como apropriado o modelo básico sem inclinação, isto é,

$$\begin{aligned} Z_t &= \mu_t + S_t + \varepsilon_t \ , \\ \mu_t &= \mu_{t-1} + \eta_t \end{aligned} \tag{2.55}$$

sendo S_t a componente sazonal em sua forma trigonométrica, utilizando as expressões (2.36)–(2.37), com $s = 12$ e $j = 1$.

O Quadro 2.2 apresenta o ajustamento do modelo (2.55). As estimativas das variâncias indicam que o nível é constante e a componente sazonal é fixa, isto é,

$$\begin{aligned} Z_t &= \mu + S_t + \varepsilon_t \ , \\ S_t &= S_{t-12} \quad (\sigma_a^2 \equiv 0). \end{aligned} \tag{2.56}$$

Quadro 2.1: Ajustamento de um modelo de tendência local ao logaritmo da série ICV.			
Método de estimação: MV (N=126)			
Variâncias estimadas:			
$\widehat{\text{Var}}(\varepsilon_t) = 1 \times e - 06$			
$\widehat{\text{Var}}(\eta_t) = 2 \times e - 04$			
$\widehat{\text{Var}}(\xi_t) = 4 \times e - 06.$			
Variável	Coeficiente	Erro padrão	valor-t
Nível	7.255	0.000998	
Inclinação	0.04511	0.005512	8.18

Para verificar a adequação do modelo, analisamos as autocorrelações residuais e os resultados dos testes de Ljung-Box, apresentados na Figura 2.7, indicando um bom ajustamento do modelo com nível e componente sazonal constantes.

A Figura 2.8 apresenta a série original e as estimativas suavizadas do nível ($\hat{\mu} = 127,94$) e da componente sazonal.

CAPÍTULO 2. MODELOS DE ESPAÇO DE ESTADOS

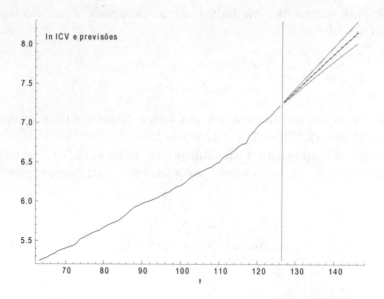

Figura 2.4: Logaritmo da série ICV e previsões para o período de julho de 1980 ($t = 127$) a junho de 1981 ($t = 138$).

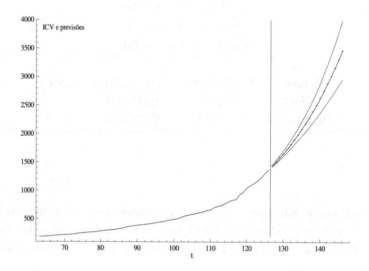

Figura 2.5: Série ICV e previsões para o período de julho de 1980 ($t = 127$) a junho de 1981 ($t = 138$).

2.5. MODELOS ESTRUTURAIS

Tabela 2.2: Previsões para a série ICV utilizando o modelo de tendência local

Período	Previsão
127	1436,9
128	1504,1
129	1573,8
130	1646,8
131	1723,2
132	1803,3
133	1887,3
134	1975,3
135	2067,4
136	2164,0
137	2265,2
138	2371,3

As previsões $\hat{Z}_{372}(h)$, $h = 1, \ldots, 12$, correspondentes aos meses de janeiro a dezembro de 1997, estão na Tabela 2.3 com representação gráfica na Figura 2.9. Comparando o $EQMP_{372} = 3482,18$, dado na Tabela 2.3, com aquele fornecido pelo ajustamento do modelo SARIMA, expressão (10.32) e Tabela 10.5, do Volume 1, $EQMP_{372} = 2583$, podemos dizer que o modelo SARIMA fornece melhores previsões, para a série Chuva–Lavras, que o modelo estrutural (2.56).

Entretanto, se compararmos o ajustamento dos dois modelos, podemos dizer que o modelo estrutural com AIC=3676,17 (Quadro 2.2), ajusta-se marginalmente melhor que o modelo SARIMA, que fornece AIC=4192,78 (Quadro 10.3, Volume 1).

Exemplo 2.6. Vamos ajustar um modelo estrutural à série Consumo, com $N = 154$ observações.

A Figura 2.10 apresenta o gráfico da série com observações de janeiro de 1984 a outubro de 1996.

CAPÍTULO 2. MODELOS DE ESPAÇO DE ESTADOS

Quadro 2.2: Ajustamento de um modelo estrutural trigonométrico à série Chuva–Lavras			
Método de estimação: MV (N=372) $\text{Var}(\varepsilon_t) = 6368,95, \ \text{Var}(\eta_t) = 0,0000$ $\text{Var}(a_t) = 0,0000, \ AIC = 3676,33$			
Variável	Coeficiente	Erro padrão	valor-t
Nível	127,94	4,138	30,912
S_1	129,10	5,852	22,061
S_2	99,52	5,852	17,006
S_3	43,28	5,852	7,396
S_4	-24,56	5,852	-4,197
S_5	-85,82	5,852	-14,665
S_6	-124,08	5,852	-21,200
S_7	-129,10	5,852	-22,061
S_8	-99,52	5,852	-17,006
S_9	-43,28	5,852	-7,396
S_{10}	24,56	5,852	4,197
S_{11}	85,82	5,852	14,665
S_{12}	124,08	5,852	21,203

O comportamento da série sugere um modelo com nível estocástico (passeio aleatório) e uma componente sazonal modelada por variáveis *dummies*, também estocásticas, isto é,

$$Z_t = \mu_t + S_t + \varepsilon_t \ ,$$
$$\mu_t = \mu_{t-1} + \eta_t \ , \tag{2.57}$$
$$S_t + S_{t-1} + \cdots + S_{t-11} = a_t \ .$$

O Quadro 2.3 apresenta o ajustamento do modelo (2.57). As estimativas das variâncias indicam que as componentes de nível e sazonalidade são aleatórias, sendo que a primeira com $q_1 = 2,89$ indica que o nível muda com o tempo, com uma intensidade maior do que a da componente sazonal ($q_2 = 0,004$). Os estimadores do vetor de estados final comprovam a significância dessas duas componentes.

2.5. MODELOS ESTRUTURAIS

A Figura 2.11 apresenta a análise residual do modelo ajustado (2.57), comprovando sua adequação, isto é, resíduos não correlacionados.

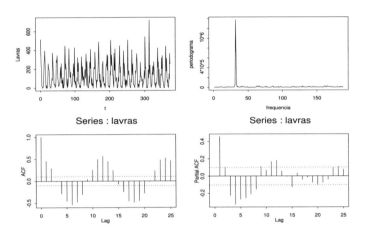

Figura 2.6: Série Chuva–Lavras, periodograma, fac e facp.

Tabela 2.3: Previsões para a série Chuva–Lavras utilizando o modelo (2.55)–(2.56)

Período	Previsão	Erro padrão	Valor real
1997. 1	257,04	80,13	383,3
1997. 2	227,47	80,13	114,5
1997. 3	171,22	80,13	96,5
1997. 4	103,38	80,13	61,1
1997. 5	42,13	80,13	41,0
1997. 6	3,86	80,13	52,6
1997. 7	0,00	80,13	5,6
1997. 8	28,42	80,13	1,2
1997. 9	84,66	80,13	38,8
1997.10	152,50	80,13	164,1
1997.11	213,76	80,13	194,8
1997.12	252,03	80,13	253,6

$EQMP_{372} = 3482,18$

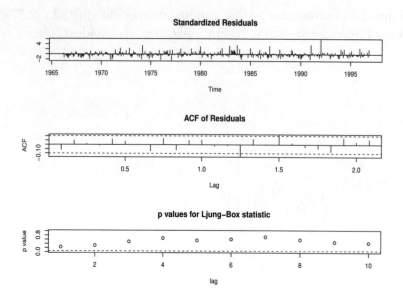

Figura 2.7: Análise residual para o ajuste da série Chuva–Lavras.

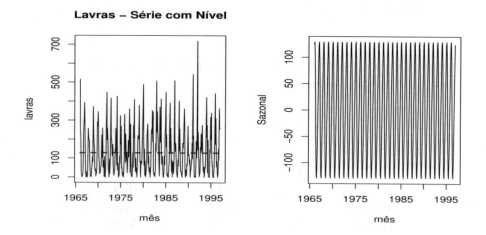

Figura 2.8: Série Chuva–Lavras, nível suavizado e estimativa da componente sazonal.

As estimativas suavizadas, para o nível e componente sazonal, encontram-se na Figura 2.12. A Tabela 2.4 apresenta as previsões para o período de

2.6. OBSERVAÇÕES PERDIDAS

novembro de 1996 a outubro de 1997. A série original e as previsões encontram-se na Figura 2.13.

O roteiro utilizado nos Exemplos 2.4–2.6 pode ser encontrado nos *scripts* em R do Capítulo 2, no site do livro.

2.6 Observações perdidas

Uma das vantagens da metodologia de espaço de estados é a facilidade em analisar séries observadas irregularmente no tempo.

Considere $Z_t = (Z_t^{'(1)}, Z_t^{'(2)})'$ uma partição, no instante t, do vetor de observações de ordem $q \times 1$, em que a primeira componente, de ordem $q_{1t} \times 1$, é observada, e a segunda componente, de ordem $q_{2t} \times 1$, não é observada, $q_{1t} + q_{2t} = q$.

Com essa notação podemos particionar a equação da observação (2.2) da seguinte forma:

$$\begin{pmatrix} Z_t^{(1)} \\ Z_t^{(2)} \end{pmatrix} = \begin{pmatrix} A_t^{(1)} \\ A_t^{(2)} \end{pmatrix} X_t + \begin{pmatrix} v_t^{(1)} \\ v_t^{(2)} \end{pmatrix}, \qquad (2.58)$$

em que $A_t^{(1)}$ e $A_t^{(2)}$ constituem uma partição da matriz de observação, de ordens $(q_1 \times p)$ e $(q_2 \times p)$, respectivamente.

Além disso,

$$\text{Cov} \begin{pmatrix} v_t^{(1)} \\ v_t^{(2)} \end{pmatrix} = \begin{bmatrix} R_{11,t} & R_{12,t} \\ R_{21,t} & R_{22,t} \end{bmatrix} \qquad (2.59)$$

é a matriz de covariâncias entre os erros de medida das partes observada e não observada.

Stoffer (1982) encontrou as equações do filtro de Kalman, no caso em que ocorrem observações faltantes, e mostrou que as equações (2.12) – (2.15) permanecem válidas se substituirmos, em (2.1) – (2.2), Z_t, A_t e R por

$$Z_{(t)} = \begin{pmatrix} Z_t^{(1)} \\ 0 \end{pmatrix}, \quad A_t = \begin{pmatrix} A_t^{(1)} \\ 0 \end{pmatrix} \quad \text{e} \quad R_{(t)} = \begin{bmatrix} R_{11,t} & 0 \\ 0 & R_{22,t} \end{bmatrix}, \qquad (2.60)$$

respectivamente.

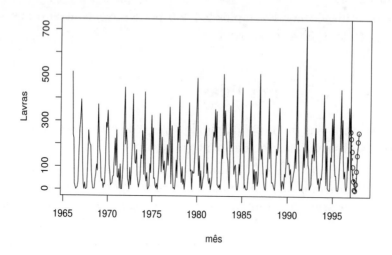

Figura 2.9: Série Chuva–Lavras, previsões de janeiro a dezembro de 1997.

Quadro 2.3: Ajustamento de um modelo sazonal, com variáveis "dummies" e nível estocástico, à série Consumo.
Método de estimação: MV (N=154)   Variâncias estimadas: $\text{Var}(\varepsilon_t) = 15,6548$, $\text{Var}(\eta_t) = 45,6154$, $q_1 = 2,89$ $\text{Var}(a_t) = 0,0608$, $q_2 = 0,004$, $AIC = 1004,417$

Variável	Mês/Ano	Coeficiente	Erro padrão
Nível	out/96	117,369	4,314
S_{143}	nov/95	5,402	3,078
S_{144}	dez/95	37,217	2,961
S_{145}	jan/96	-13,355	2,956
S_{146}	fev/96	-17,711	2,953
S_{147}	mar/96	-6,014	2,951
S_{148}	abr/96	-10,924	2,962
S_{149}	mai/96	-0,618	2,955
S_{150}	jun/96	-7,041	2,961
S_{151}	jul/96	0,884	2,966
S_{152}	ago/96	6,179	2,965
S_{153}	set/96	1,964	2,969
S_{154}	out/96	4,058	

2.6. OBSERVAÇÕES PERDIDAS

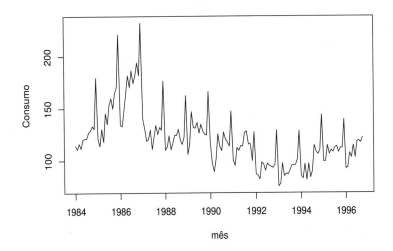

Figura 2.10: Série Consumo, de janeiro de 1984 a outubro de 1996.

Tabela 2.4: Previsões para a série Consumo utilizando o modelo (2.57)

Período	Previsão	Erro Padrão
1996. 11	122,731	9,581
1996. 12	154,586	11,696
1997. 1	104,014	13,560
1997. 2	99,658	15,187
1997. 3	111,355	16,638
1997. 4	106,445	17,957
1997. 5	116,751	19,170
1997. 6	110,328	20,300
1997. 7	118,253	21,360
1997. 8	123,578	22,365
1997. 9	119,333	23,301
1997.10	121,427	24,044

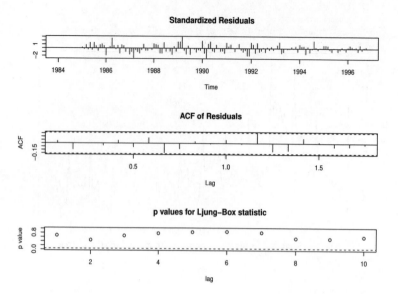

Figura 2.11: Análise residual para o modelo (2.57) ajustado à série Consumo.

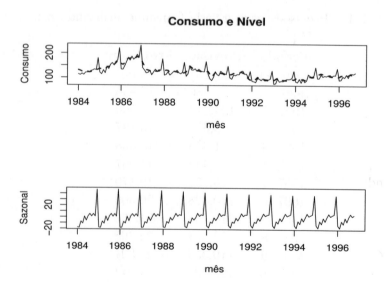

Figura 2.12: Estimativas suavizadas para o nível e componente sazonal para a série Consumo.

2.7. TÓPICOS ADICIONAIS

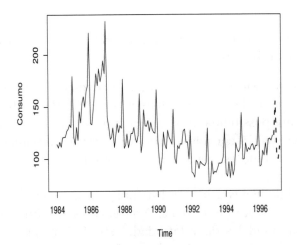

Figura 2.13: Série Consumo, original e previsões, para o período de novembro de 1996 a outubro de 1997.

Stoffer (1982) também demonstrou que os valores suavizados, no caso de observações faltantes, podem ser obtidos utilizando as equações (2.17) – (2.19) com os valores filtrados obtidos utilizando (2.60).

Em resumo, se existem observações perdidas no conjunto de dados, os estimadores filtrados e suavizados podem ser calculados substituindo as observações perdidas por zeros, zerando as correspondentes linhas da matriz A_t e, também, zerando os elementos fora da diagonal da matriz R, correspondentes a $R_{12,t}$ e $R_{21,t}$ nas equações de atualização (2.14) – (2.16).

Utilizando esse procedimento, o estimador do vetor de estado é dado por

$$X_t^{(1)} = E[X_t | Z_1^{(1)}, \ldots, Z_s^{(1)}],$$

com matriz de covariâncias do erro dada por

$$P_t^{(s)} = E[(X_t - X_t^{(s)})(X_t - X_t^{(s)})'].$$

2.7 Tópicos adicionais

Nesta seção apresentamos alguns comentários sobre o FK e modelos de espaço de estados não lineares e não gaussianos.

34 CAPÍTULO 2. MODELOS DE ESPAÇO DE ESTADOS

1) O FK é ótimo somente se o sistema for gaussiano. Caso contrário, FK dá o melhor preditor linear, mas previsões podem ser muito diferentes das previsões ótimas.

2) O FK sob gaussianidade não é robusto. Há várias sugestões para obter sistemas dinâmicos robustos.

3) Nem sempre a suposição de normalidade é adequada. Por exemplo, considere o caso do número de suicídios no estado de São Paulo durante determinado período. Uma possibilidade para tratar o caso de v_t, w_t não gaussianos (um, outro ou ambos), é considerar que as observações seguem uma família exponencial de distribuições, como a Poisson, a binomial, a binomial negativa e a multinomial.

Outra possibilidade é considerar distribuições com caudas pesadas, com a t-Student ou uma mistura de normais. No caso de séries financeiras, veremos no Capítulo 4 que modelos de volatilidade estocástica, que têm a variância variando no tempo, podem ser colocados na forma de espaço de estados. Veja Durbin e Koopman (2001) para detalhes.

4) No caso de um MEE não linear, teremos

$$X_t = f_t(X_{t-1}) + w_t, \qquad (2.61)$$
$$Z_t = g_t(X_t) + v_t, \qquad (2.62)$$

em que f_t e g_t são especificadas, mas podem depender de parâmetros desconhecidos. No caso mais comum, os erros w_t e v_t são considerados gaussianos. Veja Carlin et al. (1993). Teremos que usar ferramentas como *importance sampling*, MCMC (Markov Chain Monte Carlo) e Filtros de Partículas.

2.8 Problemas

1. Considere a série IPI (do conjunto de séries Índices, Volume 1).

   (a) Ajuste um modelo estrutural conveniente, utilizando as observações de janeiro de 1985 a dezembro de 1999 ($N = 180$).

   (b) Compare o ajustamento do modelo em (a) com o do modelo SARIMA (Quadro 10.5).

   (c) Faça previsões para os meses de janeiro de 2000 a julho de 2000, com origem em dezembro de 1999; calcule o EQM de previsão.

   (d) Compare as previsões obtidas em (c), com aquelas obtidas utilizando um modelo SARIMA, Tabela 10.8, do Volume 1.

2.8. PROBLEMAS

2. Considere novamente a série IPI.

   (a) Compare os modelos SARIMA (Quadro 10.5, Volume 1) e estrutural, ajustado no Problema 1, com o modelo de intervenção apresentado no Quadro 12.3, Volume 1. Faça os comentários que julgar conveniente.

   (b) Compare as previsões do período janeiro de 2000 a julho de 2000 fornecidas pelos três modelos. Comente.

3. Considere a série Energia.

   (a) Ajuste um modelo estrutural conveniente, utilizando observações de janeiro de 1968 a dezembro de 1978.

   (b) Faça previsões para o período de janeiro de 1979 a setembro de 1979, com origem em dezembro de 1978. Calcule o EQM de previsão.

4. Considere a série Ubatuba (série: Temperatura).

   (a) Ajuste um modelo estrutural conveniente, separando as doze últimas observações ($N = 108$).

   (b) Ajuste um modelo SARIMA.

   (c) Compare os modelos ajustados nos itens (a) e (b).

   (d) Faça previsões para o ano de 1985, utilizando os dois modelos ajustados anteriormente. Compare-as utilizando o EQM de previsão.

5. Refaça o Problema 4, utilizando a série PFI (do conjunto de séries Índices, Volume 1) e considerando observações de janeiro de 1985 a dezembro de 1999. Faça as previsões para os sete primeiros meses de 2000.

6. Considere a série IBV, de 19/08/1998 a 29/09/2010 (veja Volume 1). Ajuste um modelo estrutural conveniente.

7. Considere a série Petrobras, de 19/08/1998 a 29/09/2010 (veja Volume 1). Ajuste um modelo estrutural conveniente.

8. Prove (2.11). Para isso, mostre que a matriz de covariâncias entre $(X_t - X_t^s)$ e $\mathbf{Z}_s$ é nula, para quaisquer t e s. Isso implica independência (pela normalidade) desses dois vetores.

CAPÍTULO 3

Modelos Lineares Multivariados

3.1 Introdução

Neste capítulo, vamos considerar uma série temporal vetorial $\mathbf{X}_t$, com n componentes $X_{1t}, X_{2t}, \ldots, X_{nt}$, para $t \in \mathbb{Z}$. O objetivo é estudar as relações entre as séries componentes. Usaremos a notação $\mathbf{X}_t = (X_{1t}, X_{2t}, \ldots, X_{nt})'$, $t \in \mathbb{Z}$ ou X_{it} e $X_{i,t}$ para a i-ésima componente, $i = 1, \ldots, n$. Este capítulo é baseado em Morettin (2017).

Exemplo 3.1. Podemos pensar o vetor $\mathbf{X}_t$, com componentes $X_{it}, i = 1, 2, 3, 4$, representando quatro canais de um EEG, obtido de uma paciente com crise epiléptica. Veja a Figura 3.1.

O *vetor de médias* de $\mathbf{X}_t$ será denotado por

$$\boldsymbol{\mu}_t = E(\mathbf{X}_t) = (\mu_{1t}, \mu_{2t}, \ldots, \mu_{nt})' \tag{3.1}$$

e depende, em geral, de t.

A *matriz de covariâncias* de $\mathbf{X}_t$ é definida por

$$\boldsymbol{\Gamma}(t_1, t_2) = E\{(\mathbf{X}_{t_1} - \boldsymbol{\mu}_{t_1})(\mathbf{X}_{t_2} - \boldsymbol{\mu}_{t_2})'\}, \tag{3.2}$$

que é uma matriz $n \times n$ e que, em geral, depende de t_1 e t_2.

As quantidades (3.1) e (3.2) descrevem as propriedades de segunda ordem das séries $X_{1t}, \ldots, X_{nt}$. Se essas tiverem uma distribuição normal multivariada, as propriedades das séries serão completamente especificadas pelas médias e covariâncias. Observe que (3.2) fornece as autocovariâncias das séries individuais bem como as covariâncias entre séries diferentes.

CAPÍTULO 3. MODELOS LINEARES MULTIVARIADOS

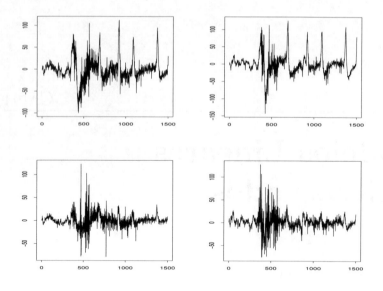

Figura 3.1: Quatro canais de um EEG.

Denotando-se por $\gamma_{ij}(t_1, t_2)$, $i, j = 1, \ldots, n$ as componentes da matriz $\mathbf{\Gamma}(t_1, t_2)$, então

$$\begin{aligned}\gamma_{ij}(t_1, t_2) &= \text{Cov}\{X_{i,t_1}, X_{j,t_2}\} \\ &= E\{(X_{i,t_1} - \mu_{i,t_1})(X_{j,t_2} - \mu_{j,t_2})\},\end{aligned} \quad (3.3)$$

$i, j = 1, \ldots, n$, é a covariância entre as séries X_{i,t_1} e X_{j,t_2}.

Exemplo 3.2. No Exemplo 3.1, com $\mathbf{X}_t = (X_{1t}, \ldots, X_{4t})'$, $\boldsymbol{\mu}_t = (\mu_{1t}, \ldots, \mu_{4t})'$ é o vetor de médias e a matriz (3.2) ficará

$$\mathbf{\Gamma}(t_1, t_2) = \begin{bmatrix} \gamma_{11}(t_1, t_2) & \gamma_{12}(t_1, t_2) & \cdots & \gamma_{14}(t_1, t_2) \\ \gamma_{21}(t_1, t_2) & \gamma_{22}(t_1, t_2) & \cdots & \gamma_{24}(t_1, t_2) \\ \cdots & \cdots & & \cdots \\ \gamma_{41}(t_1, t_2) & \gamma_{42}(t_1, t_2) & \cdots & \gamma_{44}(t_1, t_2) \end{bmatrix}$$

Na diagonal principal temos as autocovariâncias das séries individuais, calculadas nos instantes t_1 e t_2, enquanto fora da diagonal principal temos as *covariâncias cruzadas* entre as séries X_{i,t_1} e X_{j,t_2}, $i \neq j$.

Um caso de interesse é quando tanto o vetor de médias não depende de t e a matriz de covariâncias não depende de t_1 e t_2. Obteremos séries (fracamente) estacionárias.

3.2 Séries estacionárias

Dizemos que a série n-variada $\mathbf{X}_t$ é *estacionária* se a média $\boldsymbol{\mu}_t$ não depende de $t \in \mathbb{Z}$ e a matriz de covariâncias $\boldsymbol{\Gamma}(t_1, t_2)$, depende somente de $|t_1 - t_2|$. Nesse caso teremos

$$\boldsymbol{\mu} = E(\mathbf{X}_t) = (\mu_1, \ldots, \mu_n)', \tag{3.4}$$

e

$$\boldsymbol{\Gamma}(\tau) = E\{(\mathbf{X}_{t+\tau} - \boldsymbol{\mu})(\mathbf{X}_t - \boldsymbol{\mu})'\} = [\gamma_{ij}(\tau)]_{i,j=1}^n, \tag{3.5}$$

$\tau \in \mathbb{Z}$. Logo, $\gamma_{ii}(\tau)$ será a função de autocovariância da série estacionária X_{it} e $\gamma_{ij}(\tau)$ será a função de covariância cruzada de $X_{i,t+\tau}$ e X_{jt}. Notemos que, em geral, $\gamma_{ij}(\tau) \neq \gamma_{ji}(\tau)$.

No caso particular de $\tau = 0$ em (3.5) obtemos

$$\boldsymbol{\Gamma}(0) = E\{(\mathbf{X}_t - \boldsymbol{\mu})(\mathbf{X}_t - \boldsymbol{\mu})'\}, \tag{3.6}$$

que é a *matriz de covariâncias contemporâneas*. Temos que $\gamma_{ii}(0) = \text{Var}(X_{it})$, $\gamma_{ij}(0) = \text{Cov}\{X_{it}, X_{jt}\}$.

O *coeficiente de correlação contemporâneo* entre X_{it} e X_{jt} é então dado por

$$\rho_{ij}(0) = \frac{\gamma_{ij}(0)}{[\gamma_{ii}(0)\gamma_{jj}(0)]^{1/2}}. \tag{3.7}$$

Nessa situação, $\rho_{ij}(0) = \rho_{ji}(0)$, $\rho_{ii}(0) = 1$ e $-1 \leq \rho_{ij}(0) \leq 1$, para todo $i, j = 1, \ldots, n$, do que decorre que $\boldsymbol{\rho}(0) = [\rho_{ij}(0)]_{i,j=1}^n$ é uma matriz simétrica, com elementos na diagonal principal todos iguais a um.

A *matriz de correlações* de lag τ é definida por

$$\boldsymbol{\rho}(\tau) = \mathbf{D}^{-1}\boldsymbol{\Gamma}(\tau)\mathbf{D}^{-1}, \tag{3.8}$$

sendo $\mathbf{D} = \text{diag}\{\sqrt{\gamma_{11}(0)}, \ldots, \sqrt{\gamma_{pp}(0)}\}$. Ou seja, denotando $\boldsymbol{\rho}(\tau) = [\rho_{ij}(\tau)]$ para $i, j = 1, \ldots, n$, temos

$$\rho_{ij}(\tau) = \frac{\gamma_{ij}(\tau)}{[\gamma_{ii}(0)\gamma_{jj}(0)]^{1/2}}, \tag{3.9}$$

que é o coeficiente de correlação entre $X_{i,t+\tau}$ e $X_{j,t}$.

A interpretação para esse coeficiente de correlação é a seguinte. Considere $\tau > 0$; então, esse coeficiente mede a dependência linear de X_{it} sobre X_{jt}, que ocorreu antes do instante $t + \tau$. Então, se $\rho_{ij}(\tau) \neq 0$, $\tau > 0$, dizemos que X_{jt}

é *antecedente a* X_{it} ou que X_{jt} *lidera* X_{it} no lag τ. De modo análogo, $\rho_{ji}(\tau)$ mede a dependência linear de X_{jt} sobre $X_{it}, \tau > 0$.

Ou seja, $\rho_{ij}(\tau) \neq \rho_{ji}(\tau)$, para todo i, j, é equivalente a dizer que esses dois coeficientes de correlação medem relações lineares diferentes entre X_{it} e X_{jt}. As matrizes $\mathbf{\Gamma}(\tau)$ e $\boldsymbol{\rho}(\tau)$ não são, em geral, simétricas.

Proposição 3.1. Para a matriz $\mathbf{\Gamma}(\tau)$ valem as seguintes propriedades:

(i) $\mathbf{\Gamma}(\tau) = \mathbf{\Gamma}'(-\tau)$.

(ii) $|\gamma_{ij}(\tau)| \leq [\gamma_{ii}(0)\gamma_{jj}(0)]^{1/2}$, $i, j = 1, \ldots, n$.

(iii) $\gamma_{ii}(\tau)$ é uma função de autocovariância, para todo i.

(iv) $\sum_{j,k=1}^{m} \mathbf{a}_j' \mathbf{\Gamma}(j - k)\mathbf{a}_k \geq 0$, para quaisquer m e $\mathbf{a}_1, \ldots, \mathbf{a}_m$ vetores de $\mathbb{R}^n$.

Veja o Problema 7. Observe, também, que de (i) obtemos que $\gamma_{ij}(\tau) = \gamma_{ji}(-\tau)$. A matriz $\boldsymbol{\rho}(\tau)$ tem propriedades análogas , sendo que $\rho_{ii}(0) = 1$. Note que $\rho_{ij}(0)$ não necessita ser igual a 1 e também é possível que $|\gamma_{ij}(\tau)| > |\gamma_{ij}(0)|$, se $i \neq j$; o que vale é a propriedade (ii) acima.

Dizemos que a série $\{\mathbf{a}_t, t \in \mathbb{Z}\}$ é um *ruído branco multivariado* $n \times 1$, com média $\mathbf{0}$ e matriz de covariâncias $\mathbf{\Sigma}$, e denotamos por $\mathbf{a}_t \sim \text{RB}(\mathbf{0}, \mathbf{\Sigma})$, se $\mathbf{a}_t$ é estacionário com média $\mathbf{0}$ e sua matriz de covariâncias é dada por

$$\mathbf{\Gamma}(\tau) = \begin{cases} \mathbf{\Sigma}, & \text{se } \tau = 0, \\ \mathbf{0}, & \text{se } \tau \neq 0. \end{cases} \tag{3.10}$$

No caso de os vetores $\mathbf{a}_t$ serem independentes e identicamente distribuídos, escreveremos $\mathbf{a}_t \sim \text{IID}(\mathbf{0}, \mathbf{\Sigma})$.

Um processo $\mathbf{X}_t$ diz-se *linear multivariado* se

$$\mathbf{X}_t = \sum_{j=0}^{\infty} \mathbf{\Psi}_j \mathbf{a}_{t-j}, \tag{3.11}$$

onde $\mathbf{a}_t$ é ruído branco multivariado e $\mathbf{\Psi}_j$ é uma sequência de matrizes cujas componentes são absolutamente somáveis. Segue-se que $E(\mathbf{X}_t) = \mathbf{0}$ e a matriz de covariâncias de $\mathbf{X}_t$ é dada por

$$\mathbf{\Gamma}(\tau) = \sum_{j=0}^{\infty} \mathbf{\Psi}_{j+\tau} \mathbf{\Sigma} \mathbf{\Psi}_j', \quad \tau \in \mathbb{Z}. \tag{3.12}$$

3.3 Estimação de médias e covariâncias

Supondo que temos observações $\{\mathbf{X}_t, t = 1, \ldots, N\}$ do processo estacionário $\{\mathbf{X}_t, t \in \mathbb{Z}\}$, a média $\boldsymbol{\mu}$ pode ser estimada pelo vetor de médias amostrais

$$\overline{\boldsymbol{X}} = \frac{\sum_{t=1}^{N} \mathbf{X}_t}{N}. \tag{3.13}$$

A média μ_j de X_{jt} é estimada por $\sum_{t=1}^{N} X_{jt}/N$.
Um estimador de $\boldsymbol{\Gamma}(\tau)$ é dado por

$$\hat{\boldsymbol{\Gamma}}(\tau) = \begin{cases} \frac{1}{N} \sum_{t=1}^{N-\tau} (\mathbf{X}_{t+\tau} - \overline{\boldsymbol{X}})(\mathbf{X}_t - \overline{\boldsymbol{X}})', & 0 \le \tau \le N-1 \\ \frac{1}{n} \sum_{t=-\tau+1}^{N} (\mathbf{X}_{t+\tau} - \overline{\boldsymbol{X}})(\mathbf{X}_t - \overline{\boldsymbol{X}})', & -N+1 \le \tau \le 0. \end{cases} \tag{3.14}$$

A matriz de correlações pode ser estimada por

$$\hat{\boldsymbol{\rho}}(\tau) = \hat{\mathbf{D}}^{-1} \hat{\boldsymbol{\Gamma}}(\tau) \hat{\mathbf{D}}^{-1}, \tag{3.15}$$

onde $\hat{\mathbf{D}}$ é a matriz diagonal $n \times n$ dos desvios padrões amostrais das séries individuais.

Veja Fuller (1996) para propriedades dos estimadores $\hat{\boldsymbol{\Gamma}}(\tau)$ e $\hat{\boldsymbol{\rho}}(\tau)$.

Exemplo 3.3. (Morettin, 2017) Suponha que X_{1t} represente os retornos diários da Petrobras e X_{2t} os retornos diários do Ibovespa, de 19/08/1998 a 29/09/2010, com $N = 2998$ observações. Seja $\mathbf{X}_t = (X_{1t}, X_{2t})'$. O pacote MTS do R pode ser usado para calcular as matrizes de correlações amostrais, mostradas na Tabela 3.1. Uma maneira conveniente de representar essas matrizes é usar os símbolos $+$, $-$ e $\cdot$, quando o valor de uma correlação cruzada for, respectivamente, maior ou igual a $2/\sqrt{N}$, menor ou igual a $-2/\sqrt{N}$ ou estiver entre $-2/\sqrt{N}$ e $2/\sqrt{N}$. Essas matrizes pictóricas também estão apresentadas na Tabela 3.1.

Vemos, por exemplo, que

$$\hat{\boldsymbol{\rho}}(0) = \begin{bmatrix} 1,00 & 0,303 \\ 0,303 & 1,00 \end{bmatrix},$$

enquanto

$$\hat{\boldsymbol{\rho}}(1) = \begin{bmatrix} 0,085 & 0,004 \\ 0,424 & 0,002 \end{bmatrix}.$$

CAPÍTULO 3. MODELOS LINEARES MULTIVARIADOS

Como $2/\sqrt{2998} = 0,037$, os elementos $\rho_{12}(1)$ e $\rho_{22}(1)$ podem ser considerados estatisticamente nulos, de modo que a representação pictórica dessa matriz de correlações amostrais é

$$\begin{bmatrix} + & \cdot \\ + & \cdot \end{bmatrix}.$$

Note que a correlação contemporânea entre as duas séries é 0,303.

Tabela 3.1: Matrizes de correlações amostrais para retornos diários da Petrobras e do Ibovespa, com notação simplificada.

lag 1	lag 2	lag 3	lag 4
$\begin{bmatrix} 0,085 & 0,004 \\ 0,424 & 0,002 \end{bmatrix}$	$\begin{bmatrix} -0,042 & -0,021 \\ 0,062 & 0,002 \end{bmatrix}$	$\begin{bmatrix} -0,065 & 0,006 \\ -0,026 & -0,041 \end{bmatrix}$	$\begin{bmatrix} -0,041 & -0,032 \\ -0,089 & -0,047 \end{bmatrix}$
$\begin{bmatrix} + & \cdot \\ + & \cdot \end{bmatrix}$	$\begin{bmatrix} - & \cdot \\ + & \cdot \end{bmatrix}$	$\begin{bmatrix} - & \cdot \\ \cdot & - \end{bmatrix}$	$\begin{bmatrix} - & \cdot \\ - & - \end{bmatrix}$

A Figura 3.2 apresenta os gráficos dessas correlações cruzadas amostrais das séries Petrobras e Ibovespa, para $\tau = 1, 2, \ldots, 12$.

Exemplo 3.4. (Morettin, 2017) Consideremos a série bivariada, consistindo dos retornos mensais do Ibovespa e da taxa de juros dos títulos C-Bond da dívida brasileira, ambas de julho de 1994 a agosto de 2001, $N = 86$. Na Tabela 3.2 temos as matrizes de correlações amostrais até o lag 4. Vemos que $\boldsymbol{\rho}(\tau)$, $\tau = 1, 2, \ldots, 4$, podem ser consideradas nulas, o que sugere que, possivelmente, estamos na presença de um ruído branco bivariado. Verifica-se que a correlação contemporânea entre as duas séries é negativa (-0,769).

A Figura 3.3 apresenta as correlações cruzadas amostrais para esse exemplo.

3.4 Modelos autorregressivos vetoriais

Nesta seção estudaremos a classe dos modelos autorregressivos vetoriais de ordem p, que denotaremos por VAR (p).

Dizemos que o processo $\mathbf{X}_t$, de ordem $n \times 1$, segue um modelo VAR(p) se

$$\mathbf{X}_t = \boldsymbol{\Phi}_0 + \boldsymbol{\Phi}_1 \mathbf{X}_{t-1} + \ldots + \boldsymbol{\Phi}_p \mathbf{X}_{t-p} + \mathbf{a}_t, \tag{3.16}$$

3.4. MODELOS AUTORREGRESSIVOS VETORIAIS

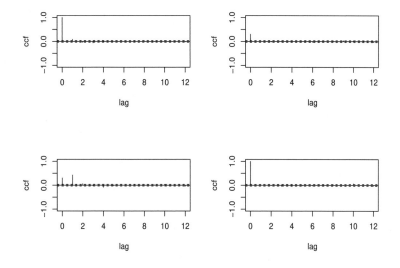

Figura 3.2: Correlações amostrais das séries Petrobras e Ibovespa.

em que $\mathbf{a}_t \sim \text{RB}(\mathbf{0}, \boldsymbol{\Sigma})$, $\boldsymbol{\Phi}_0 = (\phi_{10}, \ldots, \phi_{n0})'$ é um vetor $n \times 1$ de constantes e $\boldsymbol{\Phi}_k$ são matrizes $n \times n$ constantes, com elementos $\phi_{ij}^{(k)}$, $i,j = 1, \ldots, n$, $k = 1, \ldots, p$.

Tabela 3.2: Matrizes de correlações amostrais para os retornos mensais do Ibovespa e C-Bond, com notação simplificada.

lag 1	lag 2	lag 3	lag 4
$\begin{bmatrix} -0,148 & 0,102 \\ -0,049 & 0,105 \end{bmatrix}$	$\begin{bmatrix} -0,035 & 0,075 \\ 0,081 & -0,194 \end{bmatrix}$	$\begin{bmatrix} -0,055 & 0,042 \\ 0,068 & -0,099 \end{bmatrix}$	$\begin{bmatrix} 0,065 & -0,038 \\ -0,117 & 0,091 \end{bmatrix}$
$\begin{bmatrix} \cdot & \cdot \\ \cdot & \cdot \end{bmatrix}$	$\begin{bmatrix} \cdot & \cdot \\ \cdot & \cdot \end{bmatrix}$	$\begin{bmatrix} \cdot & \cdot \\ \cdot & \cdot \end{bmatrix}$	$\begin{bmatrix} \cdot & \cdot \\ \cdot & \cdot \end{bmatrix}$

Usando o operador B, o modelo (3.16) pode ser escrito na forma

$$\boldsymbol{\Phi}(B)\mathbf{X}_t = \boldsymbol{\Phi}_0 + \mathbf{a}_t, \qquad (3.17)$$

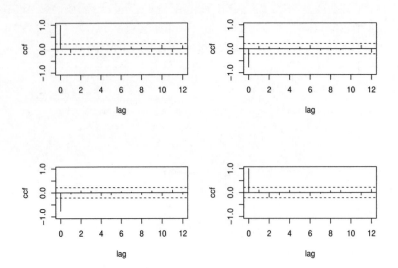

Figura 3.3: Correlações cruzadas amostrais para as séries de retornos mensais do Ibovespa e C–Bond.

onde $\Phi(B) = \mathbf{I}_n - \Phi_1 B - \ldots - \Phi_p B^p$ é o operador autorregressivo vetorial de ordem p, ou ainda, um polinômio matricial $n \times n$ em B. O elemento genérico de $\Phi(B)$ é $[\delta_{ij} - \phi_{ij}^{(1)} B - \ldots - \phi_{ij}^{(p)} B^p]$, para $i, j = 1, \ldots, n$ e $\delta_{ij} = 1$, se $i = j$ e igual a zero, caso contrário.

Para melhor entendimento do modelo, considere o caso especial do VAR(1), ou seja,

$$\mathbf{X}_t = \Phi_0 + \Phi \mathbf{X}_{t-1} + \mathbf{a}_t. \qquad (3.18)$$

Para $n = 2$, (3.18) reduz-se a

$$\begin{aligned} X_{1t} &= \phi_{10} + \phi_{11} X_{1,t-1} + \phi_{12} X_{2,t-1} + a_{1t}, \\ X_{2t} &= \phi_{20} + \phi_{21} X_{1,t-1} + \phi_{22} X_{2,t-1} + a_{2t}, \end{aligned} \qquad (3.19)$$

onde desprezamos o índice 1 em Φ_1 e em $\phi_{ij}^{(1)}$. Denotemos os elementos de Σ por $\sigma_{ij}, i, j = 1, 2$.

Observe que, em (3.19), não fica explicitada a dependência *contemporânea* entre X_{1t} e X_{2t}. Dizemos que (3.19) e (3.18) são *modelos em forma reduzida*.

3.4. MODELOS AUTORREGRESSIVOS VETORIAIS

É possível obter o modelo na forma *estrutural*, em que essa relação fica explicitada. Veja Morettin (2017) para detalhes. O modelo em forma reduzida é preferido por facilidades de estimação e previsão.

Retomemos (3.19). Se $\phi_{12} = 0$, a série X_{1t} não dependerá de $X_{2,t-1}$ e, de modo análogo, se $\phi_{21} = 0$, $X_{2,t}$ não dependerá de $X_{1,t-1}$. Por outro lado, se $\phi_{12} = 0$ e $\phi_{21} \neq 0$, existe uma relação linear unidirecional de X_{1t} para X_{2t}. Se $\phi_{12} = \phi_{21} = 0$ dizemos que não existe relação linear entre as séries, ou que elas são *não acopladas*. Finalmente, se $\phi_{12} \neq 0$, $\phi_{21} \neq 0$, dizemos que existe uma relação de *feedback* entre as duas séries. Note também que se $\sigma_{12} = 0$ em $\mathbf{\Sigma}$, não existe relação linear contemporânea entre X_{1t} e X_{2t}.

O processo $\boldsymbol{X}_t$ em (3.18) será estacionário se a média for constante e $E(\mathbf{X}_{t+\tau}\mathbf{X}_t')$ independente de t. Neste caso, se $\boldsymbol{\mu} = E(\mathbf{X}_t)$, teremos

$$\boldsymbol{\mu} = (\mathbf{I}_n - \mathbf{\Phi})^{-1}\mathbf{\Phi}_0.$$

Segue-se que o modelo poderá ser escrito na forma

$$\mathbf{X}_t - \boldsymbol{\mu} = \mathbf{\Phi}(\mathbf{X}_{t-1} - \boldsymbol{\mu}) + \mathbf{a}_t,$$

ou ainda, se $\tilde{\mathbf{X}}_t = \mathbf{X}_t - \boldsymbol{\mu}$,

$$\tilde{\mathbf{X}}_t = \mathbf{\Phi}\tilde{\mathbf{X}}_{t-1} + \mathbf{a}_t. \tag{3.20}$$

Assim como no caso de um AR(1) univariado, obtemos de (3.20) que

$$\tilde{\mathbf{X}}_t = \mathbf{a}_t + \mathbf{\Phi}\mathbf{a}_{t-1} + \mathbf{\Phi}^2\mathbf{a}_{t-2} + \dots, \tag{3.21}$$

ou seja, temos a representação $\text{MA}(\infty)$ do modelo. Também é fácil ver que temos $\text{Cov}(\mathbf{a}_t, \mathbf{X}_{t-1}) = \mathbf{0}$ e $\text{Cov}(\mathbf{a}_t, \mathbf{X}_t) = \mathbf{\Sigma}$.

Indicaremos por $|\mathbf{A}|$ o determinante da matriz quadrada $\mathbf{A}$.

Proposição 3.2. O processo $\mathbf{X}_t$ seguindo um modelo VAR(1) será estacionário se todas as soluções de

$$|\mathbf{I}_n - \mathbf{\Phi}z| = 0 \tag{3.22}$$

estiverem fora do círculo unitário.

Como as soluções de (3.22) são inversas dos autovalores de $\mathbf{\Phi}$, uma condição equivalente é que todos os autovalores de $\mathbf{\Phi}$ sejam menores do que um, em módulo. Ou ainda, $|\mathbf{I}_n - \mathbf{\Phi}z| \neq 0$, $|z| \leq 1$. Para a demonstração da Proposição 3.2 veja Morettin (2017).

Exemplo 3.5. No caso de um VAR(1) bivariado, temos que (3.22) fica

$$\begin{vmatrix} 1 - \phi_{11}z & -\phi_{12}z \\ -\phi_{21}z & 1 - \phi_{22}z \end{vmatrix} = (1 - \phi_{11}z)(1 - \phi_{22}z) - \phi_{12}\phi_{21}z^2 = 0,$$

ou seja, obtemos a equação

$$1 - \text{tr}(\boldsymbol{\Phi})z + |\boldsymbol{\Phi}|z^2 = 0,$$

em que $\text{tr}(\boldsymbol{\Phi}) = \phi_{11} + \phi_{22}$ indica o traço de $\boldsymbol{\Phi}$. Logo as duas séries são (conjuntamente) estacionárias se as soluções dessa equação de segundo grau estiverem fora do círculo unitário. Por exemplo, se

$$\boldsymbol{\Phi} = \begin{bmatrix} 0,5 & 0,3 \\ -0,6 & -0,1 \end{bmatrix},$$

então $\text{tr}(\boldsymbol{\Phi}) = 0,4, |\boldsymbol{\Phi}| = 0,13$ e as raízes da equação terão módulos maiores do que um.

Exemplo 3.6. Consideremos o modelo VAR(1) $(n = 2)$

$$\begin{aligned} X_{1,t} &= 0,4 + 0,5X_{1,t-1} + 0,3X_{2,t-1} + a_{1,t}, \\ X_{2,t} &= -1,7 - 0,6X_{1,t-1} - 0,1X_{2,t-1} + a_{2,t}, \end{aligned}$$

com

$$\boldsymbol{\Sigma} = \begin{bmatrix} 1 & 0,5 \\ 0,5 & 1 \end{bmatrix},$$

e vamos simulá-lo usando a função VARMAsim do pacote MTS do R. Aqui,

$$\boldsymbol{\Phi}_1 = \begin{bmatrix} 0,5 & 0,3 \\ -0,6 & -0,1 \end{bmatrix}, \quad \boldsymbol{\Phi}_0 = \begin{bmatrix} 0,4 \\ -1,7 \end{bmatrix}, \quad \boldsymbol{\mu} = \begin{bmatrix} 2,0 \\ -1,0 \end{bmatrix}, \quad \boldsymbol{\Sigma} = \begin{bmatrix} 1 & 0,5 \\ 0,5 & 1 \end{bmatrix}.$$

Temos, na Figura 3.4, as duas séries simuladas. É fácil ver que este modelo é estacionário.

Calculemos a matriz de covariâncias de $\mathbf{X}_t$, admitindo-se o modelo (3.20). Usando (3.21) temos que

$$\boldsymbol{\Gamma}(0) = \boldsymbol{\Sigma} + \boldsymbol{\Phi}\boldsymbol{\Sigma}\boldsymbol{\Phi}' + \boldsymbol{\Phi}^2\boldsymbol{\Sigma}(\boldsymbol{\Phi}^2)' + \ldots = \sum_{j=0}^{\infty} \boldsymbol{\Phi}^j\boldsymbol{\Sigma}(\boldsymbol{\Phi}^j)', \quad \boldsymbol{\Phi}_0^0 = \mathbf{I}_n.$$

3.4. MODELOS AUTORREGRESSIVOS VETORIAIS

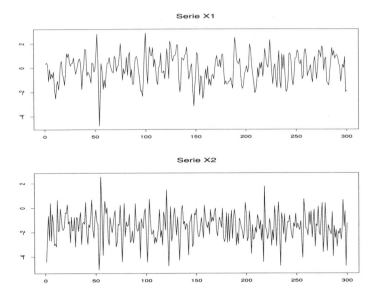

Figura 3.4: Modelo VAR(1) estacionário simulado.

Uma fórmula análoga vale para $\Gamma(\tau)$, veja o Problema 4. No entanto, essas fórmulas envolvem somas infinitas, pouco úteis para cálculos. Vejamos uma maneira mais atraente.

Se multiplicarmos (3.20) por $\tilde{\mathbf{X}}'_{t-\tau}$ e tomarmos a esperança, oteremos

$$E(\tilde{\mathbf{X}}_t \tilde{\mathbf{X}}'_{t-\tau}) = \mathbf{\Phi} E(\tilde{\mathbf{X}}_{t-1} \tilde{\mathbf{X}}'_{t-\tau}) + E(\mathbf{a}_t \tilde{\mathbf{X}}'_{t-\tau}).$$

Como o termo $E(\mathbf{a}_t \tilde{\mathbf{X}}'_{t-\tau})$ é nulo para $\tau > 0$, obtemos

$$\mathbf{\Gamma}(\tau) = \mathbf{\Phi}\mathbf{\Gamma}(\tau - 1), \ \tau > 0,$$

e, por substituições sucessivas, encontramos

$$\mathbf{\Gamma}(\tau) = \mathbf{\Phi}^\tau \mathbf{\Gamma}(0), \quad \tau > 0. \tag{3.23}$$

Proposição 3.3. Para o modelo VAR(p) dado em (3.16) temos os seguintes resultados:

(i) O processo $\mathbf{X}_t$ será estacionário se as soluções de

$$|\mathbf{I}_n - \mathbf{\Phi}_1 z - \ldots - \mathbf{\Phi}_p z^p| = 0$$

estiverem fora do círculo unitário.

(ii) Se $\mathbf{X}_t$ for estacionário,

$$\boldsymbol{\mu} = E(\mathbf{X}_t) = (\mathbf{I}_n - \boldsymbol{\Phi}_1 - \ldots - \boldsymbol{\Phi}_p)^{-1}\boldsymbol{\Phi}_0.$$

(iii) Escrevendo (3.16) na forma

$$\tilde{\mathbf{X}}_t = \boldsymbol{\Phi}_1\tilde{\mathbf{X}}_{t-1} + \ldots + \boldsymbol{\Phi}_p\tilde{\mathbf{X}}_{t-p} + \mathbf{a}_t,$$

com $\tilde{\mathbf{X}}_t = \mathbf{X}_t - \boldsymbol{\mu}$ e multiplicando esta equação por $\tilde{\mathbf{X}}'_{t-\tau}$ obtemos

$$\boldsymbol{\Gamma}(\tau) = \boldsymbol{\Phi}_1\boldsymbol{\Gamma}(\tau - 1) + \ldots + \boldsymbol{\Phi}_p\boldsymbol{\Gamma}(\tau - p), \quad \tau > 0,$$

que são as equações de Yule-Walker no caso de um modelo VAR(p).

Para a demonstração, veja Morettin (2017).

3.5   Construção de modelos VAR

A construção de modelos VAR segue o mesmo ciclo de identificação, estimação e diagnóstico usado para modelos univariados da classe ARMA.

Identificação

Uma maneira de identificar a ordem p de um modelo VAR(p) consiste em ajustar sequencialmente modelos autorregressivos vetoriais de ordens $1, 2, \ldots, k$ e testar a significância dos coeficientes (matrizes). Veja Morettin (2017) para detalhes.

Outra maneira de identificar a ordem de um VAR é usar algum critério de informação, como:

$$
\begin{aligned}
\text{AIC}(k) &= \ln(|\hat{\boldsymbol{\Sigma}}_k|) + 2kn^2/N \quad \text{(Akaike)}, \\
\text{BIC}(k) &= \ln(|\hat{\boldsymbol{\Sigma}}_k|) + kn^2\ln(N)/N \quad \text{(Schwarz)}, \\
HQ(k) &= \ln(|\hat{\boldsymbol{\Sigma}}_k|) + kn^2\ln(\ln(N))/N \quad \text{(Hannan-Quinn)}.
\end{aligned}
\tag{3.24}
$$

3.5. CONSTRUÇÃO DE MODELOS VAR

A função VAR do pacote MTS do R fornece os valores de AIC, BIC e HQ.

Estimação

Identificado o valor de p e supondo $\mathbf{a}_t \sim \mathcal{N}(\mathbf{0}, \mathbf{\Sigma})$, podemos estimar os coeficientes por máxima verossimilhança. Nesse caso, os estimadores de MQ são equivalentes a estimadores de MV condicionais. EMV condicionais são obtidos por métodos de maximização numérica. Veja o Problema 10 para o caso VAR (1). O pacote MTS do R pode ser usado para estimar esses modelos.

Diagnóstico

Para testar se o modelo é adequado, usamos os resíduos para construir a versão multivariada da estatística de Box-Ljung-Pierce, dada por

$$Q(m) = N^2 \sum_{\tau=1}^{m} \frac{1}{N - \tau} \text{tr}(\hat{\mathbf{\Gamma}}(\tau)' \hat{\mathbf{\Gamma}}(0)^{-1} \hat{\mathbf{\Gamma}}(\tau) \hat{\mathbf{\Gamma}}(0)^{-1}), \qquad (3.25)$$

que sob H_0 : a série $\mathbf{a}_t$ é ruído branco, tem distribuição $\chi^2(n^2(m - p))$. Para que o número de graus de liberdade seja positivo, m deve ser maior do que p.

Chang et al. (2017) apresentaram um teste para ruído branco vetorial, que utiliza o máximo dos valores absolutos das autocorrelações e correlações cruzadas das componentes do ruído. As hipóteses testadas são:

H_0 : a série residual é ruído branco vetorial independente e identicamente distribuído,

H_1 : caso contrário.

O valor crítico é avaliado utilizando *bootstrap* de uma amostra de uma distribuição normal multivariada. Os valores mostram que o novo teste supera (em termos de poder) os testes de multiplicadores de Lagrange e Box-Pierce multivariados, principalmente quando a dimensão do vetor de séries temporais é alta em relação ao tamanho da amostra.

Além disso, Chang et al. (2018) mostram também que quando aplicado às variáveis transformadas via componentes principais, o teste ainda torna-se mais poderoso.

50   CAPÍTULO 3. MODELOS LINEARES MULTIVARIADOS

O procedimento está disponível no pacote PCA4TS do R, utilizando a função segmentTS.

Previsão

Considere o VAR(1) dado em (3.18) e suponha que o parâmetro $\boldsymbol{\Phi}$ seja conhecido. A previsão de origem N e horizonte h é dada por

$$\hat{\mathbf{X}}_N(h) = \boldsymbol{\Phi}\hat{\mathbf{X}}_N(h-1),$$

da qual segue

$$\hat{\mathbf{X}}_N(h) = \boldsymbol{\Phi}^h\mathbf{X}_N, \quad h = 1, 2, \ldots. \tag{3.26}$$

Como

$$\mathbf{X}_{t+h} = \boldsymbol{\Phi}\mathbf{X}_{N+h-1} + \mathbf{a}_{N+h},$$

temos que o erro de previsão h passos à frente é dado por

$$\mathbf{e}_N(h) = \mathbf{X}_{t+h} - \hat{\mathbf{X}}_N(h) = \sum_{j=0}^{h-1} \boldsymbol{\Phi}^j \mathbf{a}_{N+h-j}, \tag{3.27}$$

de modo que o erro quadrático médio do previsor (3.26) fica

$$\boldsymbol{\Sigma}(h) = \text{EQMP}(h) = \sum_{j=0}^{h-1} \boldsymbol{\Phi}^j \boldsymbol{\Sigma}(\boldsymbol{\Phi}^j)'. \tag{3.28}$$

Considerando, agora, o modelo VAR(p), com parâmetros supostos conhecidos, $\mathbf{a}_t$ uma sequência i.i.d. e $\mathcal{F}_t = \{\mathbf{X}_s : s \leq t\}$, obtemos

$$E(\mathbf{X}_{t+h}|\mathcal{F}_t) = \boldsymbol{\Phi}_0 + \boldsymbol{\Phi}_1 E(\mathbf{X}_{t+h-1}|\mathcal{F}_t) + \ldots + \boldsymbol{\Phi}_p E(\mathbf{X}_{t+h-p}|\mathcal{F}_t),$$

pois $E(\mathbf{a}_{t+h}|\mathcal{F}_t) = 0$, para todo $h > 0$.

Para $h = 1$, obtemos

$$\hat{\mathbf{X}}_t(1) = \boldsymbol{\Phi}_0 + \boldsymbol{\Phi}_1 \mathbf{X}_t + \ldots + \boldsymbol{\Phi}_p \mathbf{X}_{t-p+1},$$

e, para $h = 2$, temos

$$\hat{\mathbf{X}}_t(2) = \boldsymbol{\Phi}_0 + \boldsymbol{\Phi}_1 \hat{\mathbf{X}}_t(1) + \boldsymbol{\Phi}_2 \mathbf{X}_t + \ldots + \boldsymbol{\Phi}_p \mathbf{X}_{t-p+2},$$

de modo que as previsões podem ser obtidas recursivamente.

3.5. CONSTRUÇÃO DE MODELOS VAR

Nesse caso, o erro de previsão de horizonte h é dado por

$$\mathbf{e}_N(h) = \sum_{j=0}^{h-1} \boldsymbol{\Psi}_j \mathbf{a}_{N+h-j}, \tag{3.29}$$

onde as matrizes $\boldsymbol{\Psi}_j$ são obtidas recursivamente por

$$\boldsymbol{\Psi}_j = \sum_{k=1}^{p-1} \boldsymbol{\Psi}_{j-k} \boldsymbol{\Phi}_k, \tag{3.30}$$

com $\boldsymbol{\Psi}_0 = \mathbf{I}_n$ e $\boldsymbol{\Phi}_j = 0, j > p$. Segue-se que a matriz de EQM de previsão fica

$$\boldsymbol{\Sigma}(h) = \sum_{j=0}^{h-1} \boldsymbol{\Psi}_j \boldsymbol{\Sigma} \boldsymbol{\Psi}_j'. \tag{3.31}$$

Para o caso em que os parâmetros do modelo VAR(p) são estimados, veja Morettin (2017). Na prática, usa-se, em (3.31), estimadores das matrizes $\boldsymbol{\Psi}_j$ e $\boldsymbol{\Sigma}$.

O O próximo exemplo é devido a Morettin (2017).

Exemplo 3.7. Ajustemos um modelo VAR(p) à série $\mathbf{X}_t$, em que X_{1t} é a série de retornos diários da Petrobras e X_{2t} é a série de retornos diários do Ibovespa, de 19/08/1998 a 29/09/2010, com $N = 2998$ observações. Na Tabela 3.3 temos os valores de alguns critérios de identificação de modelos autorregressivos vetoriais até ordem 10, usando a função VARorder do pacote MTS do R.

De acordo com os valores de BIC, selecionamos a ordem $p = 2$. Usando o mesmo programa para estimar os coeficientes do modelo identificado, obtemos a Tabela 3.4, de modo que o modelo bivariado ajustado é

$$\hat{X}_{1t} = 0,0010 + 0,0895X_{1,t-1} - 0,0456X_{1,t-2} + \hat{a}_{1t},$$

$$\begin{aligned} \hat{X}_{2t} = {} & 0,3995X_{1,t-1} - 0,1931X_{2,t-1} + 0,1023X_{1,t-2} \\ & - 0,0558X_{2,t-2} + \hat{a}_{2,t}. \end{aligned} \tag{3.32}$$

O vetor de constantes estimado é dado por $\hat{\boldsymbol{\Phi}}_0 = (0,0010, 0,0004)'$, sendo que somente o primeiro elemento do vetor é significativo.

Na Tabela 3.5 temos as representações pictóricas dos coeficientes (matriciais). Note que os retornos diários da Petrobras não são influenciados por

52   CAPÍTULO 3. MODELOS LINEARES MULTIVARIADOS

valores passados dos retornos diários do Ibovespa. Por outro lado, os retornos do Ibovespa são influenciados por valores defasados dos retornos da Petrobras, o que é razoável, dado que as ações da Petrobras fazem parte do índice. Conclui-se que há uma relação de causalidade de X_{1t} para X_{2t}.

Na Figura 3.5 mostramos a f.a.c. amostral para os resíduos e quadrados dos resíduos do modelo ajustado. Vemos que há possibilidade de melhorar o modelo, introduzindo termos de médias móveis (veja a seção seguinte) e considerando um modelo heteroscedástico condicional multivariado para os resíduos, dada a dependência presente neles. Veja o Capítulo 5.

As previsões para horizontes $h = 1, 2, \ldots, 10$ para o modelo (3.32), usando o R, biblioteca vars e função predict, estão na Tabela 3.6 com os respectivos intervalos de confiança com $\gamma = 0,95$.

Tabela 3.3:   Valores de AIC, BIC e HQ resultantes de ajustes de modelos VAR(p), $p = 1, \ldots, 10$, para os retornos diários da Petrobras e do Ibovespa.

p	AIC	BIC	HQ
0	-14,9305	-14,9305	-14,9305
1	-15,1532	-15,1452	-15,1504
2	-15,1710	-15,1550	-15,1653
3	-15,1790	-15,1549	-15,1703
4	-15,1835	-15,1514	-15,1719
5	-15,1828	-15,1427	-15,1683
6	-15,1829	-15,1348	-15,1656
7	-15,1845	-15,1284	-15,1644
8	-15,1828	-15,1187	-15,1598
9	-15,1829	-15,1108	-15,1569
10	-15,1836	-15,1034	-15,1547

Exemplo 3.8. Vamos ajustar um modelo VAR(p) às séries X_{1t}, de retornos diários do Ibovespa e X_{2t}, de retornos diários do Merval (Argentina), de 04/09/1995 a 30/12/2004.

Na Tabela 3.7 temos os valores de alguns critérios automáticos de identificação. De acordo com o BIC, selecionamos o valor $p = 0$, indicando que o modelo é dado por

$$\begin{aligned} X_{1t} &= \theta_1 + a_{1t}, \\ X_{2t} &= \theta_2 + a_{2t}, \end{aligned}$$

ou seja, temos dois ruídos brancos, com $\hat{\theta}_1$ e $\hat{\theta}_2$ sendo as respectivas médias amostrais dos dois processos.

3.5. CONSTRUÇÃO DE MODELOS VAR

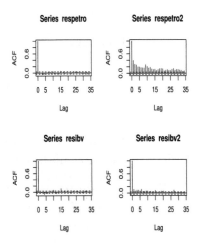

Figura 3.5: Autocorrelações amostrais dos resíduos e de seus quadrados.

Tabela 3.4: Ajuste de um modelo VAR(2) aos retornos diários da Petrobras e do Ibovespa. Primeira linha: estimativas; segunda linha: desvios padrões.

$\hat{\mathbf{\Phi}}_0$	$\hat{\mathbf{\Phi}}_1$	$\hat{\mathbf{\Phi}}_2$
$\begin{bmatrix} 0,0010 \\ 0,0004 \end{bmatrix}$	$\begin{bmatrix} 0,0895 & -0,0046 \\ 0,3995 & -0,1931 \end{bmatrix}$	$\begin{bmatrix} -0,0456 & -0,0084 \\ 0,1023 & -0,0558 \end{bmatrix}$
$\begin{bmatrix} 0,0005 \\ 0,0004 \end{bmatrix}$	$\begin{bmatrix} 0,0191 & 0,0251 \\ 0,0145 & 0,0190 \end{bmatrix}$	$\begin{bmatrix} 0,0213 & 0,0228 \\ 0,0161 & 0,0172 \end{bmatrix}$

Tabela 3.5: Representações pictóricas das matrizes da Tabela 3.4.

$\hat{\mathbf{\Phi}}_1$	$\hat{\mathbf{\Phi}}_2$
$\begin{bmatrix} + & \cdot \\ + & - \end{bmatrix}$	$\begin{bmatrix} - & \cdot \\ + & - \end{bmatrix}$

Se escolhermos o critério AIC, selecionamos a ordem $p = 2$, com ajuste apresentado na Tabela 3.8, fornecendo o modelo

$$\hat{X}_{1t} = -0,0517X_{2,t-2} + \hat{a}_{1t},$$
$$\hat{X}_{2t} = \hat{a}_{2t},$$

3.6 Problemas

1. Da representação (B.1) do Apêndice 3.B, mostre que $E(\mathbf{X}_t) = \boldsymbol{\mu}$ e $\boldsymbol{\Gamma}(\tau) = \sum_{j=0}^{\infty} \boldsymbol{\Phi}^{\tau+j}\boldsymbol{\Sigma}(\boldsymbol{\Phi}^j)'$ e, em particular, obtenha $\boldsymbol{\Gamma}(0)$.

2. Ajuste um modelo VAR às séries de retornos diários do Ibovespa e da Cemig, ambas de 02/01/95 a 27/12/2000.

Tabela 3.6: Valores previstos para o modelo (3.39), $h = 1, 2, \ldots, 10$, com intervalo de confiança (c.c.=0,95).

h	Petrobras (I.C.)	Ibovespa (I.C.)
1	0,0032	0,0126
	(-0,0491, 0,0555)	(-0,0269, 0,0522)
2	-0,0001	0,0023
	(-0,0526, 0,0523)	(-0,0420, 0,0466)
3	0,0007	-0,0005
	(-0,0518, 0,0532)	(-0,0449, 0,0439)
4	0.0010	0,0006
	(-0,0515, 0,0536)	(-0,0438)
5	0.0010	0,0008
	(-0,0515, 0,0536)	(-0,0437, 0,0452)
6	0,0010	0.0007
	(-0.0515, 0,0535)	(-0,0437, 0,0451)
7	0,0010	0,0007
	(-0,0515, 0,0535)	(-0,0437, 0,0452)
8	0,0010	0,0007
	(-0,0515, 0,0535)	(-0,0437, 0,0452)
9	0,0010	0,0007
	(-0,0515, 0,0535)	(-0,0437, 0,0452)
10	0.0010	0,0007
	(-0,0515, 0,0535)	(-0,0437, 0,0452)

3.6. PROBLEMAS

3. Prove que a condição (i) da Proposição 3.3 é equivalente a dizer que os autovalores da matriz

$$F = \begin{bmatrix} \Phi_1 & \Phi_2 & \cdots & \Phi_{p-1} & \Phi_p \\ I_n & 0 & \cdots & 0 & 0 \\ \cdots & \cdots & \cdots & \cdots & \cdots \\ 0 & 0 & \cdots & I_n & 0 \end{bmatrix}$$

têm módulos menores do que um. Veja também o Apêndice 3.B.

4. Como ficaria o problema anterior para um modelo VAR(2)?

5. Prove (3.30) e (3.31).

6. Prove (3.38).

7. Prove a Proposição 3.1.

8. Ajuste um modelo VAR aos retornos diários dos índices Ibovespa e IPC (México) do arquivo d-indices.95.04.dat.

Tabela 3.7: Valores de AIC, BIC e HQ resultantes de ajustes de modelos VAR(p), $p = 1, \ldots, 10$, para os retornos diários da Petrobras e do Merval.

p	AIC	BIC	HQ
0	-14,8694	-14,8694	-14,8694
1	-14,8675	-14,8562	-14,8634
2	-14,8715	-14,8489	-14,8632
3	-14,8699	-14,8360	-14,8574
4	-14,8668	-14,8216	-14,8502
5	-14,8688	-14,8124	-14,8481
6	-14,8664	-14,7986	-14,8415
7	-14,8690	-14,7900	-14,8400
8	-14,8658	-14,7755	-14,8326
9	-14,8629	-14,7612	-14,8256
10	-14,8601	-14,7471	-14,8186

9. Suponha que os processos X_{1t} e X_{2t} sejam dados por

$$\begin{aligned} X_{1t} &= a_t, \\ X_{2t} &= 0,3X_{2,t-1} + a_t, \end{aligned}$$

sendo $a_t \sim \mathrm{RB}(0,1)$. Seja $\mathbf{X}_t = (X_{1t}, X_{2t})'$. Calcule $\boldsymbol{\Gamma}(0), \boldsymbol{\Gamma}(1), \boldsymbol{\Gamma}(-1)$ e $\boldsymbol{\Gamma}(2)$.

Tabela 3.8: Ajuste de um modelo VAR(2) aos retornos diários do Ibovespa e do Merval. Primeira linha: estimativas; segunda linha: desvios padrões.

$\hat{\boldsymbol{\Phi}}_0$	$\hat{\boldsymbol{\Phi}}_1$	$\hat{\boldsymbol{\Phi}}_2$
$\begin{bmatrix} 0,0009 \\ 0,0005 \end{bmatrix}$	$\begin{bmatrix} 0,0266 & 0,0124 \\ 0,0286 & 0,0233 \end{bmatrix}$	$\begin{bmatrix} -0,0023 & -0,0517 \\ -0,0378 & 0,0451 \end{bmatrix}$
$\begin{bmatrix} 0,0006 \\ 0,0006 \end{bmatrix}$	$\begin{bmatrix} 0,0255 & 0,0251 \\ 0,0258 & 0,0255 \end{bmatrix}$	$\begin{bmatrix} 0,0255 & 0,0251 \\ 0,0258 & 0,0255 \end{bmatrix}$

Tabela 3.9: Representações pictóricas das matrizes da Tabela 3.8.

$\hat{\boldsymbol{\Phi}}_0$	$\hat{\boldsymbol{\Phi}}_1$	$\hat{\boldsymbol{\Phi}}_2$
$\begin{bmatrix} \cdot \\ \cdot \end{bmatrix}$	$\begin{bmatrix} \cdot & \cdot \\ \cdot & \cdot \end{bmatrix}$	$\begin{bmatrix} \cdot & - \\ \cdot & \cdot \end{bmatrix}$

10. Prove que, caso de um VAR(1), os EMV condicionais são obtidos maximizando-se

$$
\begin{aligned}
\ell = & -\frac{n(N+1)}{2} \ln(2\pi) + \frac{(N-1)}{2} \ln |\boldsymbol{\Sigma}^{-1}| \\
& -\frac{1}{2} \sum_{t=2}^{N} (\mathbf{X}_t - \boldsymbol{\Phi}\mathbf{X}_{t-1})' \boldsymbol{\Sigma}^{-1} (\mathbf{X}_t - \boldsymbol{\Phi}\mathbf{X}_{t-1}),
\end{aligned} \tag{3.33}
$$

obtendo-se

$$\hat{\Phi} = [\sum_{t=2}^{N} \mathbf{X}_t \mathbf{X}_{t-1}'][\sum_{t=2}^{N} \mathbf{X}_{t-1} \mathbf{X}_{t-1}']^{-1}, \tag{3.34}$$

$$\hat{\Sigma} = \frac{1}{N} \sum_{t=1}^{N} \hat{\mathbf{a}}_t (\hat{\mathbf{a}}_t)', \tag{3.35}$$

$$\hat{\mathbf{a}}_t = \mathbf{X}_t - \hat{\Phi} \mathbf{X}_{t-1}. \tag{3.36}$$

Apêndice 3.A. Modelo VAR(p) na forma VAR(1)

Suponha que $\mathbf{X}_t$ seja dado por (3.16). Defina o seguinte processo VAR(1):

$$\mathbf{Y}_t = \mathbf{C} + \mathbf{F} \mathbf{Y}_{t-1} + \mathbf{b}_t, \tag{A.1}$$

onde

$$\mathbf{Y}_t = \begin{bmatrix} \mathbf{X}_t \\ \mathbf{X}_{t-1} \\ \vdots \\ \mathbf{X}_{t-p+1} \end{bmatrix}, \quad \mathbf{C} = \begin{bmatrix} \Phi_0 \\ 0 \\ \vdots \\ 0 \end{bmatrix}, \quad \mathbf{b}_t = \begin{bmatrix} \mathbf{a}_t \\ 0 \\ \vdots \\ 0 \end{bmatrix}$$

são vetores de ordem $np \times 1$ e

$$\mathbf{F} = \begin{bmatrix} \Phi_1 & \Phi_2 & \cdots & \Phi_{p-1} & \Phi_p \\ \mathbf{I}_n & 0 & \cdots & 0 & 0 \\ 0 & \mathbf{I}_n & \cdots & 0 & 0 \\ \vdots & \vdots & & \vdots & \vdots \\ 0 & 0 & \cdots & \mathbf{I}_n & 0 \end{bmatrix}$$

é uma matriz $np \times np$.

Pela discussão sobre modelos VAR(1), o processo $\mathbf{Y}_t$ é estacionário se

$$|\mathbf{I}_{np} - \mathbf{F}z| \neq 0, \quad |z| \leq 1.$$

É fácil ver que $|\mathbf{I}_{np} - \mathbf{F}z| = |\mathbf{I}_n - \Phi_1 z - \ldots - \Phi_p z^p|$, logo o processo VAR($p$) é estacionário se (i) da Proposição 3.3 for válida.

Apêndice 3.B. Causalidade de Granger

Para sistemas temporais, Granger (1969) define causalidade em termos de *previsibilidade*: a variável X causa a variável Y, com respeito a um dado

58 CAPÍTULO 3. MODELOS LINEARES MULTIVARIADOS

universo de informação (que inclui X e Y), se o presente de Y pode ser previsto mais eficientemente usando valores passados de X do que não usando esse passado. A definição não requer que o sistema seja linear; se o for, as previsões serão lineares.

Seja $\{A_t, t = 0, \pm 1, \pm 2, \ldots\}$ o conjunto de informação relevante até (e incluindo) o instante t, contendo pelo menos X_t, Y_t. Defina $\overline{A}_t = \{A_s : s < t\}$, $\overline{\overline{A}}_t = \{A_s : s \leq t\}$, e definições análogas para $\overline{X}_t, \overline{Y}_t$ etc. Seja $P_t(Y|B)$ o preditor de EQM mínimo de Y_t, usando o conjunto de informação B e $\sigma^2(Y|B)$ o correspondente EQM do preditor.

Definição B.1. Dizemos que:

(a) $X_t \to Y_t :$ X_t *causa* Y_t no sentido de Granger se

$$\sigma^2(Y_t|\overline{A}_t) < \sigma^2(Y_t|\overline{A}_t - \overline{X}_t).$$

Ou seja, Y_t pode ser mais bem prevista, usando toda a informação disponível, incluindo o passado de Y_t e X_t.

Dizemos também que X_t é *exógena* ou *antecedente* a Y_t.

(b) $X_t \Rightarrow Y_t$: X_t *causa instantaneamente* Y_t no sentido de Granger se:

$$\sigma^2(Y_t|\overline{A}_t, \overline{\overline{X}}_t) < \sigma^2(Y_t|\overline{A}_t)$$

Ou seja, o valor presente de Y_t é mais bem previsto, se o valor presente de X_t for incluído.

(c) Há *feedback*, e escrevemos $X_t \leftrightarrow Y_t$, se X_t causa Y_t e Y_t causa X_t.

(d) Há *causalidade unidirecional* de X_t para Y_t, se $X_t \to Y_t$ e *não há feedback*.

É fácil ver que, se $X_t \Rightarrow Y_t$, então $Y_t \Rightarrow X_t$. Portanto, usualmente dizemos que há causalidade instantânea entre X_t e Y_t.

Há várias propostas para operacionalizar as definições anteriores. Pierce e Haugh (1977) propõem ajustar modelos ARIMA a transformações adequadas de ambas as séries e depois estabelecer padrões de causalidade entre os resíduos por meio de correlações cruzadas. Veja também Layton (1984). Hsiao (1979) sugere ajustar modelos autorregressivos via AIC. No caso de mais de duas séries, Boudjellaba et al. (1992) sugerem ajustar modelos VARMA às séries. Uma resenha desses procedimentos é feita por da Cunha (1997).

APÊNDICE 3.B

Neste capítulo, trataremos do assunto por meio da representação VAR da série multivariada $\mathbf{X}_t$, de ordem $n \times 1$.

Suponha que

$$\mathbf{X}_t = \begin{bmatrix} \mathbf{Y}_t \\ \mathbf{Z}_t \end{bmatrix},$$

onde $\mathbf{Y}_t$ é um vetor $r \times 1$ e $\mathbf{Z}_t$ é um vetor $s \times 1$, $r + s = n$.

Considere o modelo VAR (p) para $\mathbf{X}_t$:

$$\mathbf{X}_t = \begin{bmatrix} \mathbf{Y}_t \\ \mathbf{Z}_t \end{bmatrix} = \begin{bmatrix} \boldsymbol{\mu}_1 \\ \boldsymbol{\mu}_2 \end{bmatrix} + \begin{bmatrix} \boldsymbol{\Phi}_{11,1} & \boldsymbol{\Phi}_{12,1} \\ \boldsymbol{\Phi}_{21,1} & \boldsymbol{\Phi}_{22,1} \end{bmatrix} \begin{bmatrix} \mathbf{Y}_{t-1} \\ \mathbf{Z}_{t-1} \end{bmatrix} + \ldots \qquad (B.1)$$

$$+ \begin{bmatrix} \boldsymbol{\Phi}_{11,p} & \boldsymbol{\Phi}_{12,p} \\ \boldsymbol{\Phi}_{21,p} & \boldsymbol{\Phi}_{22,p} \end{bmatrix} \begin{bmatrix} \mathbf{Y}_{t-p} \\ \mathbf{Z}_{t-p} \end{bmatrix} + \begin{bmatrix} \mathbf{a}_{1t} \\ \mathbf{a}_{2t} \end{bmatrix}.$$

Esta equação pode ser escrita como

$$\mathbf{Y}_t = \boldsymbol{\mu}_1 + \sum_{i=1}^{p} \boldsymbol{\Phi}_{11,i} \mathbf{Y}_{t-i} + \sum_{i=1}^{p} \boldsymbol{\Phi}_{12,i} \mathbf{Z}_{t-i} + \mathbf{a}_{1t}, \qquad (B.2)$$

$$\mathbf{Z}_t = \boldsymbol{\mu}_2 + \sum_{i=1}^{p} \boldsymbol{\Phi}_{21,i} \mathbf{Y}_{t-i} + \sum_{i=i}^{p} \boldsymbol{\Phi}_{22,i} \mathbf{Z}_{t-i} + \mathbf{a}_{2t}. \qquad (B.3)$$

Suponha, também, a matriz $\boldsymbol{\Sigma}$ particionada como

$$\boldsymbol{\Sigma} = \begin{bmatrix} \boldsymbol{\Sigma}_{11} & \boldsymbol{\Sigma}_{12} \\ \boldsymbol{\Sigma}_{21} & \boldsymbol{\Sigma}_{22} \end{bmatrix},$$

sendo que $\boldsymbol{\Sigma}_{ij} = E(\mathbf{a}_{it}\mathbf{a}'_{jt})$, $i,j = 1, 2$.

Então, pode-se provar que:

(i) $\mathbf{Z}_t$ não causa $\mathbf{Y}_t \leftrightarrow \boldsymbol{\Phi}_{12,i} = \mathbf{0}$, para todo i;

(ii) $\mathbf{Y}_t$ não causa $\mathbf{Z}_t \leftrightarrow \boldsymbol{\Phi}_{21,i} = \mathbf{0}$, para todo i.

Resultados equivalentes a (i) e (ii) são dados na proposição a seguir.

Proposição B.1 (i) $\mathbf{Z}_t$ não causa $\mathbf{Y}_t \leftrightarrow |\boldsymbol{\Sigma}_{11}| = |\boldsymbol{\Sigma}_1|$, em que $\boldsymbol{\Sigma}_1 = E(\mathbf{c}_{1t}\mathbf{c}'_{1t})$ é obtida da regressão restrita

$$\mathbf{Y}_t = \boldsymbol{\nu}_1 + \sum_{i=1}^{p} \mathbf{A}_i \mathbf{Y}_{t-i} + \mathbf{c}_{1t} \qquad (B.4).$$

(ii) $\mathbf{Y}_t$ não causa $\mathbf{Z}_t \leftrightarrow |\mathbf{\Sigma}_{22}| = |\mathbf{\Sigma}_2|$, em que $\mathbf{\Sigma}_2 = E(\mathbf{c}_{2t}\mathbf{c}'_{2t})$ é obtida da regressão restrita

$$\mathbf{Z}_t = \boldsymbol{\nu}_2 + \sum_{i=1}^{p} \mathbf{C}_i \mathbf{Z}_{t-i} + \mathbf{c}_{2t}. \tag{B.5}$$

As regressões (B.2)–(B.5) podem ser estimadas por MQO e, a partir dos resíduos de MQ, as matrizes de covariâncias envolvidas são estimadas por:

$$\hat{\mathbf{\Sigma}}_i = (N - p)^{-1} \sum_{t=p+1}^{N} \hat{c}_{it}\hat{c}'_{it},$$

$$\hat{\mathbf{\Sigma}}_{ii} = (N - p)^{-1} \sum_{t=p+1}^{N} \hat{a}_{it}\hat{a}'_{it}, \quad i = 1, 2.$$

Os testes e respectivas estatísticas da razão de verossimilhanças são dados por:

(i) H_{01} : $\mathbf{\Phi}_{12,i} = \mathbf{0}$, para todo i ($\mathbf{Z}_t$ não causa $\mathbf{Y}_t$),

$$RV_1 = (N - p)[\log|\hat{\mathbf{\Sigma}}_1| - \log|\hat{\mathbf{\Sigma}}_{11}|] \sim \chi^2(prs).$$

(ii) H_{02} : $\mathbf{\Phi}_{21,i} = \mathbf{0}$, para todo i ($\mathbf{Y}_t$ não causa $\mathbf{Z}_t$),

$$RV_2 = (N - p)[\log|\hat{\mathbf{\Sigma}}_2| - \log|\hat{\mathbf{\Sigma}}_{22}|] \sim \chi^2(prs).$$

Exemplo B.1. Para o Exemplo 3.8, vemos que $X_{1t} \to X_{2t}$, ou seja, retornos diários da Petrobras causam, no sentido de Granger, retornos diários do Ibovespa. Vimos, também, que X_{2t} não causa X_{1t}.

Exemplo B.2. Um modelo VAR(1) para as séries de retornos diários da Vale (X_{1t}) e da Petrobras (X_{2t}) é dado por

$$\begin{aligned}
\hat{X}_{1t} &= 0,0014 - 0,0992X_{2,t-1} + \hat{a}_{1t}, \\
\hat{X}_{2t} &= 0,0010 + 0,0796X_{2,t-1} + \hat{a}_{2t}.
\end{aligned}$$

Vemos que Petrobras causa Vale, mas não o contrário.

Exemplo B.3. Para o Exemplo 3.9, de acordo com o BIC, vemos que não existe relação de causalidade entre retornos diários do Ibovespa e retornos diários do índice Merval.

CAPÍTULO 4

Modelos Heteroscedásticos Condicionais

4.1 Introdução

Neste capítulo estudaremos alguns modelos apropriados para séries financeiras que apresentam a variância condicional evoluindo no tempo. Os modelos lineares do tipo ARIMA não são adequados para descrever esse tipo de comportamento.

Há uma variedade muito grande de modelos não lineares disponíveis na literatura, mas nós vamos nos concentrar, neste capítulo, na classe de modelos ARCH ("autoregressive conditional heterocedasticity"), introduzida por Engle (1982) e suas extensões. Esses modelos são não lineares no que se refere à variância. Consideraremos, também, os modelos de volatilidade estocástica, que também admitem que a volatilidade varia com o tempo, mas têm uma premissa diferente dos modelos da família ARCH.

Como dissemos, o objetivo será modelar o que se chama de *volatilidade*, que é a variância condicional de uma variável, comumente um retorno. Embora não seja medida diretamente, a volatilidade manifesta-se de várias maneiras numa série financeira (Peña et al., 2001, cap. 9):

(i) a volatilidade aparece em grupos, de maior ou menor variabilidade;

(ii) a volatilidade evolui continuamente no tempo, podendo ser considerada estacionária;

(iii) ela reage de modo diferente a valores positivos ou negativos da série.

Para fixar a notação, consideremos uma série de retornos, ou taxas de crescimento, de uma variável P_t (comumente o preço de um ativo financeiro),

61

62 CAPÍTULO 4. MODELOS HETEROSCEDÁSTICOS CONDICIONAIS

dada por

$$X_t = \ln(P_t) - \ln(P_{t-1}), \tag{4.1}$$

e sejam

$$\mu_t = E(X_t|\mathcal{F}_{t-1}), \quad h_t = \text{Var}(X_t|\mathcal{F}_{t-1}) \tag{4.2}$$

a média e variância condicional de X_t, onde $\mathcal{F}_{t-1}$ é a informação até o instante $t-1$ que consideraremos ser $\{X_{t-1}, \ldots, X_1\}$.

Vamos supor que $\mu_t = 0$ de modo que $h_t = E(X_t^2|\mathcal{F}_{t-1})$.

4.2 Retornos

Um dos objetivos em finanças é a avaliação de riscos de uma carteira de ativos (instrumentos) financeiros. O risco é frequentemente medido em termos de variações de preços dos ativos.

Denotemos por P_t o preço de um ativo no instante t, normalmente um dia de negócio. Suponha, primeiramente, que não haja dividendos pagos no período. O *retorno líquido simples* deste ativo é definido por

$$R_t = \frac{P_t - P_{t-1}}{P_{t-1}} = \frac{\Delta P_t}{P_{t-1}}. \tag{4.3}$$

Note que $R_t = P_t/P_{t-1} - 1$. Chamamos $1 + R_t = P_t/P_{t-1}$ de *retorno bruto simples*. Usualmente expressamos R_t em percentagem, relativamente ao período (um dia, um mês, um ano etc.); é também chamado de *taxa de retorno*.

Denotando $p_t = \log P_t$ (sendo o logaritmo na base e), definimos o *retorno composto continuamente* ou simplesmente *log-retorno* como

$$r_t = \log \frac{P_t}{P_{t-1}} = \log(1 + R_t) = p_t - p_{t-1}. \tag{4.4}$$

Essa definição será aquela comumemente utilizada e, muitas vezes, r_t será chamado simplesmente de *retorno*. Observe que

$$r_t = \Delta \log P_t,$$

ou seja, tomamos o logaritmo dos preços e depois a primeira diferença.

Na prática é preferível trabalhar com retornos, que são livres de escala, do que com preços, pois os primeiros têm propriedades estatísticas mais interessantes (como estacionariedade e ergodicidade). Um dos objetivos será, então, modelar retornos. Diversas classes de modelos podem ser utilizadas para esse

4.2. RETORNOS

fim, como os modelos ARMA, ARCH, GARCH, modelos de volatilidade estocástica etc. Os modelos ARMA foram estudados no Volume 1 e os demais serão estudados nas seções seguintes.

Note também que, para u pequeno, $log(1+u) \approx u$, logo os retornos simples R_t e os log-retornos r_t serão em geral valores próximos.

Podemos definir também retornos multiperíodos. O retorno simples de período k, entre os instantes $t - k$ e t é dado por

$$R_t(k) = \frac{P_t - P_{t-k}}{P_{t-k}}. \tag{4.5}$$

Em termos de retornos de um período, podemos escrever

$$
\begin{aligned}
1 + R_t(k) &= (1 + R_t)(1 + R_{t-1}) \cdots (1 + R_{t-k+1}) \\
&= \frac{P_t}{P_{t-1}} \frac{P_{t-1}}{P_{t-2}} \cdots \frac{P_{t-k+1}}{P_{t-k}} = \frac{P_t}{P_{t-k}},
\end{aligned}
$$

de modo que

$$R_t(k) = \frac{P_t}{P_{t-k}} - 1. \tag{4.6}$$

Para facilitar comparações em horizontes diferentes é comum "anualizar" os retornos simples, considerando

$$R_t(k) \text{ anualizado} = [\Pi_{j=0}^{k-1}(1 + R_{t-j})]^{1/k} - 1,$$

que pode ser aproximado por $(1/k) \sum_{j=0}^{k-1} R_{t-j}$, usando uma expansão de Taylor até primeira ordem.

Por sua vez, o log-retorno de período k fica

$$r_t(k) = \log \frac{P_t}{P_{t-k}} = \log(1 + R_t(k)) = \sum_{j=0}^{k-1} \log(1 + R_{t-j}) = \sum_{j=0}^{k-1} r_{t-j}. \tag{4.7}$$

Por exemplo, um mês compreende normalmente cerca de 21 dias de transações, de modo que o log-retorno continuamente composto em um mês é dado por

$$r_t(21) = r_t + r_{t-1} + \ldots + r_{t-20},$$

para todo t. A expressão (4.7) é interessante do ponto de vista estatístico, pois para k relativamente grande a soma pode ser aproximada por uma variável aleatória normal, usando o teorema limite central.

64 CAPÍTULO 4. MODELOS HETEROSCEDÁSTICOS CONDICIONAIS

Se houver pagamento de dividendos D_t no período, então os retornos ficam, respectivamente,

$$R_t = \frac{P_t + D_t}{P_{t-1}} - 1, \tag{4.8}$$

$$r_t = \log(1 + R_t) = \log(P_t + D_t) - \log P_{t-1}. \tag{4.9}$$

Vemos que r_t é uma função não linear de log-preços e log-dividendos.

4.3 Fatos estilizados sobre retornos

Séries econômicas e financeiras apresentam algumas características que são comuns a outras séries temporais, como:

(a) tendências;

(b) sazonalidade;

(c) valores influentes (atípicos);

(d) heteroscedasticidade condicional;

(e) não linearidade.

As características (a) e (b) foram estudadas no Capítulo 3 e a característica (c) no Capítulo 12, ambos do Volume 1. A característica (d) será tratada nesse capítulo. A última talvez seja a mais complicada de definir. De um modo bastante geral, podemos dizer que uma série econômica ou financeira é não linear quando responde de maneira diferente a choques grandes ou pequenos. Por exemplo, uma queda de um índice da Bolsa de Valores de São Paulo pode causar maior volatilidade no mercado do que uma alta.

Os retornos financeiros apresentam, por outro lado, outras características peculiares, que muitas séries não apresentam. Retornos raramente apresentam tendências ou sazonalidades, com exceção eventualmente de retornos intradiários. Séries de preços, de taxas de câmbio e séries de taxas de juros podem apresentar tendências que variam no tempo.

Os principais *fatos estilizados* relativos a retornos financeiros podem ser resumidos como segue:

1) retornos são em geral não autocorrelacionados;

2) os quadrados dos retornos são autocorrelacionados, apresentando uma correlação de defasagem 1 pequena e depois uma queda lenta das demais;

4.3. FATOS ESTILIZADOS SOBRE RETORNOS

3) séries de retornos apresentam agrupamentos de volatilidades ao longo do tempo;

4) a distribuição (incondicional) dos retornos apresenta caudas mais pesadas do que uma distribuição normal; além disso, a distribuição, embora aproximadamente simétrica, é em geral leptocúrtica (veja a Seção 4.5);

5) algumas séries de retornos são não lineares, no sentido explicado anteriormente.

Exemplo 4.1. Na Figura 4.1(a) temos a série de índices diários do Ibovespa (Índice da Bolsa de Valores de São Paulo), no período de 4 de julho de 1994 a 29 de setembro de 2010, num total de $N = 4019$ observações. Na Figura 4.1 (b) temos os retornos dessa série, na qual notamos os fatos estilizados apontados antes, quais sejam, aparente estacionariedade, média ao redor de zero e agrupamentos de volatilidades. Períodos de alta volatilidade coincidem com épocas nas quais ocorreram crises em diversos países e no Brasil, que influenciaram o mercado financeiro brasileiro. Entre essas, destacamos a crise no México, em fevereiro e março de 1995, a crise na Ásia, em outubro de 1997, moratória na Rússia, em agosto de 1998, desvalorização do Real em janeiro de 1999, queda da bolsa Nasdaq em abril de 2000, a crise da *subprime* nos EUA em 2007 e a crise econômica internacional de 2008.

Na Tabela 4.1 apresentamos algumas estatísticas da série. Notamos que a curtose é alta, mostrando a não normalidade dos retornos.

Tabela 4.1: Estatísticas para a série de retornos do Ibovespa

Estatística	Valor
Média	0,00074
Mediana	0,00136
Desvio padrão	0,02398
Assimetria	0,39631
Excesso de Curtose	11,3857
Mínimo	-0,17226
Máximo	0,28825

Na Figura 4.1 (c) temos o histograma dos retornos, com uma densidade ajustada, e na Figura 4.1 (d) temos um gráfico $Q \times Q$, em que os quantis empíricos dos dados são plotados contra os quantis da normal padrão. Se os dados fossem normalmente distribuídos, os pontos estariam sobre uma reta, o que não ocorre.

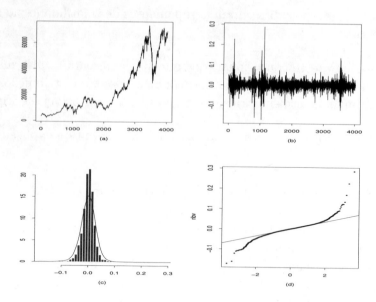

Figura 4.1: (a) Série do Ibovespa; (b) retornos do Ibovespa; (c) histograma; (d) gráfico $Q \times Q$.

4.4 Distribuições de retornos

Considere, inicialmente, uma série de retornos $\{r_t, t = 1, \ldots, N\}$, observados em instantes de tempo igualmente espaçados. Esta série pode ser considerada parte de uma realização de um processo estocástico $\{r_t, t \in \mathbb{Z}\}$. O processo estará especificado completamente se conhecermos as distribuições finito-dimensionais

$$F(x_1, \ldots, x_n; t_1, \ldots, t_n) = P(r(t_1) \leq x_1, \ldots, r(t_n) \leq x_n), \quad (4.10)$$

para quaisquer instantes de tempo $t_1, \ldots, t_n$ e qualquer $n \geq 1$. Parâmetros importantes são a média

$$E(r_t) = \int_{-\infty}^{\infty} r \, dF(r; t) \quad (4.11)$$

e a função de autocovariância

$$\gamma(t_1, t_2) = E(r_{t_1} r_{t_2}) - E(r_{t_1}) E(r_{t_2}), \quad t_1, t_2 \in Z. \quad (4.12)$$

Outras suposições simplificadoras podem ser introduzidas, como condições de estacionariedade, ergodicidade ou normalidade do processo. Como vimos,

4.4. DISTRIBUIÇÕES DE RETORNOS

os P_t (preços) não são estacionários, ao passo que os log-retornos o são, donde o interesse nesses últimos. Todavia, a suposição de normalidade dos log-retornos em geral não é válida. Voltaremos a esse assunto mais tarde.

Por outro lado, se tivermos m ativos com retornos r_{it} em n instantes de tempo, teríamos de considerar as distribuições (4.10), que usualmente podem depender de outras variáveis e parâmetro desconhecidos. Assim como no caso anterior, o estudo dessas distribuições é muito geral e há necessidade de introduzir restrições. Por exemplo, podemos supor que a distribuição é a mesma para todo instante de tempo (invariância temporal).

Podemos escrever (4.10) como (tomando-se $t_i = i, i = 1, \ldots, n$ e omitindo a dependência de F sobre estes tempos)

$$F(r_1, \ldots, r_n) = F_1(r_1)F_2(r_2|r_1) \ldots F_n(r_n|r_1, \ldots, r_{n-1}). \tag{4.13}$$

No segundo membro de (4.13), temos as distribuições condicionais e podemos estar interessados em saber como elas evoluem no tempo. Uma hipótese muitas vezes formulada é que os retornos são temporalmente independentes, ou seja, não são previsíveis usando retornos passados. Nessa situação, teremos que

$$F_t(r_t|r_1, \ldots, r_{t-1}) = F_t(r_t).$$

Ergodicidade é uma propriedade mais difícil de estabelecer. Um processo é ergódico se pudermos estimar características de interesse (média, autocovariância etc.) a partir de uma única trajetória do processo. Por exemplo, um processo é ergódico na média se a média amostral convergir, em probabilidade, para a média verdadeira do processo.

Outra suposição que às vezes é feita sobre a distribuição dos retornos é que esta seguiria uma distribuição estável. Vejamos o que se entende por tal distribuição.

Sabemos que se $X_1, X_2, \ldots$ são v.a. *i.i.d.*, com média μ e variância σ^2, então $(X_1 + \ldots + X_n - n\mu)/\sigma\sqrt{n}$ converge em distribuição para uma v.a. com distribuição normal padrão. Este é um teorema limite da forma: se $X_1, X_2, \ldots$ são v.a. *i.i.d.*, então $(\sum_{i=1}^{n} X_i)/A_n - B_n$ converge em distribuição para uma v.a. X. Gostaríamos de descobrir todas as leis limites que aparecem dessa forma.

Suponha que X seja uma v.a. e que, para cada n, existam constantes a_n, b_n tais que

$$a_n X + b_n \approx X_1 + X_2 + \ldots + X_n,$$

onde $\approx$ significa "tem a mesma distribuição", e onde $X_1, X_2, \ldots$ são *i.i.d.* e com a mesma distribuição que X. Então, dizemos que X é uma v.a. com *distribuição estável*. As distribuições normal e de Cauchy são exemplos. A primeira tem média e variância finita, ao passo que para a segunda esses momentos são infinitos. Na Figura 4.2 temos representadas a normal padrão e a Cauchy com densidade

$$f(x) = \frac{1}{\pi} \frac{\gamma}{\gamma^2 + (x-\delta)^2},$$

com $\gamma = 1$ e $\delta = 0$.

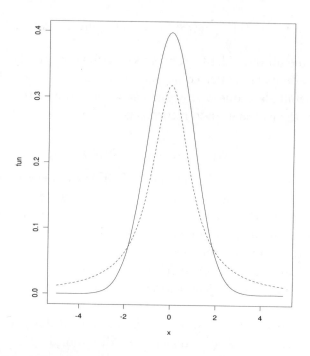

Figura 4.2: Distribuições estáveis: normal(linha cheia) e Cauchy(linha tracejada).

Um resultado fundamental diz que se o teorema limite acima vale, com X não degenerada, então X é necessariamente uma v.a. com distribuição estável. Por outro lado, se X for estável, então X pode ser representada como um limite em distribuição de somas do tipo dado anteriormente.

Outro fato importante é que se X for estável, então $a_n = n^{1/\alpha}$, com $0 < \alpha \leq 2$. O número α é chamado o *índice* ou o *expoente* de X. Se $\alpha = 2$ temos a normal.

4.5. ASSIMETRIA E CURTOSE

Se o expoente α decresce de 2 até 0, as caudas de X tornam-se mais pesadas que a normal. Se $1 < \alpha < 2$ a média de X é finita, mas se $0 < \alpha \leq 1$ a média é infinita.

Dado que os retornos apresentam distribuições com caudas pesadas, a distribuição t de Student é uma alternativa à distribuição normal. Contudo, essa distribuição não é capaz de representar a parte central de uma distribuição de retornos, que é mais alta que uma normal ou t.

Assim, considerando-se parâmetros δ (localização), γ (escala) e α (coeficiente de estabilidade) convenientes, é possível obter aproximações razoáveis para a distribuição de retornos. Outra possibilidade é considerar uma mistura de distribuições, por exemplo, uma mistura de normais na escala. Veja também a seção a seguir.

A função de distribuição (4.10) depende, em geral, de covariáveis $\mathbf{Y}$ e de um vetor de parâmetros, $\boldsymbol{\theta}$, que a caracterizam. Supondo retornos com distribuição contínua, podemos obter de (4.13) a função de verossimilhança e a partir dela estimar $\boldsymbol{\theta}$. Por exemplo, supondo-se que as distribuições condicionais $f_t(r_t|r_1, \ldots, r_{t-1})$ sejam normais, com média μ_t e variância σ_t^2, então $\boldsymbol{\theta}=(\mu_t, \sigma_t^2)$ e a função de verossimilhança ficará

$$f(r_1, \ldots, r_n; \theta) = f_1(r_1; \theta) \prod_{t=2}^{n} \frac{1}{\sigma_t \sqrt{2\pi}} \exp\left(-(r_t - \mu_t)^2/2\sigma_t^2\right).$$

O estimador de máxima verossimilhança de $\boldsymbol{\theta}$ é obtido maximizando-se esta função ou o logaritmo dela.

Como vimos, podemos considerar m ativos ao longo do tempo, que agrupamos num vetor $\mathbf{r}_t = (r_{1t}, r_{2t}, \ldots, r_{mt})'$. Estaremos interessados em analisar a distribuição conjunta desses retornos e obteremos uma decomposição similar a (4.13). O interesse estará nas distribuições condicionais $F_t(\mathbf{r}_t|\mathbf{r}_1, \ldots, \mathbf{r}_{t-1}, \mathbf{Y}, \theta)$.

4.5 Assimetria e curtose

Uma suposição muitas vezes utilizada é que os retornos r_t sejam independentes, identicamente distribuídos e normais (gaussianos). Contudo, há argumentos contrários a essa suposição. Veja Campbell et al. (1997) para uma discussão mais elaborada. Se supusermos que os log-retornos r_t sejam normais, os retornos brutos serão *log-normais*, o que parece ser mais razoável.

De fato, se $r_t \sim N(\mu, \sigma^2)$, então, como $r_t = \log(1 + R_t)$, segue-se que $1 + R_t$ será log-normal, com

$$
\begin{aligned}
E(R_t) &= e^{\mu + \sigma^2/2} - 1, & (4.14) \\
\mathrm{Var}(R_t) &= e^{2\mu + \sigma^2}(e^{\sigma^2} - 1). & (4.15)
\end{aligned}
$$

70 CAPÍTULO 4. MODELOS HETEROSCEDÁSTICOS CONDICIONAIS

Quando se considera a distribuição amostral dos retornos, nota-se que ela é aproximadamente simétrica, mas com *excesso de curtose*. Vamos discutir brevemente os conceitos de *assimetria* e *curtose*.

Seja X uma variável aleatória qualquer, com média μ e variância σ^2. Então a *assimetria* de X é definida por

$$A(X) = E\left(\frac{(X - \mu)^3}{\sigma^3}\right), \qquad (4.16)$$

enquanto a *curtose* de X é definida por

$$K(X) = E\left(\frac{(X - \mu)^4}{\sigma^4}\right). \qquad (4.17)$$

Para uma distribuição normal, $A = 0$ e $K = 3$, de modo que a quantidade $K(X) - 3$ é chamada *excesso de curtose*. Distribuições com caudas pesadas têm curtose maior do que 3, e essa pode mesmo ser infinita.

Com uma amostra $X_1, \ldots X_N$ de X e estimando-se μ e σ^2 por

$$\hat{\mu} = \overline{X}, \quad \hat{\sigma}^2 = \frac{1}{N - 1}\sum_{t=1}^{N}(X_t - \hat{\mu})^2,$$

respectivamente, então a assimetria e curtose amostrais serão dadas por

$$\hat{A}(X) = \frac{1}{(N - 1)\hat{\sigma}^3}\sum_{t=1}^{N}(X_t - \hat{\mu})^3, \qquad (4.18)$$

$$\hat{K}(X) = \frac{1}{(N - 1)\hat{\sigma}^4}\sum_{t=1}^{N}(X_t - \hat{\mu})^4, \qquad (4.19)$$

respectivamente.

Pode-se provar que, se tivermos uma amostra de uma distribuição normal e N for grande, então

$$\hat{A} \sim \mathcal{N}(0, 6/N), \quad \hat{K} \sim \mathcal{N}(3, 24/N). \qquad (4.20)$$

Esses fatos podem ser utilizados para testar se um conjunto de dados origina-se de uma distribuição normal.

4.6 Modelos ARCH

Nesta e nas próximas seções, o objetivo será modelar a volatilidade de um retorno dada por

4.6. MODELOS ARCH

$$h_t = \text{Var}(X_t | \mathcal{F}_{t-1}),$$

em que $\mathcal{F}_{t-1}$ representa a informação até o instante $t - 1$.

Os modelos ARCH, ou modelos autorregressivos com heteroscedasticidade condicional, foram introduzidos por Engle (1982), com o objetivo de estimar a variância da inflação. A ideia básica é que o retorno X_t é não correlacionado serialmente, mas a volatilidade (variância condicional) depende de retornos passados por meio de uma função quadrática.

Definição 4.1. Um modelo ARCH(r) é definido por

$$
\begin{align}
X_t &= \sqrt{h_t}\varepsilon_t \ , \tag{4.21}\\
h_t &= \alpha_0 + \alpha_1 X_{t-1}^2 + \cdots + \alpha_r X_{t-r}^2 \ , \tag{4.22}
\end{align}
$$

em que ε_t é uma sequência de variáveis aleatórias independentes e identicamente distribuídas (i.i.d.) com média zero e variância um, $\alpha_0 > 0$, $\alpha_i \geq 0$, $i > 0$.

Na prática, usualmente supomos $\varepsilon_t \sim \mathcal{N}(0,1)$ ou $\varepsilon_t \sim t_\nu$ (distribuição t de Student com ν graus de liberdade). Outras possibilidades são a distribuição de erro generalizada, distribuições assimétricas ou distribuições estáveis.

Os coeficientes α_i devem satisfazer certas condições, dependendo do tipo de imposição que colocamos sobre o processo X_t.

Pela própria definição, valores grandes de X_t são seguidos por outros valores grandes.

Para investigar algumas propriedades dos modelos ARCH, consideremos o caso especial $r = 1$, ou seja, temos o modelo

$$
\begin{align}
X_t &= \sqrt{h_t}\varepsilon_t \ , \tag{4.23}\\
h_t &= \alpha_0 + \alpha_1 X_{t-1}^2 \ , \tag{4.24}
\end{align}
$$

com $\alpha_0 > 0$, $\alpha_1 \geq 0$.

Calculemos a média, a variância e a autocovariância incondicionais da série.

(i) $E(X_t) = E\{E(X_t | \mathcal{F}_{t-1})\} = 0$;

(ii) $\text{Var}(X_t) = E(X_t^2) = E\{E(X_t^2 | \mathcal{F}_{t-1})\} = E(\alpha_0 + \alpha_1 X_{t-1}^2) = \alpha_0 + \alpha_1 E(X_{t-1}^2)$.

Se o processo $\{X_t\}$ for estacionário de segunda ordem, então, para todo t, $E(X_t^2) = E(X_{t-1}^2) = \text{Var}(X_t)$, do que decorre

$$\text{Var}(X_t) = \frac{\alpha_0}{1 - \alpha_1} \ . \tag{4.25}$$

Como $\text{Var}(X_t) > 0$, deveremos ter $0 \leq \alpha_1 < 1$.

72 CAPÍTULO 4. MODELOS HETEROSCEDÁSTICOS CONDICIONAIS

(iii) $\text{Cov}(X_{t+k}, X_t) = E(X_{t+k}X_t)$, $k \geq 1$,

$$= E[E(X_{t+k}X_t)|\mathcal{F}_{t+k-1})] = E[X_t E(X_{t+k}|\mathcal{F}_{t+k-1})]$$

$$= E[X_t E(\sqrt{h_{t+k}}\varepsilon_{t+k}|\mathcal{F}_{t+k-1})] = 0.$$

Dessa forma,

$$\gamma_X(k) = 0, \quad k \geq 1, \tag{4.26}$$

indicando que X_t é uma sequência de variáveis aleatórias não correlacionadas (ruído branco) com média zero e variância dada pela expressão (4.25).

Sabemos que os retornos apresentam geralmente caudas longas, de modo que a curtose é maior do que 3. Para calcular a curtose, supondo que X_t siga o modelo (4.23)–(4.24) é necessário calcular o momento de quarta ordem de X_t. Supondo que os ε_t sejam normais, obtemos (veja Morettin, 2017)

$$\mu_4 = \frac{3\alpha_0^2(1 + \alpha_1)}{(1 - \alpha_1)(1 - 3\alpha_1^2)}. \tag{4.27}$$

Supondo-se que momentos de quarta ordem sejam finitos e positivos, de (4.27) devemos ter $1 - 3\alpha_1^2 > 0$, ou seja, $0 \leq \alpha_1^2 < 1/3$. Portanto, quanto mais restrições impusermos ao processo de retornos, mais restrições teremos para os coeficientes do modelo. Isso é verdade para o modelo geral ARCH(r).

A curtose X_t será, então, dada por

$$K = \frac{\mu_4}{[\text{Var}(X_t)]^2} = 3\frac{\alpha_0^2(1 + \alpha_1)}{(1 - \alpha_1)(1 - 3\alpha_1^2)} \frac{(1 - \alpha_1)^2}{\alpha_0^2} = 3\frac{1 - \alpha_1^2}{1 - 3\alpha_1^2} > 3. \tag{4.28}$$

Vemos, pois, que se admitirmos que X_t siga um modelo ARCH, as caudas serão mais pesadas do que as da normal, o que é uma propriedade vantajosa do modelo. Por outro lado, uma desvantagem do modelo é que trata retornos positivos e negativos de forma similar, já que quadrados dos retornos entram na fórmula da volatilidade. Na prática, sabe-se que a volatilidade reage de modo diferente a retornos positivos e negativos. Também, devido ao fato de termos retornos ao quadrado, alguns retornos grandes e isolados podem conduzir a super-previsões.

Exemplo 4.2. Na Figura 4.3 temos: (a) retornos diários do Ibovespa e histograma e (b) retornos diários da Petrobras e histograma, no período de 3 de janeiro de 1995 a 27 de dezembro de 2000, num total de $N = 1498$ observações, nas quais notamos as características (chamados de fatos estilizados) apontadas antes, quais sejam, aparente estacionariedade, média ao redor de zero e agrupamentos de volatilidades. Períodos de alta volatilidade coincidem com épocas nas quais ocorreram crises em diversos países (e também no Brasil), que influenciaram o mercado brasileiro. Entre essas, destacamos a crise no

4.6. MODELOS ARCH

México, em fevereiro e março de 1995 (t: 22 a 62), a crise na Ásia, em outubro de 1997 (t: 687 a 709), moratória na Rússia, em agosto de 1998 (t: 896 a 916), desvalorização do Real em janeiro de 1999 (t: 1002 a 1020) e queda da bolsa Nasdaq, em abril de 2000 (t: 1314 a 1332). Os histogramas dos retornos revelam a presença de valores afastados da parte central das distribuições (caudas longas).

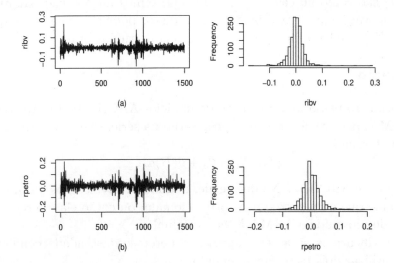

Figura 4.3: (a) Retornos diários do Ibovespa e histograma; (b) retornos diários da Petrobras e histograma.

Utilizando (4.23) e (4.24) e calculando $X_t^2 - h_t$, temos que
$$X_t^2 - (\alpha_0 + \alpha_1 X_{t-1}^2) = h_t(\varepsilon_t^2 - 1),$$
ou seja,
$$X_t^2 = \alpha_0 + \alpha_1 X_{t-1}^2 + v_t, \qquad (4.29)$$
na qual
$$v_t = h_t(\varepsilon_t^2 - 1) = h_t(\chi^2(1) - 1), \qquad (4.30)$$
o que mostra que temos um modelo AR(1) para X_t^2, mas com erros não gaussianos. Ainda, é fácil ver que $\{v_t\}$ é uma sequência de v.a. de média zero, não correlacionadas, mas com variância não constante.

74 CAPÍTULO 4. MODELOS HETEROSCEDÁSTICOS CONDICIONAIS

De (4.29) temos que a função de autocorrelação de X_t^2 é dada por

$$\rho_{X^2}(k) = \alpha_1^k, \quad k > 0. \tag{4.31}$$

Para um modelo ARCH(r), dado por (4.21)–(4.22), teremos

$$X_t^2 = \alpha_0 + \sum_{i=1}^{r} \alpha_i X_{t-i}^2 + v_t , \tag{4.32}$$

onde os v_t são como no caso $r = 1$. Ou seja, temos um modelo AR(p) para X_t^2, com inovações não gaussianas. Além disso, pode-se demonstrar que os retornos $\{X_t\}$ também formam uma sequência de ruídos brancos.

Identificação

Um primeiro passo na construção de modelos ARCH é tentar ajustar modelos ARMA, para remover a correlação serial na série, se esta existir. Se esse for o caso, teremos

$$\phi(B)X_t = \theta_0 + \theta(B)a_t ,$$

sendo que $a_t \sim$ ARCH(r). No que segue, quando nos referirmos a X_t, estaremos supondo que ou a série é não correlacionada, ou então ela é o resíduo da aplicação de um modelo ARMA à série original.

Para verificarmos se a série apresenta heteroscedasticidade condicional, podemos utilizar dois testes, examinando-se a série X_t^2.

(i) Teste de Box-Pierce-Ljung para X_t^2.

(ii) Teste de multiplicadores de Lagrange (ML) de Engle (1982). O procedimento consiste em testar $H_0 : \alpha_i = 0$, para todo $i = 1, \ldots, r$, na regressão

$$X_t^2 = \alpha_0 + \alpha_1 X_{t-1}^2 + \cdots + \alpha_r X_{t-r}^2 + u_t , \tag{4.33}$$

para $t = r + 1, \ldots, N$. A estatística do teste é

$$T = NR^2 \sim \chi^2(r) \tag{4.34}$$

em que R^2 é o quadrado do coeficiente de correlação múltipla da regressão (4.33).

Um teste assintoticamente equivalente, que pode ter propriedades melhores para amostras pequenas, é conduzido usando a estatística

$$F = \frac{(SQR_0 - SQR_1)/r}{SQR_1/(N - 2r - 1)} \sim F(r, N - 2r - 1), \tag{4.35}$$

4.6. MODELOS ARCH

na qual $SQR_0 = \sum_{t=r+1}^{N}(X_t^2 - \overline{X})^2$ e $SQR_1 = \sum_{t=r+1}^{N} \hat{u}_t^2$, com $\overline{X}$ a média amostral dos X_t^2 e $\hat{u}_t$ os resíduos de MQ da regressão (4.33). Se o valor de F for significativo, dizemos que há heterocedasticidade condicional na série.

Dada a forma (4.22) de modelarmos a volatilidade e dado que X_t^2 é um estimador (não viesado) de h_t, o valor atual do quadrado do retorno depende de quadrados de retornos passados, comportamento similar ao de um modelo autorregressivo. Segue-se que a função de autocorrelação parcial de X_t^2 pode ser usada para sugerir a ordem r de um modelo ARCH(r).

Estimação

Os estimadores dos parâmetros do modelo são obtidos pelo método de máxima verossimilhança condicional. Supondo normalidade dos ε_t, a função de verossimilhança condicional é dada por

$$L(\boldsymbol{\alpha}|x_1, x_2, \ldots, x_N) = $$
$$f(x_N|\mathcal{F}_{N-1})f(x_{N-1}|\mathcal{F}_{N-2})\cdots f(x_{r+1}|\mathcal{F}_r)f(x_1, \ldots, x_r|\boldsymbol{\alpha}). \quad (4.36)$$

Para N grande, o último termo do produto do lado direito pode ser desprezado. No caso particular do modelo ARCH(1), temos

$$L(\alpha_0, \alpha_1|\mathbf{x}) = f(x_N|x_{N-1})f(x_{N-1}|x_{N-2})\cdots f(x_2|x_1), \quad (4.37)$$

em que $(X_t|X_{t-1}) \sim \mathcal{N}(0, h_t)$. Assim,

$$L(\alpha_0, \alpha_1|x_1) = (2\pi)^{-\frac{N}{2}} \prod_{t=2}^{N}(\alpha_0 + \alpha_1 x_{t-1}^2)^{-\frac{1}{2}} \exp\left(-\frac{1}{2}\left(\frac{x_t^2}{\alpha_0 + \alpha_1 x_{t-1}^2}\right)\right).$$

A log-verossimilhança fica

$$\ell(\alpha_0, \alpha_1|x_1) \propto -\frac{1}{2}\sum_{t=2}^{N}\ln(\alpha_0 + \alpha_1 x_{t-1}^2) - \frac{1}{2}\sum_{t=2}^{N}\left(\frac{x_t^2}{\alpha_0 + \alpha_1 x_{t-1}^2}\right). \quad (4.38)$$

A maximização da expressão (4.38) pode ser realizada através da utilização de algoritmos de otimização numérica, como Newton-Raphson, Scoring, Gauss-Newton etc.

Em algumas aplicações, é mais apropriado assumir que os ε_t têm uma distribuição t-Student padronizada, isto é, $\varepsilon_t = \dfrac{t_\nu}{\sqrt{\nu/(\nu-2)}}$ com $t_\nu \sim t$-Student com ν graus de liberdade. Assim,

$$f(\varepsilon_t|\nu) = \frac{\Gamma((\nu+1)/2)}{\Gamma(\nu/2)\sqrt{(\nu-2)\pi}}\left(1 + \frac{\varepsilon_t^2}{\nu-2}\right)^{-(\nu+1)/2}, \quad (4.39)$$

76 CAPÍTULO 4. MODELOS HETEROSCEDÁSTICOS CONDICIONAIS

com $\Gamma(a) = \int_0^\infty y^{a-1} e^{-y} dy$.

Considerando, novamente, o caso particular do modelo ARCH(1), construímos a função de verossimilhança condicional substituindo (4.39), com $\varepsilon_t = \dfrac{x_t}{\sqrt{h_t}}$, em (4.37). Assim,

$$L(\alpha_0, \alpha_1, \nu | x_1) = \prod_{t=2}^{N} \frac{\Gamma((\nu+1)/2)}{\Gamma(\nu/2)\sqrt{(\nu-2)\pi}} \frac{1}{\sqrt{h_t}} \left(1 + \frac{x_t^2}{h_t(\nu-2)}\right)^{-\frac{(\nu+1)}{2}} \qquad (4.40)$$

e os estimadores de máxima verossimilhança de α_0, α_1 e ν são obtidos maximizando-se $\ln L(\alpha_0, \alpha_1, \nu | x_1)$, isto é,

$$
\begin{aligned}
\ell(\alpha_0, \alpha_1, \nu | x_1) \;\; = \;\; & -\sum_{t=2}^{N} \left[\frac{\nu+1}{2} \ln\left(1 + \frac{x_t^2}{h_t(\nu-2)}\right)\right. \\
& -\frac{1}{2}\ln(h_t - (N-1))\left[\ln(N((\nu+1)/2)\right. \\
& \left. - \ln N(\nu/2) - 0,5\ln((\nu-2)\pi))\right] \Big].
\end{aligned}
\qquad (4.41)
$$

Veja Engle (1982) para detalhes.

As funções ugarchspec e ugarchfit da biblioteca rugarch do Repositório R podem ser utilizadas para estimar modelos ARCH em geral. Além disso, podem também ser utilizados os programas EViews, S-PLUS (módulo S+FinMetrics) e RATS.

Verificação

Para um ARCH(r), as observações padronizadas (resíduos do modelo),

$$\tilde{X}_t = \frac{X_t}{\sqrt{\hat{h}_{t-1}(1)}} \;, \qquad (4.42)$$

são variáveis aleatóridas i.i.d. com distribuição normal padrão ou t-Student. Assim, uma maneira de verificar a adequação do modelo é calcular a estatística Q de Ljung-Box para a sequência $\tilde{X}_t$. Além disso, o cálculo de coeficientes de assimetria e curtose e um gráfico $Q \times Q$ podem ser utilizados para testar a validade da distribuição normal.

Pode-se, também, aplicar à sequência $\tilde{X}_t^2$, o teste ML, dado pela expressão (4.34), para verificar se ainda existe heteroscedasticidade condicional nos resíduos do modelo.

4.6. MODELOS ARCH

Previsão

As previsões para a volatilidade utilizando o modelo $ARCH(r)$, dado pelas expressões (4.21)–(4.22) são obtidas recursivamente. Assim,

$$\hat{h}_t(1) = \alpha_0 + \alpha_1 X_t^2 + \alpha_2 X_{t-1}^2 + \cdots + \alpha_r X_{t-r}^2 \qquad (4.43)$$

é a previsão de h_{t+1}, com origem fixada no instante t. As previsões l passos à frente, com origem em t, são dadas por

$$\hat{h}_t(l) = \alpha_0 + \sum_{i=1}^{r} \alpha_i \hat{h}_t(l - i), \qquad (4.44)$$

em que $\hat{h}_t(l - i) = X_{t+l-i}^2$, se $l - i \leq 0$.

Exemplo 4.3. Neste exemplo iremos ajustar um modelo $ARCH(r)$ aos retornos diários (Y_t) da série da Petrobras, no período de 30/01/1995 a 27/12/2000, com $N = 1498$ observações.

O primeiro passo consiste em ajustar um modelo $ARMA(p, q)$ à série de retornos, para eliminar a correlação serial entre as observações. A Figura 4.4 apresenta as f.a.c. e f.a.c.p. amostrais; uma análise da f.a.c.p. indica um modelo $AR(9)$, pois $\hat{\phi}_{99} = 0,071$ é o segundo maior valor que a função assume e está fora do intervalo de confiança.

Os valores de alguns critérios de ajustamento para modelos $AR(j)$, $j = 1, \ldots, 10$, são apresentados na Tabela 4.2. Pelo critério AIC escolheríamos um modelo $AR(9)$, pelo BIC, um modelo $AR(1)$ e, pela verossimilhança, um modelo $AR(10)$. Vamos, inicialmente, ajustar um modelo $AR(9)$.

O Quadro 1.1 apresenta o ajustamento do modelo $AR(9)$, de onde se verifica que vários coeficientes não são significativos, com um nível de 5%. Eliminando-os, obtemos o modelo

$$\hat{Y}_t = 0,1038Y_{t-1} - 0,0609Y_{t-3} - 0,0521Y_{t-6} + 0,0779Y_{t-9} + \hat{X}_t, \qquad (4.45)$$

com resultados apresentados no Quadro 4.2.

A análise de resíduos do modelo (4.45) fornece $Q(20) = 14,595$ com valor-p igual a 0,7991, indicando que o modelo (4.45) eliminou a correlação serial da série de retornos diários.

O segundo passo é verificar se os resíduos do modelo (4.45) apresentam he-teroscedasticidade condicional; para isto examinamos as f.a.c. e f.a.c.p. dos quadrados dos resíduos, que estão apresentadas na Figura 4.5. A f.a.c. indica a existência de heteroscedasticidade e as três primeiras autocorrelações parciais indicam um $ARCH(3)$.

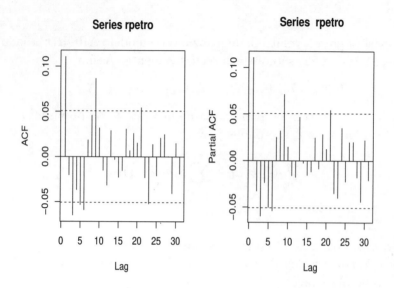

Figura 4.4: F.a.c. e f.a.c.p. amostrais dos retornos da Petrobras.

Tabela 4.2: Valores de AIC, BIC e log-verossimilhança de modelos AR(j), $j = 1, \ldots, 10$, ajustados aos retornos diários da série Petrobras.

Modelo	AIC	BIC	log-verossim.
AR(1)	-5,7403	-6,7345	2925,89
AR(2)	-5,7400	-6,7307	2926,69
AR(3)	-5,7422	-6,7294	2929,36
AR(4)	-5,7414	-6,7251	2929,77
AR(5)	-5,7426	-6,7228	2931,69
AR(6)	-5,7442	-6,7208	2933,99
AR(7)	-5,7435	-6,7166	2934,35
AR(8)	-5,7432	-6,7213	2935,11
AR(9)	-5,7472	-6,7131	2939,10
AR(10)	-5,7461	-6,7086	2939,28

Assim, o modelo proposto é dado por

$$\begin{aligned} Y_t &= \phi_1 Y_{t-1} + \phi_3 Y_{t-3} + \phi_9 Y_{t-9} + X_t, \quad X_t = \sqrt{h_t}\varepsilon_t, \\ h_t &= \alpha_0 + \alpha_1 X_{t-1}^2 + \alpha_2 X_{t-2}^2 + \alpha_3 X_{t-3}^2. \end{aligned} \quad (4.46)$$

4.6. MODELOS ARCH

Vamos ajustar, agora, o modelo (4.46) utilizando $\varepsilon_t \sim \mathcal{N}(0,1)$ e $\varepsilon_t \sim t_\nu$.

(a) Assumindo $\varepsilon_t \sim \mathcal{N}(0,1)$, os resultados do ajustamento do modelo revelam a não significância dos parâmetros ϕ_3, ϕ_6 e ϕ_9 (Quadro 4.3). Retirando-os do modelo, procedemos a um novo processo de estimação que fornece como modelo final (ver Quadro 4.4)

$$
\begin{aligned}
\hat{Y}_t &= 0,1610Y_{t-1} + \hat{X}_t, \quad \hat{X}_t = \sqrt{\hat{h}_t}\varepsilon_t, \\
\hat{h}_t &= 0,0004 + 0,1941X_{t-1}^2 + 0,2383X_{t-2}^2 + 0,2723X_{t-3}^2, \quad (4.47)
\end{aligned}
$$

com todos os coeficientes significativamente diferentes de zero ($P \leq 0,0017$) e AIC=-4,2043. A parte linear desse modelo havia sido sugerida inicialmente pelo critério BIC.

Quadro 4.1: Ajustamento de um modelo AR(9) para o Exemplo 4.3

	Estimate	SE	t-value	p-value
ar1	0.1046	0.0258	4.0555	0.0001
ar2	-0.0298	0.0259	-1.1506	0.2501
ar3	-0.0557	0.0259	-2.1487	0.0318
ar4	-0.0149	0.0260	-0.5722	0.5673
ar5	-0.0408	0.0260	-1.5718	0.1162
ar6	-0.0523	0.0261	-2.0085	0.0448
ar7	0.0233	0.0260	0.8958	0.3705
ar8	0.0249	0.0261	0.9527	0.3409
ar9	0.0737	0.0260	2.8294	0.0047
xmean	0.0011	0.0009	1.2111	0.2261

σ^2 estimated as 0.001157;

log likelihood = 2939.1, aic = -5856.21

rpetro AIC: -5.748644

rpetro AICc: -5.74719

rpetro BIC: -5.74719

80 CAPÍTULO 4. MODELOS HETEROSCEDÁSTICOS CONDICIONAIS

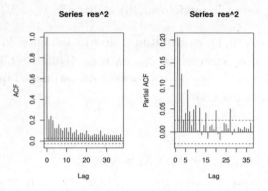

Figura 4.5: F.a.c. e f.a.c.p. dos quadrados dos resíduos do modelo (5.45).

Quadro 4.2: Ajustamento do modelo (4.45) para o Exemplo 4.3

	ar1	ar2	ar3	ar4	ar5
	0.1038	0.0000	-0.0609	0.0000	0.0000
	ar6	ar7	ar8	ar9	intercept
	-0.0521	0.0000	0.0000	0.0779	0.0000

rpetro residuals

rpetro aic: -5860.157

rpetro var.coef

	ar1	ar3	ar6	ar9
ar1	6.552768e-04	1.295598e-05	3.592791e-05	-3.091092e-05
ar3	1.295598e-05	6.569457e-04	4.679894e-05	3.909226e-05
ar6	3.592791e-05	4.679894e-05	6.649123e-04	3.967133e-05
ar9	-3.091092e-05	3.909226e-05	3.967133e-05	6.721787e-04

Box-Ljung test residuals

X-squared = 14.595, df = 20, p-value = 0.7991

O Quadro 4.5 apresenta os testes de Ljung-Box para os resíduos padronizados e resíduos padronizados ao quadrado, com valores-p maiores ou iguais a 0,8569, indicando a adequação do modelo para modelar a dependência linear entre retornos sucessivos.

4.6. MODELOS ARCH

Confirmando o bom ajuste do modelo (4.47), também podemos verificar, no Quadro 4.5, a aplicação dos testes ARCH LM apresentam valores-p iguais a 0,4815, 0,8880 e 0,9134, respectivamente.

A Figura 4.6 apresenta a estimativa do desvio padrão condicional $(\sqrt{h_t})$. Analisando essa figura, observamos que os cinco maiores picos (em ordem cronológica) na volatilidade estimada correspondem a:

1) $t \approx 50$: março de 1995, durante a crise do México;

2) $t \approx 708$: outubro de 1997, período final da crise da Ásia;

3) $t \approx 920$: início de setembro de 1998, logo após a moratória na Rússia;

4) $t \approx 1010$: janeiro de 1999, desvalorização do Real; e

5) $t \approx 1320$: abril de 2000, durante a queda da Bolsa Nasdaq.

Quadro 4.3: Ajustamento do modelo (4.46) para o Exemplo 4.3

	Estimate	SE	t-value	p-value
ar1	0.159179	0.026955	5.90527	0.000000
ar2	0.000000	NA	NA	NA
ar3	-0.030940	0.026919	-1.14937	0.250402
ar4	0.000000	NA	NA	NA
ar5	0.000000	NA	NA	NA
ar6	-0.017871	0.023746	-0.75260	0.451690
ar7	0.000000	NA	NA	NA
ar8	0.000000	NA	NA	NA
ar9	0.007894	0.023393	0.33745	0.735775
omega	0.000393	0.000031	12.73537	0.000000
alpha1	0.204669	0.041357	4.94878	0.000001
alpha2	0.215081	0.040108	5.36251	0.000000
alpha3	0.267559	0.046772	5.72052	0.000000

log likelihood = 3145.495, AIC = -4.1889
Bayes= -4.1605, Shibata= -4.1890
Hannan-Quinn= -4.1783

(b) Supondo $\varepsilon_t \sim t_\nu$, temos, no Quadro 4.6, os resultados do ajustamento do modelo AR(1) – ARCH(3),

$$\hat{Y}_t = 0,1480 Y_{t-1} + \hat{X}_t, \quad \hat{X}_t = \sqrt{\hat{h}_t}\varepsilon_t ,$$

$$\hat{h}_t = 0,0004 + 0,2417 X_{t-1}^2 + 0,2263 X_{t-2}^2 + 0,2524 X_{t-3}^2, \quad (4.48)$$

com AIC=-4,2823 e número de graus de liberdade estimado $\hat{\nu} = 5,9$.

Podemos notar a adequação do modelo (4.48) analisando as estatísticas de Ljung-Box (para os resíduos e os quadrados dos resíduos) e o teste de multiplicadores de Lagrange: todos têm um valor-p bastante alto, o que nos leva à conclusão de que o modelo (4.48) está bem ajustado. Veja o Quadro 4.7.

	Estimate	Std. Error	t value	Pr(> |t|)
ar1	0.16101	0.026453	6.0868	0e+00
omega	0.00039	0.000031	12.6696	0e+00
alpha1	0.19414	0.040308	4.8163	1e-06
alpha2	0.23825	0.039369	6.0518	0e+00
alpha3	0.27230	0.046580	5.8458	0e+00

Quadro 4.4: Ajustamento do modelo (4.47) para o Exemplo 4.3

LogLikelihood : 3154.02
Akaike: -4.2043
Bayes : -4.1866
Shibata : -4.2043
Hannan-Quinn: -4.1977

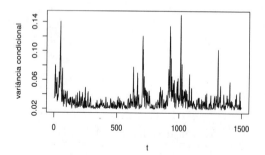

Figura 4.6: Estimativa do desvio padrão condicional ($\sqrt{h_t}$) dos retornos diários Petrobras utilizando o modelo (4.47).

4.6. MODELOS ARCH

Podemos comparar o ajustamento dos modelos (4.47) e (4.48) utilizando o AIC, que de acordo com os Quadros 4.4 e 4.6, são dados por -4,2043 e -4,2823, respectivamente. De acordo com esse critério, o modelo AR(1)–ARCH(3) com inovações t de Student, ajusta-se melhor à série de retornos da Petrobras, do que o modelo com inovações gaussianas.

Quanto à estimativa de $\sqrt{h_t}$, Figura 4.7, vemos que ela é bastante semelhante à da Figura 4.6, que considera inovações gaussianas.

Quadro 4.5: Diagnóstico do modelo (4.47) para o Exemplo 4.3

Weighted Ljung-Box Test on Standardized Residuals

	statistic	p-value
Lag[1]	0.04016	0.8412
Lag[2*(p+q)+(p+q)-1][2]	0.07830	1.0000
Lag[4*(p+q)+(p+q)-1][5]	0.99141	0.9481
d.o.f=1		

H0 : No serial correlation

Weighted Ljung-Box Test on Standardized Squared Residuals

	statistic	p-value
Lag[1]	0.03253	0.8569
Lag[2*(p+q)+(p+q)-1][8]	1.49952	0.9273
Lag[4*(p+q)+(p+q)-1][14]	5.22336	0.7414
d.o.f=3		

Weighted ARCH LM Tests

	Statistic	Shape	Scale	P-Value
ARCH Lag[4]	0.4955	0.500	2.000	0.4815
ARCH Lag[6]	0.5142	1.461	1.711	0.8880
ARCH Lag[8]	1.0727	2.368	1.583	0.9134

84 CAPÍTULO 4. MODELOS HETEROSCEDÁSTICOS CONDICIONAIS

4.7 Modelos GARCH

Uma generalização dos modelos ARCH foi sugerida por Bollerslev (1986), o chamado modelo GARCH ("generalized ARCH"). Vimos que um modelo ARMA pode ser mais parcimonioso, no sentido de apresentar menos parâmetros do que um modelo AR ou MA puro. Do mesmo modo, um modelo GARCH pode ser usado para descrever a volatilidade com menos parâmetros do que um modelo ARCH.

Quadro 4.6: Ajustamento do modelo (4.48) para o Exemplo 4.3

	Estimate	Std. Error	t value	$\Pr(> |t|)$
ar1	0.148021	0.027149	5.4522	0.0e+00
omega	0.000369	0.000038	9.7569	0.0e+00
alpha1	0.241627	0.054088	4.4673	8.0e-06
alpha2	0.226254	0.052144	4.3391	1.4e-05
alpha3	0.252367	0.053077	4.7548	2.0e-06
shape	5.904318	0.827710	7.1333	0.0e+00

LogLikelihood : 3213.45

Akaike: -4.2823

Bayes : -4.2610

Shibata : -4.2823

Hannan-Quinn: -4.2744

Definição 4.2. Um modelo GARCH(r, s) é definido por

$$X_t = \sqrt{h_t}\varepsilon_t , \tag{4.49}$$

$$h_t = \alpha_0 + \sum_{i=1}^{r} \alpha_i X_{t-i}^2 + \sum_{j=1}^{s} \beta_j h_{t-j} , \tag{4.50}$$

em que ε_t i.i.d. $(0,1)$, $\alpha_0 > 0$, $\alpha_i \geq 0$, $\beta_j \geq 0$, $\sum_{i=1}^{q}(\alpha_i + \beta_i) < 1$, $q = \max(r, s)$.

Como no caso do modelo ARCH, usualmente supomos que os ε_t são normais ou seguem uma distribuição t de Student.

Chamemos

$$\nu_t = X_t^2 - h_t, \tag{4.51}$$

de modo que, substituindo em (4.50), obtemos

$$X_t^2 = \alpha_0 + \sum_{i=1}^{q}(\alpha_i + \beta_i)X_{t-i}^2 + \nu_t - \sum_{j=1}^{s} \beta_j \nu_{t-j} , \tag{4.52}$$

4.7. MODELOS GARCH

ou seja, temos um modelo ARMA(q,s) para X_t^2, mas ν_t não é, em geral, um processo *i.i.d.* Na realidade, ν_t é uma diferença martingal, pois

$$
\begin{aligned}
E(\nu_t) &= E(X_t^2 - h_t) \\
&= E(h_t \varepsilon_t^2 - h_t) \\
&= E(h_t)E(\varepsilon_t^2) - E(h_t) = 0, \quad \forall t,
\end{aligned}
$$

e

$$
\begin{aligned}
E(\nu_t|\mathcal{F}_{t-1}) &= E\left[(X_t^2 - h_t)|\mathcal{F}_{t-1}\right] \\
&= E\left(X_t^2|\mathcal{F}_{t-1}\right) - E\left(h_t|\mathcal{F}_{t-1}\right) \\
&= h_t - h_t = 0, \quad \forall t.
\end{aligned}
$$

Quadro 4.7: Diagnóstico do modelo (4.48) para o Exemplo 4.3

Weighted Ljung-Box Test on Standardized Residuals

	statistic	p-value
Lag[1]	0.3755	0.5400
Lag[2*(p+q)+(p+q)-1][2]	0.4372	0.9774
Lag[4*(p+q)+(p+q)-1][5]	1.3840	0.8740
d.o.f=1		

H0 : No serial correlation

Weighted Ljung-Box Test on Standardized Squared Residuals

	statistic	p-value
Lag[1]	0.4501	0.5023
Lag[2*(p+q)+(p+q)-1][8]	1.7869	0.8903
Lag[4*(p+q)+(p+q)-1][14]	4.8491	0.7879
d.o.f=3		

Weighted ARCH LM Tests

	Statistic	Shape	Scale	P-Value
ARCH Lag[4]	0.4994	0.500	2.000	0.4798
ARCH Lag[6]	0.5121	1.461	1.711	0.8886
ARCH Lag[8]	0.9384	2.368	1.583	0.9332

Segue-se, em particular, que

$$
E(X_t^2) = \frac{\alpha_0}{1 - \sum_{i=1}^{q}(\alpha_i + \beta_i)} \, .
$$

Um modelo bastante usado na prática é o GARCH(1,1), para o qual a volatilidade é expressa como

$$h_t = \alpha_0 + \alpha_1 X_{t-1}^2 + \beta_1 h_{t-1}, \qquad (4.53)$$

com $0 \leq \alpha_1, \beta_1 < 1$, $\alpha_1 + \beta_1 < 1$.

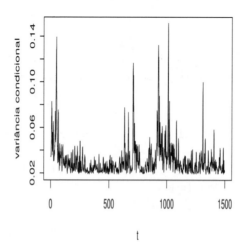

Figura 4.7: Estimativa do desvio padrão condicional dos retornos diários da Petrobras, utilizando o modelo (4.48) com inovações t de Student.

Para os modelos GARCH, temos as mesmas vantagens e desvantagens dos modelos ARCH. Volatilidades altas são precedidas de retornos ou volatilidades grandes, observando-se os grupos de volatilidades presentes em séries financeiras.

Para o modelo (4.53), obtemos facilmente

$$K = \frac{E(X_t^4)}{[E(X_t^2)]^2} = \frac{3[1-(\alpha_1+\beta_1)^2]}{1-(\alpha_1+\beta_1)^2 - 2\alpha_1^2} > 3, \qquad (4.54)$$

dado que o denominador seja positivo, o que novamente mostra que, se X_t segue um modelo GARCH, as caudas de X_t serão mais longas do que as da normal.

4.7. MODELOS GARCH

A identificação da ordem de um modelo GARCH, a ser ajustado a uma série real, usualmente é difícil. Recomenda-se que se use modelos de ordem baixa, como (1,1), (1,2) ou (2,1) e depois se escolha o modelo com base em vários critérios, como AIC ou BIC, valores da assimetria e curtose, da log-verossimilhança e de alguma função perda, como

$$\sum_{t=1}^{N}(X_t^2 - h_t)^2 .$$

Veja Mills (1999), Pagan e Schwert (1990) e Bollerslev et al. (1994).

Os estimadores dos parâmetros do modelo (4.49)–(4.50) são obtidos pelo método de máxima verossimilhança condicional. Supondo normalidade dos ε_t, temos que a log-verossimilhança, condicionada às r primeiras observações, é dada por

$$\ell(\boldsymbol{\alpha}, \boldsymbol{\beta}|x_1, x_2, \ldots, x_r) \propto -\frac{1}{2}\sum_{t=r+1}^{N}\ln(h_t) - \frac{1}{2}\sum_{t=r+1}^{N}\frac{x_t^2}{h_t} . \qquad (4.55)$$

Bollerslev (1986) utiliza em (4.55) $h_j = \hat{\sigma}^2$, $j = 1, \ldots, s$, onde $\hat{\sigma}^2 = \sum_{t=1}^{N}X_t^2/N$.

As estimativas dos parâmetros são obtidas através de métodos de maximização de $\ell(\boldsymbol{\alpha}, \boldsymbol{\beta}|x_1, \ldots, x_r)$.

Previsões da volatilidade, utilizando um modelo GARCH, podem ser calculadas de forma similar àquelas de modelos ARMA. As previsões, com origem em t, considerando um modelo GARCH(1,1), equação (4.53), são dadas por

$$\hat{h}_t(1) = \alpha_0 + \alpha_1 X_t^2 + \beta_1 h_t \qquad (4.56)$$

e

$$\begin{aligned}
\hat{h}_t(\ell) &= \alpha_0 + \alpha_1\hat{X}_t^2(\ell-1) + \beta_1 h_t(\ell-1), \ \ell \geq 1, \\
&= \alpha_0 + \alpha_1\hat{h}_t(\ell-1)\hat{\varepsilon}_t^2(\ell-1) + \beta_1\hat{h}_t(\ell-1),
\end{aligned}$$

pois $X_t = \sqrt{h_t}\varepsilon_t$.

Substituindo $\hat{\varepsilon}_t^2(\ell-1)$ por $E(\varepsilon_{t+\ell-1}^2) = 1$, temos que

$$\hat{h}_t(\ell) = \alpha_0 + (\alpha_1 + \beta_1)\hat{h}_t(\ell-1), \ \ell > 1. \qquad (4.57)$$

Em muitas situações práticas podemos obter, por exemplo no GARCH-(1,1), $\alpha_1 + \beta_1$ próximo de um. Se a soma desses parâmetros for um, teremos

88 CAPÍTULO 4. MODELOS HETEROSCEDÁSTICOS CONDICIONAIS

o modelo IGARCH ("Integrated GARCH"). Neste caso teremos

$$
\begin{aligned}
X_t &= \sqrt{h_t}\varepsilon_t , \\
h_t &= \alpha_0 + \beta_1 h_{t-1} + (1 - \beta_1)X_{t-1}^2 ,
\end{aligned}
\tag{4.58}
$$

com $0 < \beta_1 < 1$. Nesse modelo a variância incondicional de X_t não estará definida.

Exemplo 4.4. Vamos ajustar um modelo GARCH aos retornos diários da série Ibovespa no período de 19/08/1988 a 29/09/2010, $N = 4019$ observações. A Figura 4.8 apresenta as f.a.c. e f.a.c.p. dos retornos. A análise dessas funções indica a existência de uma dependência linear entre as observações e que um modelo apropriado é um AR, uma vez que algumas autocorrelações parciais são significantes.

Analisando as f.a.c. e f.a.c.p. dos quadrados dos retornos, Figura 4.9, temos uma forte dependência sem um padrão bem definido. Vamos ajustar um modelo
GARCH$(1, 1)$. Assim, o modelo proposto é um AR(10)–GARCH (1,1).

(a) Supondo $\varepsilon_t \sim \mathcal{N}(0, 1)$, verificamos que o modelo ajustado apresenta alguns coeficientes não significativos. Eliminando esses coeficientes, o modelo resultante é dado por

$$
\begin{aligned}
\hat{Y}_t &= 0,0015 + 0,0175Y_{t-1} - 0,0337Y_{t-5} + 0,0421Y_{t-10} + \hat{X}_t, \\
\hat{X}_t &= \sqrt{\hat{h}_t}\varepsilon_t, \quad \hat{h}_t = 0,00002 + 0,1250X_{t-1}^2 + 0,8476h_{t-1} .
\end{aligned}
\tag{4.59}
$$

Utilizando a equação da volatilidade temos que a variância incondicional de X_t é

$$
\widehat{\mathrm{Var}(X_t)} = \frac{0,00002}{1 - 0,1250 - 0,8476} = 0,0007.
$$

O ajustamento do modelo é apresentado no Quadro 4.8; verificamos que, com um nível de significância de 5%, quase todos os parâmetros são significantes. A exceção fica para o parâmetro ϕ_1, que, se for removido do modelo, não teremos um bom ajuste para a dependência linear dos log-retornos.

A adequação do modelo (4.59) pode ser verificada no Quadro 4.9, que apresenta as estatísticas de Ljung-Box (para os resíduos e quadrados dos resíduos) e o teste de multiplicadores de Lagrange.

Apresentamos, na Figura 4.10, a estimativa do desvio padrão condicional ($\sqrt{h_t}$) dos retornos diários da série Ibovespa.

4.7. MODELOS GARCH

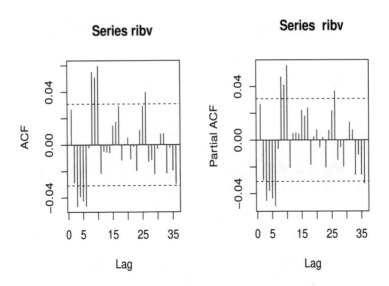

Figura 4.8: F.a.c. e f.a.c.p. dos retornos diários da série Ibovespa.

| Quadro 4.8: Ajustamento do modelo (4.59) do Exemplo 4.4, erros normais |

	Estimate	Std. Error	t value	Pr(> |t|)
mu	0.001540	0.000289	5.3262	0.000000
ar1	0.017472	0.016815	1.0391	0.298759
ar2	0.000000	NA	NA	NA
ar3	0.000000	NA	NA	NA
ar4	0.000000	NA	NA	NA
ar5	-0.033687	0.016391	-2.0552	0.039862
ar6	0.000000	NA	NA	NA
ar7	0.000000	NA	NA	NA
ar8	0.000000	NA	NA	NA
ar9	0.000000	NA	NA	NA
ar10	0.042078	0.015741	2.6732	0.007514
omega	0.000015	0.000005	3.1704	0.001522
alpha1	0.124982	0.013669	9.1433	0.000000
beta1	0.847606	0.013783	61.4967	0.000000

LogLikelihood : 9980.998
Akaike: -4.9647
Bayes : -4.9537
Shibata : -4.9647
Hannan-Quinn: -4.9608

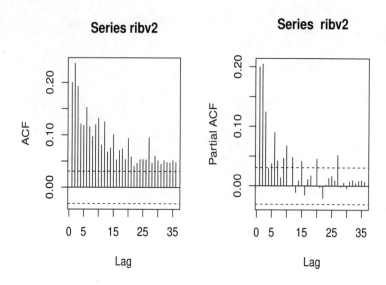

Figura 4.9: F.a.c. e f.a.c.p. dos quadrados dos retornos diários da série Ibovespa.

A utilização de um modelo AR(10) − GARCH(1, 1) fornece uma estimativa da volatilidade que não mostra a influência da queda da Bolsa Nasdaq nos retornos diários da série Ibovespa.

(b) Supondo $\varepsilon_t \sim t_\nu$, temos, no Quadro 4.10, os resultados que fornecem o modelo

$$\hat{Y}_t = 0,0016 + 0,0149 Y_{t-1} - 0,03831 Y_{t-5} + 0,0448 Y_{t-10} + \hat{X}_t ,$$
$$\hat{X}_t = \sqrt{\hat{h}_t} \varepsilon_t \text{ e } \hat{h}_t = 0,00001 + 0,1033 X_{t-1}^2 + 0,8759 h_{t-1} . \quad (4.60)$$

com $\hat{\nu} = 8,31$.

Verificamos que, com um nível de significância de 5%, quase todos os parâmetros são significativos, com exceção do parâmetro ϕ_1, que, se for removido do modelo, não teremos um bom ajuste para a dependência linear dos log-retornos.

Os valores das estatísticas de Ljung-Box (e valores-p), veja o Quadro 4.11, tanto para os resíduos padronizados como para os quadrados dos resíduos, indicam que o modelo é adequado para descrever o comportamento da série.

Comparando os valores dos critérios de informação, concluímos que o modelo com inovações t, dado pela expressão (5.60) está mais bem ajustado do que o modelo com inovações gaussianas, dado pela expressão (5.59).

4.7. MODELOS GARCH

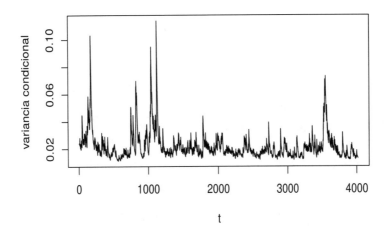

Figura 4.10: Estimativa do desvio padrão condicional ($\sqrt{h_t}$) dos retornos diários da série Ibovespa, utilizando o modelo (4.59).

A estimativa de $\sqrt{h_t}$ é dada pela Figura 4.11.

Exemplo 4.5. Vamos agora analisar os retornos diários da série Petrobras para os quais foi ajustado antes (Exemplo 4.3) um modelo AR (1)–ARCH (3). O objetivo é verificar a adequação de um modelo mais parcimonioso, isto é, um AR (1)–GARCH (1,1) dado por

$$\begin{aligned} Y_t &= \phi Y_{t-1} + X_t, \quad X_t = \sqrt{h_t}\varepsilon_t, \\ h_t &= \alpha_0 + \alpha_1 X_{t-1}^2 + \beta_1 h_{t-1}. \end{aligned} \qquad (4.61)$$

(a) Supondo $\varepsilon_t \sim \mathcal{N}(0,1)$.

O Quadro 4.12 apresenta o ajustamento do modelo (4.61). Analisando os valores-p, vemos que todos os parâmetros são significantes.

92 *CAPÍTULO 4. MODELOS HETEROSCEDÁSTICOS CONDICIONAIS*

Quadro 4.9: Diagnóstico do modelo (4.59) para o Exemplo 4.4, erros normais

Weighted Ljung-Box Test on Standardized Residuals

	statistic	p-value
Lag[1]	2.174	0.1403
Lag[2*(p+q)+(p+q)-1][29]	12.0502	1.0000
Lag[4*(p+q)+(p+q)-1][49]	20.971	0.8653
d.o.f=10		

H0 : No serial correlation

Weighted Ljung-Box Test on Standardized Squared Residuals

	statistic	p-value
Lag[1]	0.123	0.72579
Lag[2*(p+q)+(p+q)-1][5]	6.192	0.08105
Lag[4*(p+q)+(p+q)-1][9]	8.246	0.11533
d.o.f=2		

Weighted ARCH LM Tests

	Statistic	Shape	Scale	P-Value
ARCH Lag[3]	0.3448	0.500	2.000	0.5571
ARCH Lag[5]	0.4160	1.440	1.667	0.9065
ARCH Lag[7]	1.1966	2.315	1.543	0.8796

Para verificar a adequação do modelo, aplicamos o teste de Ljung-Box aos resíduos padronizados e aos quadrados dos resíduos padronizados. Os resultados obtidos (veja Quadro 4.13) apresentam valores-p superiores a $0,2657$ para os resíduos e superiores a $0,4677$ para os quadrados dos resíduos. Além disso, a aplicação do teste ML, para vários valores de p, forneceu resultados satisfatórios.

4.7. MODELOS GARCH

Quadro 4.10: Ajuste do modelo (4.60) aos retornos do Ibovespa, erros t

Coefficient	Value	Std. Error	z-Statistic	P-value.
mu	0.0016	0.00028	5.84538	0.00000
AR1	0.0149	0.01622	0.92001	0.35757
AR5	-0.0383	0.01603	-2.39025	0.01683
AR10	0.0448	0.015159	2.87062	0.00410
Variance	Equation			
omega	0.00001	0.000004	2.87062	0.00410
alpha1	0.1033	0.012795	8.07476	0.00000
beta1	0.8759	0.008992	97.51641	0.00000
shape	8.311682	0.519393	16.00268	0.000000

Log likelihood : 10043.41
Akaike: -4.9952
Bayes: -4.9827
Shibata: -4.9952
Hannan-Quinn: -4,9908

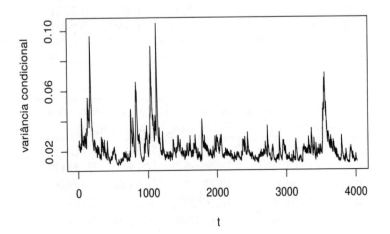

Figura 4.11: Estimativa do desvio padrão condicional dos retornos diários da série Ibovespa, utilizando o modelo (4.60).

94 CAPÍTULO 4. MODELOS HETEROSCEDÁSTICOS CONDICIONAIS

Quadro 4.11: Diagnóstico do modelo (4.60) para o Exemplo 4.4, erros t

Weighted Ljung-Box Test on Standardized Residuals

	statistic	p-value
Lag[1]	2.082	0.1490
Lag[2*(p+q)+(p+q)-1][29]	12.445	1.0000
Lag[4*(p+q)+(p+q)-1][49]	21.532	0.8252
d.o.f=10		

H0 : No serial correlation

Weighted Ljung-Box Test on Standardized Squared Residuals

	statistic	p-value
Lag[1]	1.686	0.194145
Lag[2*(p+q)+(p+q)-1][5]	12.779	0.001737
Lag[4*(p+q)+(p+q)-1][9]	15.297	0.003031
d.o.f=2		

Weighted ARCH LM Tests

	Statistic	Shape	Scale	P-Value
ARCH Lag[3]	1.014	0.500	2.000	0.3140
ARCH Lag[5]	1.027	1.440	1.667	0.7251
ARCH Lag[7]	1.691	2.315	1.543	0.7823

Quadro 4.12: Ajustamento do modelo (4.61) aos retornos diários da série Petrobras, erros normais

	Estimate	Std. Error	t value	$Pr(>|t|)$
ar1	0.132761	0.027984	4.7441	0.000002
omega	0.000035	0.000010	3.5246	0.000424
alpha1	0.143436	0.022201	6.4609	0.000000
beta1	0.828981	0.025646	32.3236	0.000000

LogLikelihood : 3181.488

Akaike : -4.2423

Bayes : -4.2281

Shibata : -4.2423

Hannan-Quinn : -4.237

4.7. MODELOS GARCH

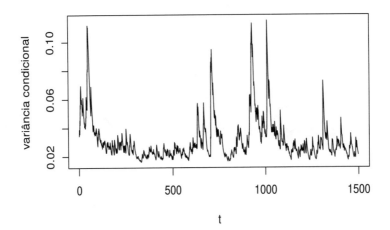

Figura 4.12: Estimativa do desvio padrão condicional, dos retornos diários da série Petrobras, utilizando o modelo (4.62).

Analisando esses resultados, podemos concluir que o modelo

$$\hat{Y}_t = 0,1328Y_{t-1} + \hat{X}_t , \quad \hat{X}_t = \sqrt{\hat{h}_t}\varepsilon_t ,$$
$$\hat{h}_t = 0,00004 + 0,1434X_{t-1}^2 + 0,8290h_{t-1}, \qquad (4.62)$$

com $\varepsilon_t \sim \mathcal{N}(0,1)$ e $\widehat{\text{Var}(X_t)} = \hat{\alpha}_0/(1-(\hat{\alpha}_1+\hat{\beta}_1)) = 0,0014$, também é adequado para ajustar os retornos diários da série Petrobras.

A estimativa do desvio padrão condicional, $\sqrt{\hat{h}_t}$, encontra-se na Figura 4.12.

A análise dessa figura mostra que:

1) Houve influência, na série de retornos diários da Petrobras, de todas as crises citadas no Exemplo 4.3.

2) A estimativa da volatilidade fornecida pelo modelo AR(1)–GARCH(1,1) é mais suave do que a fornecida pelo modelo AR(1)–ARCH(3), ver Figura 4.6.

96 CAPÍTULO 4. MODELOS HETEROSCEDÁSTICOS CONDICIONAIS

Quadro 4.13: Diagnóstico do modelo (4.62) aos retornos
diários da série Petrobras, erros normais

Weighted Ljung-Box Test on Standardized Residuals

	statistic	p-value
Lag[1]	1.239	0.2657
Lag[2*(p+q)+(p+q)-1][2]	1.381	0.5055
Lag[4*(p+q)+(p+q)-1][5]	2.119	0.6768
d.o.f=1		

H0 : No serial correlation

Weighted Ljung-Box Test on Standardized Squared Residuals

	statistic	p-value
Lag[1]	0.03366	0.8544
Lag[2*(p+q)+(p+q)-1][5]	2.68465	0.4677
Lag[4*(p+q)+(p+q)-1][9]	4.18457	0.5579
d.o.f=2		

Weighted ARCH LM Tests

	Statistic	Shape	Scale	P-Value
ARCH Lag[3]	0.1766	0.500	2.000	0.6743
ARCH Lag[5]	1.3478	1.440	1.667	0.6332
ARCH Lag[7]	2.1376	2.315	1.543	0.6882

(b) Supondo $\varepsilon_t \sim t_\nu$, temos o modelo ajustado

$$\hat{Y}_t = 0,1372 Y_{t-1} + \hat{X}_t, \quad \hat{X}_t = \sqrt{\hat{h}_t}\varepsilon_t ,$$
$$\hat{h}_t = 0,00003 + 0,1179 X_{t-1}^2 + 0,8589 h_{t-1} , \qquad (4.63)$$

$\hat{\nu} = 6,29$, com resultados apresentados no Quadro 4.14.

Os resultados da aplicação da estatística de Box-Ljung aos resíduos e aos quadrados dos resíduos padronizados, bem como o resultado do teste de multiplicadores de Lagrange, revelam que o modelo (4.63) está bem ajustado aos retornos diários da série Petrobras. Veja o Quadro 4.15.

4.7. MODELOS GARCH

Quadro 4.14: Ajustamento do modelo (4.63), supondo erros t-Student				
	Estimate	Std. Error	t value	$Pr(>|t|)$
ar1	0.137237	0.026606	5.1582	0.000000
omega	0.000026	0.000009	2.8661	0.004156
alpha1	0.117855	0.026239	4.4916	0.000007
beta1	0.858929	0.028724	29.9031	0.000000
shape	6.285281	0.918005	6.8467	0.000000

LogLikelihood : 3235.502
Akaike : -4.3131
Bayes : -4.2954
Shibata : -4.3131
Hannan-Quinn : -4.3065

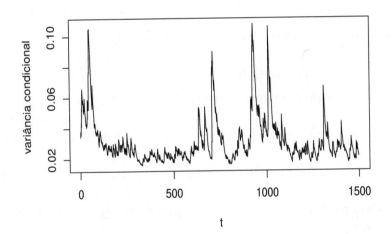

Figura 4.13: Estimativa do desvio padrão condicional dos retornos diários da série Petrobras, utilizando o modelo (4.63).

Comparando os valores dos critérios AIC e BIC dos modelos (4.62) e (4.63), verifica-se que o modelo com inovações t de Student está mais bem ajustado.

A Figura 4.13 apresenta a estimativa do desvio padrão condicional, $\sqrt{h_t}$. Comparando-a com a Figura 4.12, percebemos que os modelos com inovações

98 CAPÍTULO 4. MODELOS HETEROSCEDÁSTICOS CONDICIONAIS

gaussianas e t de Student fornecem estimativas semelhantes para o desvio padrão condicional.

4.8 Extensões do modelo GARCH

Há uma literatura muito grande sobre extensões dos modelos ARCH-GARCH. Nesta seção vamos nos concentrar apenas em alguns. No que segue faremos a exposição para extensões do modelo GARCH$(1,1)$.

4.8.1 Modelos EGARCH

Vimos que os modelos ARCH e GARCH tratam simetricamente os retornos, pois a volatilidade é uma função quadrática deles. Mas também é sabido que a volatilidade reage de forma assimétrica aos retornos, tendendo a ser maior para os retornos negativos.

Tendo em vista o exposto, Nelson (1991) introduziu os modelos EGARCH ("Exponential GARCH").

Definição 4.3. Um modelo EGARCH$(1,1)$ é dado por

$$
\begin{aligned}
X_t &= \sqrt{h_t}\varepsilon_t \, , & (4.64) \\
\ln(h_t) &= \alpha_0 + \alpha_1 g(\varepsilon_{t-1}) + \beta_1 \ln(h_{t-1}), & (4.65)
\end{aligned}
$$

em que ε_t é i.i.d. $(0,1)$ e $g(\cdot)$ é a curva de impacto de informação, dada por

$$
g(\varepsilon_t) = \theta\varepsilon_t + \gamma\{|\varepsilon_t| - E(|\varepsilon_t|)\} \, . \tag{4.66}
$$

Aqui, θ e γ são parâmetros reais, $|\varepsilon_t| - E(|\varepsilon_t|)$ é uma sequência de v.a. i.i.d. com média zero.

Note que podemos escrever

$$
g(\varepsilon_t) = \begin{cases} (\theta + \gamma)\varepsilon_t - \gamma E(|\varepsilon_t|), & \text{se } \varepsilon_t \geq 0, \\ (\theta - \gamma)\varepsilon_t - \gamma E(|\varepsilon_t|), & \text{se } \varepsilon_t < 0. \end{cases} \tag{4.67}
$$

Essa assimetria permite que a volatilidade responda mais rapidamente a retornos negativos do que a positivos, fato conhecido como "efeito alavanca".

4.8. EXTENSÕES DO MODELO GARCH

Quadro 4.15: Diagnóstico do modelo (4.63), supondo erros t-Student

Weighted Ljung-Box Test on Standardized Residuals

	statistic	p-value
Lag[1]	0.8053	0.3695
Lag[2*(p+q)+(p+q)-1][2]	0.9562	0.7659
Lag[4*(p+q)+(p+q)-1][5]	1.7288	0.7875
d.o.f=1		

H0 : No serial correlation

Weighted Ljung-Box Test on Standardized Squared Residuals

	statistic	p-value
Lag[1]	0.392	0.5312
Lag[2*(p+q)+(p+q)-1][5]	4.227	0.2271
Lag[4*(p+q)+(p+q)-1][9]	5.810	0.3207
d.o.f=2		

Weighted ARCH LM Tests

	Statistic	Shape	Scale	P-Value
ARCH Lag[3]	0.424	0.500	2.000	0.5149
ARCH Lag[5]	1.362	1.440	1.667	0.6294
ARCH Lag[7]	2.099	2.315	1.543	0.6963

Vários pacotes podem ser utilizados para estimar o modelo EGARCH, dentre eles citamos: EViews, S+FinMetrics e o R, que consideram o modelo nas formas:

$$\text{EViews}: \quad \ln(h_t) = w + \beta \ln(h_{t-1}) + \alpha \frac{|X_{t-1}|}{\sqrt{h_{t-1}}} + \gamma \frac{X_{t-1}}{\sqrt{h_{t-1}}}, \quad (4.68)$$

$$\text{S+FinMetrics}: \quad \ln(h_t) = w + a_1 \frac{|X_{t-1}|}{\sqrt{h_{t-1}}} + \gamma_1 \frac{X_{t-1}}{\sqrt{h_{t-1}}} + \beta \ln(h_{t-1}), (4.69)$$

$$\text{R}: \quad \ln(h_t) = \omega + \beta \ln(h_{t-1}) + \gamma \frac{|X_{t-1}|}{\sqrt{h_{t-1}}} + \alpha \frac{X_{t-1}}{\sqrt{h_{t-1}}} \quad (4.70)$$

$$- E \left| \frac{X_{t-1}}{\sqrt{h_{t-1}}} \right|.$$

100 CAPÍTULO 4. MODELOS HETEROSCEDÁSTICOS CONDICIONAIS

Quando γ for diferente de zero (EViews) e, consequentemente, γ_1 diferente de zero (S+FinMetrics), ou α diferente de zero (R), o efeito assimétrico deve ser incorporado ao modelo GARCH.

Exemplo 4.6. A série Petrobras já foi analisada nos Exemplos 4.3 e 4.5; ambas as análises tratam simetricamente os retornos. A ideia é reanalisar a série utilizando modelos EGARCH$(1,1)$, verificando se um efeito assimétrico deve ser incorporado aos modelos AR(1) − GARCH$(1,1)$ ajustados anteriormente (expressões (4.62) e (4.63)).

(a) Supondo $\varepsilon_t \sim \mathcal{N}(0,1)$ temos, no Quadro 4.16, o ajustamento do modelo

$$
\begin{aligned}
\hat{Y}_t &= 0,1582 Y_{t-1} + \hat{X}_t, \\
\hat{X}_t &= \sqrt{\hat{h}_t} \varepsilon_t, \\
\widehat{\ln h_t} &= -0,3520 + 0,9490 \ln h_{t-1} + 0,2230[|\varepsilon_{t-1}| - E|\varepsilon_{t-1}|] \\
&\quad - 0,1441 \varepsilon_{t-1}
\end{aligned}
\tag{4.71}
$$

A análise dos resultados revela que todos os parâmetros do modelo são significantes ($p = 0,0000$); isso significa que o efeito assimétrico deve ser incorporado ao modelo.

Para verificação da adequação do modelo (4.71), foram aplicados os testes de Ljung-Box aos resíduos padronizados e aos quadrados dos resíduos padronizados, veja Quadro 4.17. Podemos notar que todos os valores-p são maiores do que 0,24.

Quadro 4.16: Ajustamento do modelo (4.70), supondo erros normais				
	Estimate	Std. Error	t value	$Pr(> |t|)$
ar1	0.15820	0.026193	6.0397	0
omega	-0.35198	0.063376	-5.5539	0
alpha1	-0.14412	0.018799	-7.6662	0
beta1	0.94899	0.008898	106.6524	0
gamma1	0.22298	0.027483	8.1135	0

LogLikelihood : 3218.945

Akaike : -4.2910

Bayes : -4.2733

Shibata : -4.2910

Hannan-Quinn : -4.2844

4.8. EXTENSÕES DO MODELO GARCH

Esses resultados indicam que os resíduos são não autocorrelacionados e que não possuem heterocedasticidade condicional. Essa última afirmação pode ser comprovada pela aplicação do teste ML aos quadrados dos resíduos, que fornece os valores $T = 8,296$ $(0,762)$. A estimativa do desvio padrão condicional, $\sqrt{h_t}$, encontra-se na Figura 4.14.

A análise dessa figura mostra que a utilização de um modelo AR(1) com EGARCH(1,1), diferentemente dos modelos AR(1) comARCH(3) e AR(1) com GARCH(1,1), não revelou a influência da queda da Nasdaq, em abril de 2000, na série de retornos diários da Petrobras.

(b) Supondo $\varepsilon_t \sim t_\nu$, temos o modelo ajustado (Quadro 4.18),

$$\hat{Y}_t = 0,153Y_{t-1} + \hat{X}_t, \quad \hat{X}_t = \sqrt{\hat{h}_t}\varepsilon_t, \tag{4.72}$$

$$\widehat{\ln h_t} = -0,2794 + 0,9606\ln(h_{t-1}) + 0,2212[|\varepsilon_{t-1}| - E|\varepsilon_{t-1}|] - 0,1161\varepsilon_{t-1},$$

$\hat{\nu} = 7,41$. O valor de $\hat{\alpha} = -0,1161$, com valor-p $0,0000$, confirma a existência de um efeito assimétrico dos retornos. A adequação do modelo (4.72) pode ser confirmada, analisando os valores-p dos testes de Ljung-Box (para os resíduos padronizados e para os quadrados dos resíduos padronizados), além daquele obtido para o teste de multiplicadores de Lagrange. Veja o Quadro 4.19. A Figura 4.15 apresenta a estimativa do desvio padrão condicional.

4.8.2 Modelos TGARCH

O modelo TARCH ("Threshold GARCH") é um caso particular do modelo ARCH não linear, e a volatilidade agora segue a forma funcional

$$h_t^\gamma = \alpha_0 + \alpha_1 g^{(\gamma)}(\varepsilon_{t-1}) + \beta_1 h_{t-1}^\gamma, \tag{4.73}$$

em que

$$g^{(\gamma)}(\varepsilon_t) = \theta I_{\{\varepsilon_t > 0\}}|\varepsilon_t|^\gamma + (1-\theta)I_{\{\varepsilon_t \le 0\}}|\varepsilon_t|^\gamma. \tag{4.74}$$

Para $\gamma = 1$, temos o modelo de Zakoian (1994), e para $\gamma = 2$, o modelo GJR (de Glosten, Jagannathan and Runkle, 1993).

O EViews, o S+FinMetrics e o R usam a formulação

$$h_t = w + \alpha \frac{X_{t-1}^2}{h_{t-1}} + \gamma \frac{X_{t-1}^2}{h_{t-1}}d_{t-1} + \beta h_{t-1}, \tag{4.75}$$

com

$$d_t = \begin{cases} 1, & \text{se } X_t < 0 \text{ ("bad news")}, \\ 0, & \text{se } X_t \ge 0 \text{ ("good news")}. \end{cases} \tag{4.76}$$

Se $\gamma \ne 0$, há um impacto de informação assimétrica.

102 CAPÍTULO 4. MODELOS HETEROSCEDÁSTICOS CONDICIONAIS

Quadro 4.17: Diagnóstico do modelo (4.71) aos retornos diários da série Petrobras, erros normais

Weighted Ljung-Box Test on Standardized Residuals

	statistic	p-value
Lag[1]	0.5211	0.4704
Lag[2*(p+q)+(p+q)-1][2]	0.6537	0.9165
Lag[4*(p+q)+(p+q)-1][5]	1.7532	0.7809

d.o.f=1

H0 : No serial correlation

Weighted Ljung-Box Test on Standardized Squared Residuals

	statistic	p-value
Lag[1]	0.02881	0.8652
Lag[2*(p+q)+(p+q)-1][5]	4.07169	0.2453
Lag[4*(p+q)+(p+q)-1][9]	5.42474	0.3698

d.o.f=2

Weighted ARCH LM Tests

	Statistic	Shape	Scale	P-Value
ARCH Lag[3]	0.64766	0.500	2.000	0.4210
ARCH Lag[5]	2.1052	1.440	1.667	0.4485
ARCH Lag[7]	2.5223	2.315	1.543	0.6079

Exemplo 4.7. Vamos analisar novamente a série de retornos da Petrobras, com o objetivo de compararmos o ajuste dos diversos modelos heteroscedásticos a essa série. O objetivo é verificar se existe impacto de informação assimétrica nos retornos diários da série.

(a) Supondo $\varepsilon_t \sim \mathcal{N}(0, 1)$, temos os resultados do ajustamento de um modelo $AR(1) + TGARCH(1, 1)$ apresentados no Quadro 4.20, com equações dadas por

4.8. EXTENSÕES DO MODELO GARCH

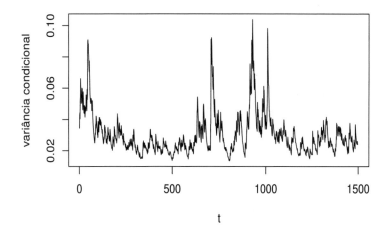

Figura 4.14: Estimativa do desvio padrão condicional dos retornos diários da série Petrobras, utilizando o modelo (4.71), erros normais.

Quadro 4.18: Ajustamento do modelo (4.71), supondo erros t-Student				
	Estimate	Std. Error	t value	$Pr(>\|t\|)$
ar1	0.15274	0.025730	5.9365	0
omega	-0.27945	0.042033	-6.6482	0
alpha1	-0.11611	0.019809	-5.8618	0
beta1	0.96055	0.005845	164.3310	0
gamma1	0.22123	0.032454	6.8169	0
shape	7.40796	1.277828	5.7973	0

LogLikelihood : 3252.428
Akaike : -4.3344
Bayes : -4.3131
Shibata : -4.3344
Hannan-Quinn : -4.3264

104 CAPÍTULO 4. MODELOS HETEROSCEDÁSTICOS CONDICIONAIS

Quadro 4.19: Diagnóstico do modelo (4.72) supondo $\varepsilon_t \sim t_\nu$

Weighted Ljung-Box Test on Standardized Residuals

	statistic	p-value
Lag[1]	0.5923	0.4415
Lag[2*(p+q)+(p+q)-1][2]	0.7554	0.8730
Lag[4*(p+q)+(p+q)-1][5]	1.8375	0.7575
d.o.f=1		

H0 : No serial correlation

Weighted Ljung-Box Test on Standardized Squared Residuals

	statistic	p-value
Lag[1]	0.03537	0.8508
Lag[2*(p+q)+(p+q)-1][5]	4.14734	0.2362
Lag[4*(p+q)+(p+q)-1][9]	5.66243	0.3389
d.o.f=2		

Weighted ARCH LM Tests

	Statistic	Shape	Scale	P-Value
ARCH Lag[3]	0.5144	0.500	2.000	0.4732
ARCH Lag[5]	2.0485	1.440	1.667	0.4606
ARCH Lag[7]	2.5685	2.315	1.543	0.5984

$$\hat{Y}_t = 0,1605Y_{t-1} + \hat{X}_t, \quad \hat{X}_t = \sqrt{\hat{h}_t}\varepsilon_t,$$

$$\hat{h}_t = 0,00157 + 0,1187\frac{X_{t-1}^2}{h_{t-1}} + 0,7301\frac{X_{t-1}^2}{h_{t-1}}d_{t-1} + 0,8585h_{t-1}, \quad (4.77)$$

com

$$d_t = \begin{cases} 1, & \text{se } \varepsilon_t < 0, \\ 0, & \text{se } \varepsilon_t \geq 0, \end{cases}$$

e com todos os parâmetros significativos, de acordo com seus valores-p.

A análise do Quadro 4.21 indica a adequação do modelo (4.77), pois a aplicação dos testes de Ljung-Box aos resíduos padronizados e quadrados desses resíduos apresenta valores-p maiores do que $0,10$. A aplicação do teste ML também fornece resultados satisfatórios.

4.8. EXTENSÕES DO MODELO GARCH

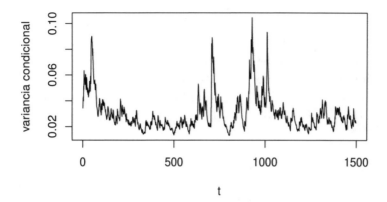

Figura 4.15: Estimativa do desvio padrão condicional dos retornos diários da série Petrobras, utilizando o modelo (4.72).

A estimativa do desvio padrão condicional é apresentada na Figura 4.16. Verificamos que, também nesse caso, a volatilidade estimada não revelou a queda da Nasdaq em abril de 2000.

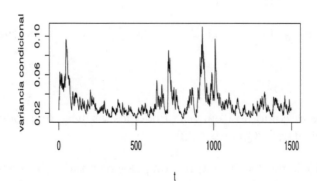

Figura 4.16: Estimativa do desvio padrão condicional dos retornos diários da Petrobras, utilizando o modelo (4.77).

106 CAPÍTULO 4. MODELOS HETEROSCEDÁSTICOS CONDICIONAIS

> **Quadro 4.20:** Ajustamento do modelo (4.75) aos retornos diários da série Petrobras.
>
> | | Estimate | Std. Error | t value | $Pr(> |t|)$ |
> |--------|----------|------------|---------|-------------|
> | ar1 | 0.160540 | 0.022144 | 7.2497 | 0 |
> | omega | 0.001568 | 0.000277 | 5.6583 | 0 |
> | alpha1 | 0.118706 | 0.016057 | 7.3928 | 0 |
> | beta1 | 0.858488 | 0.018230 | 47.092 | 0 |
> | eta11 | 0.730131 | 0.104220 | 7.000 | 0 |
>
> LogLikelihood : 3217.865
>
> Akaike : -4.2895
>
> Bayes : -4.2718
>
> Shibata : -4.2896
>
> Hannan-Quinn : -4.2829

(b) Supondo $\varepsilon_t \sim t_\nu$, temos o modelo ajustado

$$\hat{Y}_t = 0,1539Y_{t-1} + \hat{X}_t, \quad \hat{X}_t = \sqrt{\hat{h}_t}\varepsilon_t, \tag{4.78}$$

$$\hat{h}_t = 0,00125 + 0,1203\frac{X_{t-1}^2}{h_{t-1}} + 0,5902\frac{X_{t-1}^2}{h_{t-1}}d_{t-1} + 0,8672h_{t-1},$$

com $\hat{\nu} = 7,42$ e d_t como no item (a). Podemos verificar que todos os coeficientes são significativos (Quadro 4.22).

A adequação do modelo é comprovada pelos resultados dos testes de Ljung-Box (resíduos e quadrados dos resíduos) e pelo teste de multiplicadores de Lagrange, ver Quadro 4.23.

A Figura 4.17 apresenta a estimativa do desvio padrão condicional.

4.8. EXTENSÕES DO MODELO GARCH
107

Quadro 4.21: Diagnóstico do modelo (4.77) supondo erros normais

Weighted Ljung-Box Test on Standardized Residuals

	statistic	p-value
Lag[1]	0.5292	0.4670
Lag[2*(p+q)+(p+q)-1][2]	0.6222	0.9281
Lag[4*(p+q)+(p+q)-1][5]	1.6026	0.8209
d.o.f=1		

H0 : No serial correlation

Weighted Ljung-Box Test on Standardized Squared Residuals

	statistic	p-value
Lag[1]	0.1373	0.7110
Lag[2*(p+q)+(p+q)-1][5]	5.6436	0.1090
Lag[4*(p+q)+(p+q)-1][9]	7.3211	0.1737
d.o.f=2		

Weighted ARCH LM Tests

	Statistic	Shape	Scale	P-Value
ARCH Lag[3]	1.247	0.500	2.000	0.2642
ARCH Lag[5]	2.579	1.440	1.667	0.3569
ARCH Lag[7]	3.202	2.315	1.543	0.4763

Quadro 4.22: Ajustamento do modelo (4.75) supondo $\varepsilon_t \sim t_\nu$.

	Estimate	Std. Error	t value	$Pr(> \lvert t \rvert)$
ar1	0.15392	0.025521	6.0310	0.0e+00
omega	0.00125	0.000309	4.0468	5.2e-05
alpha1	0.12026	0.021049	5.7136	0.0e+00
beta1	0.86720	0.023036	37.6454	0.0e+00
eta11	0.59021	0.114821	5.1402	0.0e+00
shape	7.42311	1.273827	5.8274	0.0e+00

LogLikelihood : 3252.003

Akaike : -4.3338 Bayes : -4.3125

Shibata : -4.3338

Hannan-Quinn : -4.3259

108 CAPÍTULO 4. MODELOS HETEROSCEDÁSTICOS CONDICIONAIS

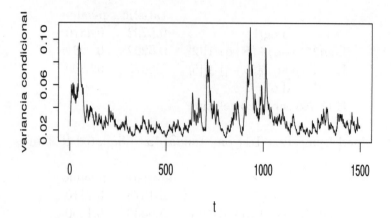

Figura 4.17: Estimativa do desvio padrão condicional dos retornos diários da Petrobras utilizando o modelo (4.78).

Com o objetivo de comparar todos os modelos ajustados aos retornos diários da série Petrobras, apresentamos os valores de alguns critérios de ajustamento de cada um dos modelos na Tabela 4.3.

Pela tabela, podemos dizer que os modelos assimétricos EGARCH ajustam melhor a série, de acordo com AIC, HQ e log-verossimilhança; ainda, o modelo com inovações t de Student é o melhor. Os modelos TGARCH comportam-se de modo semelhante aos modelos EGARCH.

4.9 Modelos de volatilidade estocástica

Os modelos da família ARCH supõem que a variância condicional depende de retornos passados. O modelo de volatilidade estocástica (MVE), primeiro proposto por Taylor (1980, 1986), não faz essa suposição. Esse modelo tem como premissa o fato de que a volatilidade presente depende de valores passados dela, mas é independente dos retornos passados.

4.9. MODELOS DE VOLATILIDADE ESTOCÁSTICA   109

Quadro 4.23: Diagnóstico do modelo (4.78) ajustado, erros t- Student

Weighted Ljung-Box Test on Standardized Residuals

	statistic	p-value
Lag[1]	0.6728	0.4121
Lag[2*(p+q)+(p+q)-1][2]	0.7947	0.8541
Lag[4*(p+q)+(p+q)-1][5]	1.7625	0.7783
d.o.f=1		

H0 : No serial correlation

Weighted Ljung-Box Test on Standardized Squared Residuals

	statistic	p-value
Lag[1]	0.1028	0.7485
Lag[2*(p+q)+(p+q)-1][5]	5.2852	0.1318
Lag[4*(p+q)+(p+q)-1][9]	7.0326	0.1964
d.o.f=2		

Weighted ARCH LM Tests

	Statistic	Shape	Scale	P-Value
ARCH Lag[3]	1.004	0.500	2.000	0.3163
ARCH Lag[5]	2.412	1.440	1.667	0.3872
ARCH Lag[7]	3.109	2.315	1.543	0.4933

Mudando um pouco a notação, denotemos agora a variância condicional por σ_t^2, ou seja, $E(X_t^2|\mathcal{F}_{t-1}) = \sigma_t^2$.

Tabela 4.3: Valores de alguns critérios de ajustamento dos modelos AR(1)–ARCH(3), AR(1)–GARCH(1,1), AR(1)–EGARCH(1,1) e AR(1)–TGARCH (1,1), ajustados à série Petrobras.

Critério \ Modelo	AR(1)+ ARCH(3)	AR(1)+ GARCH(1,1)	AR(1)+ EGARCH(1,1)	AR(1) + TGARCH (1,1)
Ln (verossimilhança)				
Normal	3154,02	3181,49	3218,95	3217,87
t-Student	3213	3236	3252	3252
Critério de Akaike (AIC)				
Normal	-4,204	-4,242	-4,291	-4,290
t-Student	-4,282	-4,313	-4,334	-4,334
Critério HQ				
Normal	-4,198	-4,237	-4,291	-4,283
t-Student	-4,271	-4,307	-4,326	-4,326

110 CAPÍTULO 4. MODELOS HETEROSCEDÁSTICOS CONDICIONAIS

Definição 4.4. Dizemos que a série X_t segue um *modelo de volatilidade estocástica* se

$$X_t = \sigma_t \varepsilon_t , \qquad (4.79)$$
$$\sigma_t = e^{h_t/2} , \qquad (4.80)$$

em que ε_t é uma sequência estacionária, com média zero e variância 1, e h_t é uma sequência que pode ser estacionária ou não, com uma densidade de probabilidade $f(h)$.

A formulação mais simples do modelo supõe que o logaritmo da volatilidade, h_t, seja dado por

$$h_t = \alpha_0 + \alpha_1 h_{t-1} + \eta_t , \qquad (4.81)$$

na qual η_t é uma sequência estacionária gaussiana, de média zero e variância σ_η^2. Segue-se que devemos ter $|\alpha_1| < 1$.

Outras formulações do MVE foram apresentadas na literatura, dentre as quais destacamos as seguintes.

(1) Forma canônica de Kim et al. (1998).

Aqui o MVE é escrito na forma

$$X_t = \beta e^{h_t/2} \varepsilon_t , \qquad (4.82)$$
$$h_{t+1} - \mu = \alpha(h_t - \mu) + \sigma_\eta \eta_t , \qquad (4.83)$$

com

$$h_t \sim \mathcal{N}\left(\mu, \frac{\sigma_\eta^2}{1 - \alpha^2}\right) ,$$

sendo $\varepsilon_t, \eta_t \sim \mathcal{N}(0,1)$ e se $\beta = 1$, então $\mu = 0$.

(2) Formulação de Jaquier et al. (1994), na qual

$$X_t = \sqrt{h_t} \varepsilon_t , \qquad (4.84)$$
$$\ln(h_t) = \alpha_0 + \alpha_1 \ln(h_{t-1}) + \sigma_\eta \eta_t . \qquad (4.85)$$

Sabemos que se $\varepsilon_t \sim \mathcal{N}(0,1)$, então $\ln(\varepsilon_t^2)$ tem uma distribuição chamada *log-quiquadrado*, de tal sorte que

$$E(\ln(\varepsilon_t^2)) \approx -1,27 ,$$
$$\mathrm{Var}(\ln(\varepsilon_t^2)) = \pi^2/2 .$$

4.9. MODELOS DE VOLATILIDADE ESTOCÁSTICA

111

Voltemos agora ao modelo (4.79) – (4.80): obtemos

$$\ln(X_t^2) = \ln(\sigma_t^2) + \ln(\varepsilon_t^2) , \qquad (4.86)$$
$$h_t = \ln(\sigma_t^2) . \qquad (4.87)$$

Chamando $\xi_t = \ln(\varepsilon_t^2) - E(\ln(\varepsilon_t^2)) = \ln(\varepsilon_t^2) + 1,27$, temos que

$$\ln(X_t^2) = -1,27 + h_t + \xi_t, \quad \xi_t \sim \text{i.i.d.}(0, \pi^2/2), \qquad (4.88)$$
$$h_t = \alpha_0 + \alpha_1 h_{t-1} + \eta_t, \quad \eta_t \sim \text{i.i.d.} \mathcal{N}(0, \sigma_\eta^2). \qquad (4.89)$$

Aqui, supomos ξ_t e η_t independentes.

(3) Formulação de Zivot-Yollin (2012). De (4.79), temos que

$$|X_t| = \sigma_t |\varepsilon_t|, \quad \varepsilon_t \sim \mathcal{N}(0, 1), \qquad (4.90)$$

e

$$\ln |X_t| = \ln \sigma_t + \ln |\varepsilon_t|, \qquad (4.91)$$

com

$$E(|\varepsilon_t|) = 0,63518, \quad \text{Var}(|\varepsilon_t|) = \sigma^2/8.$$

Chamando $v_t = \ln |\varepsilon_t| - E(\ln |\varepsilon_t|)$, temos que $v_t = \ln |\varepsilon_t| - 0,63518$ e podemos reescrever (4.91) na forma

$$\ln |X_t| = -0,63518 + \ln \sigma_t + v_t, \quad v_t \sim \mathcal{N}(0, \pi^2/8), \qquad (4.92)$$

e, de acordo com (4.81)

$$\ln \sigma_t = \alpha_0 + \alpha_1 \ln \sigma_{t-1} + \eta_t, \quad \eta_t \sim \mathcal{N}(0, \sigma_\eta^2), \qquad (4.93)$$

lembrando que $h_t = \ln \sigma_t$.

Reescrevendo (4.92)–(4.93) na forma matricial, temos

$$\ln |X_t| = (1, 0, 1)\boldsymbol{\theta}_t + v_t, \quad v_t \sim \mathcal{N}(0, \pi^2/8), \qquad (4.94)$$

$$\begin{bmatrix} -0,63518 \\ \alpha_0 \\ h_t \end{bmatrix} = \begin{bmatrix} 1 & 0 & 0 \\ 0 & 1 & 0 \\ 0 & 1 & \alpha_1 \end{bmatrix} \begin{bmatrix} -0,63518 \\ \alpha_0 \\ h_{t-1} \end{bmatrix} + \begin{bmatrix} 0 \\ 0 \\ \eta_t \end{bmatrix}, \qquad (4.95)$$

com $\eta_t \sim \mathcal{N}(0, \sigma_\eta^2)$.

112 CAPÍTULO 4. MODELOS HETEROSCEDÁSTICOS CONDICIONAIS

Propriedades

Vamos calcular agora alguns parâmetros associados ao MVE, considerando-se a forma (4.81).

(i) $E(X_t) = E(\sigma_t \varepsilon_t) = E(\sigma_t)E(\varepsilon_t) = 0$, dado que σ_t e ε_t são independentes;

(ii) $\text{Var}(X_t) = E(X_t^2) = E(\sigma_t^2 \varepsilon_t^2) = E(\sigma_t^2)E(\varepsilon_t^2) = E(\sigma_t^2)$.

Dado que supusemos $\eta_t \sim \mathcal{N}(0, \sigma_\eta^2)$, h_t estacionário, com $\mu_h = E(h_t) = \alpha_0/(1 - \alpha_1)$ e $\sigma_h^2 = \text{Var}(h_t) = \sigma_\eta^2/(1 - \alpha_1^2)$, então obtemos

$$h_t \sim \mathcal{N}\left(\frac{\alpha_0}{1 - \alpha_1}, \frac{\sigma_\eta^2}{1 - \alpha_1^2}\right). \tag{4.96}$$

Como h_t é normal, σ_t^2 é log-normal, logo temos

$$E(X_t^2) = E(\sigma_t^2) = e^{\mu_h + \sigma_h^2/2}.$$

Não é difícil mostrar que

$$E(X_t^4) = 3e^{2\mu_h + 2\sigma_h^2},$$

da qual obtemos a curtose

$$K = \frac{3e^{2\mu_h + 2\sigma_h^2}}{e^{2\mu_h + \sigma_h^2}} = 3e^{\sigma_h^2} > 3, \tag{4.97}$$

como deveríamos esperar, ou seja, caudas longas sob o MVE.

(iii) A função de autocovariância da série X_t é dada por

$$\gamma_X(u) = E(X_t X_{t+u}) = E(\sigma_t \sigma_{t+u} \varepsilon_t \varepsilon_{t+u}) = 0, \tag{4.98}$$

pois ε_t e η_t são independentes. Logo, X_t é serialmente não correlacionada, mas não independente, pois existe correlação em $\ln X_t^2$. Denotando-se $Y_t = \ln X_t^2$, então a autocovariância de Y_t é dada por

$$\gamma_Y(u) = E(Y_t - E(Y_t))(Y_{t+u} - E(Y_{t+u})).$$

Como o primeiro termo entre parênteses é igual a $h_t - E(h_t) + \xi_t$ e h_t é independente de ξ_t, obtemos que

$$
\begin{aligned}
\gamma_Y(u) &= E(h_t - E(h_t) + \xi_t)(h_{t+u} - E(h_{t+u}) + \xi_{t+u}) \\
&= E(h_t - E(h_t))(h_{t+u} - E(h_{t+u})) + E(\xi_t \xi_{t+u}),
\end{aligned}
$$

4.9. MODELOS DE VOLATILIDADE ESTOCÁSTICA

e chamando as autocovariâncias do segundo membro de $\gamma_h(\cdot)$ e $\gamma_\xi(\cdot)$, respectivamente, teremos

$$\gamma_Y(u) = \gamma_h(u) + \gamma_\xi(u); \tag{4.99}$$

para todo u.

Como estamos supondo (4.81), ou seja, um AR(1), temos que

$$\gamma_h(u) = \alpha_1^u \frac{\sigma_\eta^2}{1 - \alpha_1^2}, \quad u > 0 , \tag{4.100}$$

enquanto que $\gamma_\xi(u) = 0$, para $u > 0$. Logo, $\gamma_Y(u) = \gamma_h(u)$, para todo $u \neq 0$, e podemos escrever a função de autocorrelação de Y_t como

$$\rho_Y(u) = \frac{\gamma_Y(u)}{\gamma_Y(0)} = \frac{\alpha_1^u \sigma_\eta^2/(1 - \alpha_1^2)}{\gamma_h(0) + \gamma_\xi(0)}, \quad u > 0,$$

do que obtemos

$$\rho_Y(u) = \frac{\alpha_1^u}{1 + \pi^2/2\sigma_h^2} , \quad u > 0, \tag{4.101}$$

que tende a zero exponencialmente a partir do lag 2, o que indica que $Y_t = \ln(X_t^2)$ pode ser modelada por um modelo ARMA$(1,1)$.

Na prática, obtemos valores de α_1 próximos de um, o que implica o aparecimento de altas correlações para volatilidades e consequentes grupos de volatilidades na série.

Um MVE geral será obtido admitindo-se um modelo AR(p) para h_t:

$$X_t = \sigma_t \varepsilon_t , \tag{4.102}$$
$$(1 - \alpha_1 B - \cdots - \alpha_p B^p) h_t = \alpha_0 + \eta_t , \tag{4.103}$$

com as suposições anteriores sobre as inovações, e agora supondo-se que as raízes do polinômio $1 - \alpha_1 B - \cdots - \alpha_p B^p$ estejam fora do círculo unitário.

MVE foram estendidos para incluir o fato de que a volatilidade tem memória longa, no sentido que a função de autocorrelação de $\ln X_t^2$ decai lentamente, embora, como vimos, os X_t não tenham correlação serial.

Considerando a formulação de Zivot-Yollin (2012), expressões (4.90)–(4.91), temos que

$$E\left[\ln X_t\right] = E(h_t) = \alpha_0/(1 - \alpha_1), \quad \mathrm{Var}(h_t) = \sigma^2/(1 - \alpha_1^2),$$

pois de (5.93), $h_t \sim AR(1)$.

Assim, a distribuição inicial do modelo de espaço de estados é dada por $\mathbf{a}_0 \sim \mathcal{N}(\mathbf{m}_0, \mathbf{C}_0)$, com

$$\mathbf{m}_0 = \begin{bmatrix} -0,63518 \\ \alpha_0 \\ \alpha_0/(1-\alpha_1) \end{bmatrix}, \quad \mathbf{C}_0 = \begin{bmatrix} 0 & 0 & 0 \\ 0 & 0 & 0 \\ 0 & 0 & \sigma_\eta^2/(1-\alpha_1^2) \end{bmatrix}.$$

Para utilizar a biblioteca dlm do R, teremos que substituir os valores nulos de C_0 por um número bastante pequeno, por exemplo $1e-7$. Além disso, devido à expressão (4.92), somente serão considerados os retornos diferentes de zero. Seja N' o número desses retornos.

Estimação

Os MVE são difíceis de estimar. Podemos usar a abordagem de Durbin e Koopman (1997a, 1997b, 2000), que consiste em usar o procedimento de quase-verossimilhança por meio do Filtro de Kalman. Para utilizar esse procedimento, o modelo (4.79) – (4.81) é reescrito na forma

$$X_t = \sigma\varepsilon_t e^{h_t/2}, \tag{4.104}$$
$$h_t = \alpha_1 h_{t-1} + \eta_t, \tag{4.105}$$

em que $\sigma = e^{-\alpha_0/2}$. Uma forma equivalente é dada por

$$\ln(X_t^2) = \kappa + h_t + u_t, \tag{4.106}$$
$$h_t = \alpha_1 h_{t-1} + \eta_t, \tag{4.107}$$

em que $u_t = \ln(\varepsilon_t^2) - E(\ln(\varepsilon_t^2))$ e $\kappa = \ln(\sigma^2) + E(\ln(\varepsilon_t^2))$.

As equações (4.106) e (4.107) estão na formulação de espaço de estados estudada no Capítulo 2.

Observações:

1) Quando α_1 for próximo de um, o ajustamento de um modelo de volatilidade estocástica é similar ao de um GARCH$(1,1)$ com $\alpha_1 + \beta_1$ próximo de um.

2) Quando $\alpha_1 = 1$, h_t é um passeio aleatório, e o ajustamento de um modelo de volatilidade estocástica é similar ao de um IGARCH(1,1).

3) Quando algumas observações são iguais a zero, o que ocorre com muita frequência, não podemos fazer a transformação logarítmica especificada em (4.106). Uma solução, sugerida por Fuller e analisada por Breidt e Carriquiry (1996), é fazer a seguinte transformação com base numa expansão de Taylor:

4.9. MODELOS DE VOLATILIDADE ESTOCÁSTICA 115

$$\ln(X_t^2) = \ln(X_t^2 + cS_X^2) - cS_X^2/(X_t^2 + cS_X^2), \quad t = 1, \dots, N, \qquad (4.108)$$

em que S_X^2 é a variância amostral da série X_t, e c é um número pequeno.

O pacote estatístico **STAMP** 6.0 (Koopman et al., 2000) é o único, dentre os mais conhecidos, que pode ser utilizado na obtenção dos estimadores de quase-máxima verossimilhança (QMV) dos parâmetros. Esse pacote incorpora a transformação (4.106) que tem como "default" o valor $c = 0,02$. Uma das vantagens da utilização do procedimento de QMV é que ele pode ser aplicado sem a especificação de uma particular distribuição para ε_t.

Shephard e Pitt (1997) propuseram o uso de amostragem ponderada ("importance sampling") para estimar a função de verossimilhança.

Como o MVE é um modelo hierárquico, Jaquier et al. (1994) propuseram uma análise Bayesiana para ele. Veja também Shephard e Pitt (1997) e Kim et al. (1998). Uma resenha do problema de estimação do MVE é feita por Motta (2001).

Neste livro, também utilizamos a biblioteca **dlm**, já mencionada anteriormente, para ajustar o MVE com a formulação de Zivot-Yollin.

Exemplo 4.8. Vamos reanalisar a série de retornos da Petrobras de 03/01/ 1995 a 27/12/2000, contendo $N = 1498$ observações, utilizando duas formulações diferentes do MVE:

(a) Formulação de Durbin-Koopman, expressões (4.106)–(4.107). Nesse caso, é utlizado o pacote **STAMP** 6.0. Os resultados do ajustamento estão no Quadro 4.24.

O MVE ajustado aos dados é dado por

$$
\begin{aligned}
\ln(X_t^2) &= -8,28 + h_t + u_t \\
h_t &= 0,9872 h_{t-1} + \eta_t,
\end{aligned}
\qquad (4.109)
$$

com $\widehat{\mathrm{Var}(u_t)} = 2,9160$ e $\widehat{\mathrm{Var}(\eta_t)} = 0,0204$.

As Figuras (4.18) e (4.19) apresentam a análise residual e a volatilidade estimada. Vemos que o MVE (equação 4.109) não detectou a influência da bolsa Nasdaq no preço das ações da Petrobras, assim como aconteceu com os modelos EGARCH (equações (4.71) e (4.72)) e com os modelos TGARCH (equações (4.77) e (4.78)) .

(b) Formulação de Zivot-Yollin, expressões (4.92)–(4.93). O modelo ajustado, utilizando o pacote **dlm**, é dado por

116 CAPÍTULO 4. MODELOS HETEROSCEDÁSTICOS CONDICIONAIS

$$\begin{aligned}
\ln |X_t| &= -0,63518 + \ln \sigma_t + v_t, \\
\ln \sigma_t &= 0,01708 + 0,98361 \ln \sigma_{t-1} + \eta_t,
\end{aligned} \tag{4.110}$$

com $\ln \sigma_t = h_t^2$, $\widehat{\mathrm{Var}(v_t)} = 1,2337$, $\widehat{\mathrm{Var}(\eta_t)} = 0,00783$.

No ajustamento do modelo (4.110) foram utilizados $N' = 1434$ retornos diferentes de zero.

A Figura 4.20 apresenta a estimativa da volatilidade. O modelo (4.110) também não detecta a influência da queda da bolsa Nasdaq.

A verificação do bom ajuste dos modelos heteroscedásticos citados deveria ser feita de maneira mais adequada, utilizando o teste de Chang et al. (2017, 2018) já citado na página 51.

4.10 Problemas

1. Considere os log-retornos da série Petrobras no período de 31/08/98 a 29/09/2010 :

   (a) Calcule as estatísticas : média, variância, coeficiente de assimetria e curtose, quartis, máximo e mínimo.

   (b) Obtenha um histograma dos dados e comente sobre a forma da distribuição. Compare com uma distribuição normal, com média e variância obtidas em (a).

   (c) Qual é o log-retorno médio anual (um ano igual a 252 dias) sobre o período dos dados?

   (d) Se você investisse R$ 10.000,00 em ações da Petrobras, no começo de setembro de 1998, qual seria o valor do investimento no final de setembro de 2010?

   (e) Mesmo problema para os log-retornos diários da Vale, de 31/08/1998 a 29/09/2010, $N = 2990$ observações.

4.10. PROBLEMAS

> **Quadro 4.24:** Ajustamento de um MVE aos retornos diários
> da série Petrobras
>
> ---
>
> Method of estimation is Maximum likelihood
> The present sample is: 1 to 1498
> SVretornos = Level + AR(1) + Irregular
> Log-Likelihood is -857.599 (-2 LogL = 1715.2).
> Prediction error variance is 3.13376
> Estimated variances of disturbances.
> Component SVretornos (q-ratio)
> Irr 2.9169 (1.0000)
> Ar1 0.020396 (0.0070)
> Estimated autoregressive coefficient.
> The AR(1) rho coefficient is 0.98724.
> Estimated coefficients of final state vector.
> Variable Coefficient R.m.s.e. t-value
> Lvl -8.2795 0.28041 -29.526 [0.0000]
> Ar1 -0.75479 0.51065
> Goodness-of-fit results for Residual SVretornos
> Prediction error variance (p.e.v) 3.133759
> Prediction error mean deviation (m.d) 2.585659
> Ratio p.e.v. / m.d in squares 0.935123

2. Suponha que os preços diários de fechamento de uma ação sejam:

dia	1	2	3	4	5	6	7	8	9	10
preço	47,9	46,0	45,8	48,9	49,4	50,7	50,6	51,2	50,1	51,3

   (a) Qual é o retorno simples do dia 1 para o dia 2? E do dia 1 para o dia 6?

   (b) Qual é o log-retorno do dia 4 para o dia 5? E do dia 4 para o dia 10?

   (c) Verifique que $1 + R_5(3) = (1 + R_3)(1 + R_4)(1 + R_5)$.

   (d) Verifique que $r_{10}(5) = r_6 + ... + r_{10}$.

3. Note que, se os retornos são dados em *porcentagem*, teremos:

$$r_t = 100 \times \ell n(1 + R_t/100), \qquad R_t = (e^{r_t/100} - 1) \times 100.$$

Se os log-retornos mensais de um ativo são $5,2\%, 3,8\%, -0,5\%$ e $2,6\%$:

(a) Calcule os correspondentes retornos simples.

(b) Qual é o log-retorno no trimestre?

(c) Qual é o retorno simples no trimestre?

4. Dizemos que a variável Y tem distribuição *log-normal* se $X = \ell n(Y)$ tiver distribuição normal. Pode-se verificar que se $X \sim \mathcal{N}(\mu, \sigma^2)$, então $Y = e^X$ é log-normal, com

$$E(Y) = e^{\mu+\sigma^2/2}, \qquad \text{Var}(Y) = e^{2\mu+\sigma^2}(e^{\sigma^2} - 1).$$

Suponha que o log-retorno $r_t \sim \mathcal{N}(0,025; (0,012)^2)$. Então, $1 + R_t$ tem distribuição log-normal. Calcule a média e a variância de R_t.

5. Ajuste um modelo ARCH gaussiano à série de log-retornos diários do índice Ibovespa de 31/08/1998 a 29/09/2010.

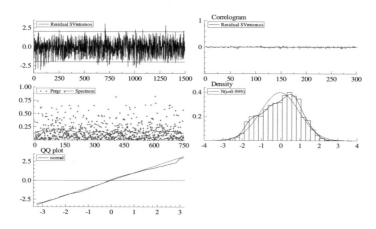

Figura 4.18: Análise residual do ajustamento do modelo (4.109) à série de retornos diários da Petrobras (**STAMP**).

4.10. PROBLEMAS

6. Ajuste modelos GARCH gaussianos para as séries:

   (a) log-retornos diários das ações da TAM, de 10/01/1995 a 27/12/2000.
   (b) log-retornos diários da Globo Cabo, de 06/11/1996 a 27/12/2000.

7. Ajuste um modelo de volatilidade estocástica às séries:

   (a) log-retornos diários da TAM, do problema anterior.
   (b) log-retornos diários da CEMIG, de 02/01/1995 a 27/12/2000.

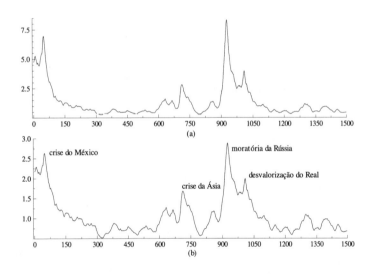

Figura 4.19: (a) Estimativa da volatilidade dos retornos diários da série Petrobrás e (b) estimativa do desvio padrão condicional (**STAMP**).

8. Ajuste um modelo de volatilidade estocástica à série de log–retornos da Vale, de 31/08/1998 a 29/09/2010, utilizando a formulação de Zivot-Yollin.

9. Obtenha as previsões de origem T e horizonte h, $h \geq 1$, para um modelo GARCH(1,2).

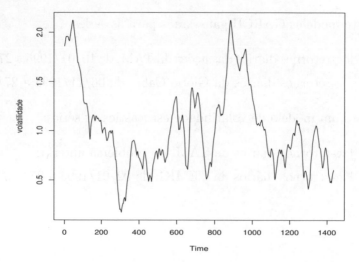

Figura 4.20: Estimativa da volatilidade dos retornos diários da série Petrobras (dlm).

10. Suponha que $r_1, \ldots, r_N$ sejam observações de uma série de log-retornos, seguindo um modelo AR(1)-GARCH(1,1),

$$\begin{aligned}
r_t &= \mu + \phi_1 r_{t-1} + a_t, \\
a_t &= \sigma_t \varepsilon_t, \\
\sigma_t^2 &= \alpha_0 + \alpha_1 a_{t-1}^2 + \beta_1 \sigma_{t-1}^2, \quad \varepsilon_t \sim i.i.d.\ \mathcal{N}(0,1).
\end{aligned}$$

Obtenha a função de log-verossimilhança condicional dos dados.

11. Mostre que se $X_t \sim \text{ARCH}(p)$, então $X_t^2 \sim \text{AR}(p)$ com inovações não gaussianas. Mostre também que $\{X_t\}$ é uma sequência de ruídos brancos.

12. Encontre a função de verossimilhança de uma amostra de tamanho N de um processo ARCH(2) com inovações gaussianas.

13. Utilize os modelos AR(1) – ARCH(3) ajustados à série de retornos da Petrobras, expressões (4.47) e (4.48) e faça previsões para a volatilidade, com origem em $t = 1498$ e $h = 1, 2, 3, 4$ e 5.

14. Mostre que a curtose de um modelo GARCH(1, 1) assume um valor maior do que 3 (expressão (4.54)).

15. Derive a equação de previsão da volatilidade para um modelo GARCH(1,2).

4.10. PROBLEMAS

16. Derive a equação de previsão da volatilidade de um modelo GARCH(2,1).

17. Suponha $Y_1, Y_2, \ldots, Y_N$ retornos de uma série que segue um modelo AR(1) – GARCH(1,1) com inovações gaussianas. Derive a função de verossimilhança dos dados.

18. Refaça o Problema 8 supondo que as inovações tenham distribuição t-Student.

19. Encontre a função de verossimilhança de uma amostra de tamanho N de um processo ARCH(2) com inovações gaussianas.

20. Suponha $Y_1, Y_2, \ldots, Y_N$ retornos de uma série que segue um modelo AR(1) – GARCH(1,1) com inovações gaussianas. Derive a função de verossimilhança dos dados.

21. Suponha que $\{X_t\}$ seja um processo GARCH(r, s) estacionário com $\varepsilon_t \sim$ i.i.d.$(0, 1)$.

    (a) Mostre que $E[X_t^2 | X_{t-1}^2, X_{t-2}^2, \ldots] = h_t$.

    (b) Mostre que $X_t^2 \sim$ ARMA(q, s), $q = \max(r, s)$ e que satisfaz a equação (4.52).

    (c) Para $r \geq 1$, mostre que a variância condicional h_t é um processo ARMA $(q, r - 1)$ que satisfaz a equação

    $$h_t = \alpha_0 + (\alpha_1 + \beta_1)h_{t-1} + \cdots + (\alpha_q + \beta_q)h_{t-q} + u_t$$
    $$+\alpha_1^* u_{t-1} + \cdots + \alpha_r^* u_{t-r-1},$$

    em que $u_t = \alpha_1^{-1}\nu_{t-1}$ e $\alpha_j^* = \alpha_1^{-1}\alpha_{j+1}$, $j = 1, \ldots, r - 1$.

22. Considere a série do Ibovespa de 04/07/1994 a 30/07/2018 (veja a Figura 1.1). Escolha um modelo heteroscedástico adequado para ajustar a série e verifique, utilizando a volatilidade estimada, quais as crises econômicas que impactaram o referido índice.

CAPÍTULO 5

Modelos GARCH Multivariados

5.1 Introdução

Modelos multivariados podem ser úteis em áreas como seleção de carteiras (*portfolios*), apreçamento de opções, *hedging* e gestão de riscos. Nesse capítulo introduzimos modelos GARCH multivariados para descrever relações dinâmicas entre processos de volatilidade de um mesmo mercado ou entre vários mercados.

Outras questões importantes são (veja Bauwens et al., 2006):

(a) a volatilidade de um mercado pode influenciar as volatilidades de outros mercados?

(b) a volatilidade de um ativo pode ser transmitida para a volatilidade de outro ativo?

(c) correlações entre retornos de ativos mudam com o tempo?

Fatos relevantes relacionados aos modelos GARCH multivariados são: (a) o número de parâmetros a estimar aumenta com o número de séries envolvidas. Nesse sentido, a ideia é considerar modelos parcimoniosos que permitam uma estimação relativamente fácil dos parâmetros, mas que capturem a dinâmica relevante presente na estrutura de covariâncias; (b) ao especificar um modelo multivariado, é necessário impor que a matriz de covariâncias dos retornos seja positiva definida, uma tarefa que pode ser muito difícil ou mesmo impossível; (c) carteiras de ativos financeiros envolvem dezenas ou centenas de ativos, portanto, a tarefa de ajustar um modelo heteroscedástico condicional

CAPÍTULO 5. MODELOS GARCH MULTIVARIADOS

multivariado pode ser impossível, dada a complexidade computacional envolvida. Por isso, torna-se mais atraente ajustar um modelo univariado à série de retornos da carteira.

Suponha que temos um vetor de retornos $\mathbf{r}_t$, de ordem $n \times 1$, e consideramos o modelo

$$\mathbf{r}_t = \boldsymbol{\mu}_t + \boldsymbol{\varepsilon}_t, \tag{5.1}$$

em que $\boldsymbol{\mu}_t = E(\mathbf{r}_t | \mathcal{F}_{t-1})$ é o vetor de médias condicionais, dada a informação passada, muitas vezes suposto constante e igual a $\boldsymbol{\mu}$, e $\boldsymbol{\varepsilon}_t$ é um vetor de inovações da série no instante t. Podemos supor, também, que $\boldsymbol{\mu}_t$ siga um modelo VAR (p) multivariado, como no Capítulo 3, ou seja,

$$\boldsymbol{\mu}_t = \Phi_0 + \sum_{i=1}^{p} \Phi_i \mathbf{r}_{t-i} + \boldsymbol{\varepsilon}_t, \tag{5.2}$$

podendo-se acrescentar a essa equação um vetor de covariáveis (ou variáveis exógenas ou ainda explicativas).

Definamos $\mathbf{H}_t$ como a matriz de covariâncias condicionais, de ordem $n \times n$, dada a informação passada $\mathcal{F}_{t-1}$, ou seja,

$$\mathbf{H}_t = \text{Cov}(\mathbf{r}_t | \mathcal{F}_{t-1}) = \text{Cov}(\boldsymbol{\varepsilon}_t | \mathcal{F}_{t-1}). \tag{5.3}$$

Então, um modelo de volatilidade para a série de retornos $\mathbf{r}_t$ será dado pela equação (5.1) mais a equação

$$\boldsymbol{\varepsilon}_t = \mathbf{H}_t^{1/2} \mathbf{a}_t, \tag{5.4}$$

na qual os $\mathbf{a}_t$ são identicamente distribuídos, com $E(\mathbf{a}_t) = \mathbf{0}$ e $\text{Cov}(\mathbf{a}_t) = \mathbf{I}_n$.

Há muitas possibilidades de generalizações de modelos de volatilidade para o caso de n séries. Contudo, para n grande teremos uma quantidade grande de parâmetros a estimar, pois $\mathbf{H}_t$ terá $n(n+1)/2$ parâmetros desconhecidos. Um dos objetivos é buscar modelos que sejam parcimoniosos.

Há quatro abordagens para a construção de modelos da forma GARCH multivariados (abreviadamente MGARCH) (Bauwens et al., 2006):

(i) generalização direta de modelos GARCH univariados; nesta categoria estão os modelos VEC e BEKK;

(ii) combinações lineares de modelos GARCH univariados; nesta classe estão os modelos fatoriais e ortogonais;

5.2. GENERALIZAÇÕES DO MODELO GARCH UNIVARIADO — 125

(iii) combinações não lineares de modelos GARCH univariados; nesta classe estão os modelos com correlações condicionais constantes (CCC) e modelos dinâmicos (DCC);

(iv) procedimentos não paramétricos e semiparamétricos. Esta classe é uma alternativa à estimação paramétrica da estrutura da matriz de covariâncias condicional.

Neste texto, consideraremos modelos pertencentes aos três primeiros casos. Podemos, também, considerar uma extensão para o caso multivariado do modelo EWMA. Aqui,

$$\mathbf{H}_t = (1 - \lambda)\mathbf{r}_{t-1}\mathbf{r}'_{t-1} + \lambda\mathbf{H}_{t-1}. \tag{5.5}$$

Dados λ e $\mathbf{H}_1$, as matrizes de covariâncias estimadas podem ser obtidas recursivamente. Podemos usar também a função EWMAvol do pacote MTS do R.

Exemplo 5.1. Consideremos os retornos diários do Ibovespa e da Petrobras, de 19/08/1998 a 29/09/2010, com $N = 2998$ observações. Vamos estimar o modelo (5.5). Nesse caso, $n = 2$ e utilizando a função EWMAvol do pacote MTS, estimamos $\lambda = 0,948$. A seguir, usamos novamente a função EWMAvol do mesmo pacote com esse valor de λ para obter as variâncias condicionais dos dois retornos e a covariância entre eles, que estão mostradas nas Figuras 5.1 e 5.2, respectivamente. Em todas as figuras estão presentes picos correspondentes às crises que ocorreram no período.

5.2 Generalizações do modelo GARCH univariado

Como vimos, quando considerarmos modelos MGARCH, o número de parâmetros cresce rapidamente com n (dimensão de $\mathbf{r}_t$). Para tornar o modelo tratável, podemos impor estruturas mais simples, como supor que matrizes dos coeficientes sejam diagonais. Além disso, temos de garantir que $\mathbf{H}_t \geq \mathbf{0}$.

5.2.1 Modelos VEC

O modelo VEC geral foi proposto por Bollerslev et al. (1988) e supõe que cada elemento de $\mathbf{H}_t$ seja uma função linear de erros quadráticos e produtos de erros defasados e de valores defasados de elementos de $\mathbf{H}_t$. A partir de agora vamos considerar somente o caso (1,1) para facilidade de notação.

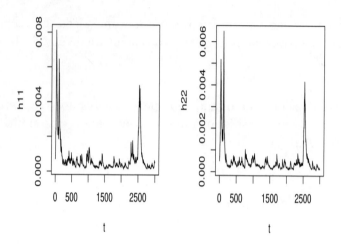

Figura 5.1: Variâncias condicionais para os retornos da Petrobras e Ibovespa.

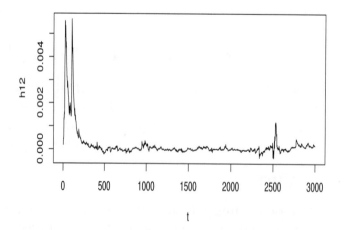

Figura 5.2: Covariância para os retornos da Petrobras e Ibovespa.

5.2. GENERALIZAÇÕES DO MODELO GARCH UNIVARIADO 127

Definição 5.1. *O modelo* VEC (1,1) *é definido por:*

$$\mathbf{h}_t = \mathbf{A}_0 + \mathbf{A}\eta_{t-1} + \mathbf{B}\mathbf{h}_{t-1}, \qquad (5.6)$$

em que

$$\begin{aligned}
\mathbf{h}_t &= \operatorname{vech}(\mathbf{H}_t), & (5.7)\\
\eta_t &= \operatorname{vech}(\varepsilon_t\varepsilon_t'). & (5.8)
\end{aligned}$$

Aqui, $\operatorname{vech}(\cdot)$ denota o operador que transforma a parte triangular inferior de uma matriz $n \times n$ em um vetor $n(n+1)/2 \times 1$, $\mathbf{A}$ e $\mathbf{B}$ são matrizes quadradas de ordem $n(n+1)/2$ e $\mathbf{A}_0$ é um vetor de ordem $n(n+1)/2 \times 1$. Por exemplo, se $\mathbf{H}_t = [h_{ij,t}]$ é uma matriz 2×2, então $\mathbf{h}_t = (h_{11,t}, h_{21,t}, h_{22,t})'$. O número de parâmetros é $n(n+1)(n(n+1)+1)/2$, se $n = 3$, temos 78 parâmetros.

Existem somente condições suficientes para que $\mathbf{H}_t \geq \mathbf{0}$, para todo t, veja Gouriéroux (1997).

Uma simplificação é o VEC diagonal, em que cada $h_{ij,t}$ depende somente de sua defasagem e de valores prévios de $\varepsilon_{it}\varepsilon_{jt}$. O número de parâmetros reduz-se a $n(n+5)/2$, de modo que, se $n = 3$, temos 12 parâmetros.

Definição 5.2. *O modelo* VEC *diagonal (1,1), ou* DVEC(1,1), *é definido por*

$$\mathbf{H}_t = \mathbf{A}_0 + \mathbf{A} \odot (\varepsilon_{t-1}\varepsilon_{t-1}') + \mathbf{B} \odot \mathbf{H}_{t-1}, \qquad (5.9)$$

em que $\mathbf{A}_0$, $\mathbf{A}$ *e* $\mathbf{B}$ *são matrizes simétricas e* $\odot$ *denota o produto de Hadamard, ou seja, multiplicação elemento por elemento.*

As extensões para VEC(p,q) ou DVEC(p,q) são imediatas.

Exemplo 5.2. Vamos escrever o modelo DVEC (1,1) bivariado:

$$\begin{bmatrix} h_{11,t} \\ h_{21,t} & h_{22,t} \end{bmatrix} = \begin{bmatrix} A_{11,0} \\ A_{21,0} & A_{22,0} \end{bmatrix} + \begin{bmatrix} A_{11,1} \\ A_{21,1} & A_{22,1} \end{bmatrix} \odot \begin{bmatrix} \varepsilon_{1,t-1}^2 \\ \varepsilon_{2,t-1}\varepsilon_{1,t-1} & \varepsilon_{2,t-1}^2 \end{bmatrix}$$

$$+ \begin{bmatrix} B_{11,1} \\ B_{21,1} & B_{22,1} \end{bmatrix} \odot \begin{bmatrix} h_{11,t-1} \\ h_{21,t-1} & h_{22,t-1} \end{bmatrix}.$$

Aqui, temos que as volatilidades são dadas por

$$h_{ii,t} = A_{ii,0} + A_{ii,1}\varepsilon_{i,t-1}^2 + B_{ii,1}h_{ii,t-1}, \quad i = 1,2$$

e a covariância é dada por

$$h_{21,t} = A_{21,0} + A_{21,1}\varepsilon_{1,t-1}\varepsilon_{2,t-1} + B_{21,1}h_{21,t-1}.$$

A matriz $\mathbf{H}_t$ pode não ser positiva definida. Ela o será, para todo t, se $\mathbf{A}_0, \mathbf{A}, \mathbf{B}$ e $\mathbf{H}_0$ forem positivas definidas (Attanasio, 1991). Na prática, é suficiente tratar $\mathbf{H}_t$ como simétrica e considerar somente a parte triangular inferior do sistema (5.9).

O modelo DVEC (1,1) não está incluído em nenhum pacote do R, por esse motivo utilizaremos o pacote S+FinMetrics.

Exemplo 5.3. Consideremos as séries de retornos do Ibovespa e Petrobras, de 02/01/1995 a 30/07/2010, com $N = 3.847$ observações, e vamos ajustar um modelo DVEC(1,1) com erros gaussianos. No Quadro 5.1, temos a saída resultante da aplicação da função mgarch do SPlus e a função summary:

```
> summary(ibv.petro.dvec, method="qmle")
```

Nesse quadro, $C(1)$ e $C(2)$ são os elementos de $\boldsymbol{\mu}$ na equação (6.1), $A(1,1)$, $A(2,1)$ e $A(2,2)$ são os elementos da matriz $\mathbf{A}_0$, $\mathrm{ARCH}(1; i, j)$ são os elementos da matriz $\mathbf{A}$ e $\mathrm{GARCH}(1; i, j)$ são os elementos da matriz $\mathbf{B}$. Vemos que todos os coeficientes são significativos e, portanto, obtemos que as volatilidades são dadas por

$$
\begin{align}
h_{11,t} &= 0,00001292 + 0,1006\varepsilon_{1,t-1}^2 + 0,872h_{11,t-1}, \tag{5.10}\\
h_{22,t} &= 0,00001464 + 0,09434\varepsilon_{2,t-1}^2 + 0,8851h_{22,t-1}, \tag{5.11}\\
h_{21,t} &= 0,00000959 + 0,08447\varepsilon_{1,t-1}\varepsilon_{2,t-1} + 0,8897h_{21,t-1}. \tag{5.12}
\end{align}
$$

Para obter a matriz de covariâncias dos estimadores, podemos usar a função vcov do SPlus, que é baseada nos produtos dos gradientes. A função op calcula a matriz de covariâncias baseada na inversa da matriz Hessiana numérica, e a função qmle dá a matriz de covariância robusta (estimadores de quase-verossimilhança). Assim, o comando

```
> sqrt(diag(vcov(ibv.petro.dvec,method="qmle")))
```

produz desvios padrões das estimativas dos coeficientes. De modo similar, as funções residuals e sigma.t produzem os resíduos padronizados e volatilidades estimadas, respectivamente.

No Quadro 5.2, temos as estatísticas usuais para o diagnóstico do modelo ajustado. Usando a função plot do S+FinMetrics, obtemos os gráficos das Figuras 5.3, 5.4 e 5.5. Na Figura 5.3, temos as autocorrelações dos quadrados dos resíduos. Vemos que não há autocorrelações significativas para as séries

5.2. GENERALIZAÇÕES DO MODELO GARCH UNIVARIADO 129

individuais, mas algumas presentes nas correlações cruzadas, indicando que o modelo não capta toda a heteroscedasticidade presente nas séries.

Isso também é indicado pelos valores-p dos testes Ljung-Box, multiplicadores de Lagrange e F do Quadro 5.2. Na Figura 5.4, temos os gráficos $Q \times Q$ para normalidade, indicando que a distribuição normal não é apropriada, o que também é mostrado pelo teste de Jarque-Bera no Quadro 5.2.

Quadro 5.1: Estimação do modelo DVEC(1,1) do Exemplo 5.3.

Call:
mgarch(formula.mean = ibv.petro $\sim$ 1, formula.var = $\sim$ dvec(1, 1), trace = FALSE)
Mean Equation: structure(.Data = ibv.petro $\sim$ 1, class = "formula"
)
Conditional Variance Equation: structure(.Data = $\sim$ dvec(1, 1)
, class = "formula"
)
Conditional Distribution: gaussian

Estimated Coefficients

Coefficient	Value	Std.Error	t value	$Pr(> |t|)$
C(1)	1.762e-003	2.932e-004	6.009	2.035e-009
C(2)	2.002e-003	3.457c-004	5.790	7.583e-009
A(1, 1)	1.292e-005	3.308e-006	3.907	9.524e-005
A(2, 1)	9.587e-006	2.363e-006	4.058	5.048e-005
A(2, 2)	1.464e-005	3.813e-006	3.839	1.257e-004
ARCH(1; 1, 1)	1.006e-001	1.566e-002	6.427	1.463e-010
ARCH(1; 2, 1)	8.447e-002	1.121e-002	7.537	5.951e-014
ARCH(1; 2, 2)	9.434e-002	1.417e-002	6.655	3.225e-011
GARCH(1; 1, 1)	8.720e-001	1.963e-002	44.429	0.000e+000
GARCH(1; 2, 1)	8.897e-001	1.524e-002	58.388	0.000e+000
GARCH(1; 2, 2)	8.851e-001	1.681e-002	52.658	0.000e+000

Finalmente, na Figura 5.5, temos os dois gráficos das volatilidades estimadas pelo modelo, e na Figura 5.6, a correlação cruzada condicional entre as duas séries. Um teste de Ljung-Box multivariado (portmanteau) também pode ser usado, ele indica que a hipótese de não existência de correlação nos resíduos é rejeitada. Veja Zivot e Wang (2006) para detalhes.

Se analisarmos as autocorrelações e correlações cruzadas das séries, bem como as correlações parciais, poderemos tentar identificar possíveis modelos VAR que podem ser ajustados antes que modelos DVEC (ou outros) sejam considerados. Veja o Problema 1.

CAPÍTULO 5. MODELOS GARCH MULTIVARIADOS

Quadro 5.2: Diagnóstico do modelo DVEC(1,1) do Exemplo 5.3.
AIC(11) = -39774.87 , BIC(11) = -39706.07

Normality Test:			
Jarque-Bera	P-value	Shapiro-Wilk	P-value
394.2	0	0.9877	8.311e-018
758.4	0	0.9834	7.592e-021

Ljung-Box test for standardized residuals		
Statistic	P-value	Chi^2-d.f.
20.62	0.05629	12
21.04	0.04987	12

Ljung-Box test for squared standardized residuals		
Statistic	P-value	Chi^2-d.f.
22.54	0.03187	12
12.67	0.39350	12

TR^2	P-value	F-stat	P-value
20.02	0.06677	1.829	0.1277
12.25	0.42552	1.118	0.4553

5.2.2 Modelos BEKK

Esta classe de modelos foi introduzida por Engle e Kroner (1995), devido ao fato de que é difícil garantir que $\mathbf{H}_t \geq \mathbf{0}$ sem impor condições fortes sobre os parâmetros. Além disso, no modelo DVEC, as volatilidades e covariâncias condicionais dependem somente de seus próprios valores defasados e do produto dos erros, ou seja, um choque em uma série não afetará a volatilidade da outra série diretamente. Os modelos a seguir corrigem esse fato, à custa de um número maior de parâmetros.

Definição 5.3. *O modelo* BEKK(1,1) *é definido por*

$$\mathbf{H}_t = \mathbf{A}_0\mathbf{A}_0{}' + \mathbf{A}'\varepsilon_{t-1}\varepsilon_{t-1}'\mathbf{A} + \mathbf{B}'\mathbf{H}_{t-1}\mathbf{B}, \qquad (5.13)$$

em que $\mathbf{A}_0$ *é triangular inferior e* $\mathbf{A}, \mathbf{B}$ *são matrizes* $n \times n$ *irrestritas.*

5.2. GENERALIZAÇÕES DO MODELO GARCH UNIVARIADO

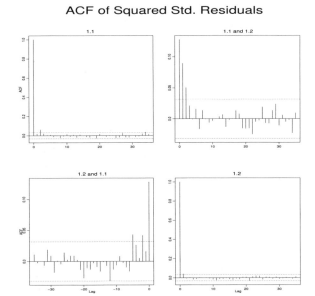

Figura 5.3: F.a.c. amostral dos quadrados dos resíduos para o Exemplo 5.3.

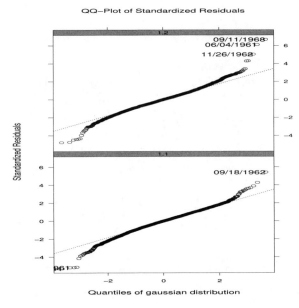

Figura 5.4: Gráfico $Q \times Q$ dos resíduos do modelo DVEC(1,1) ajustado.

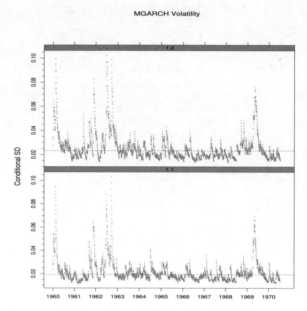

Figura 5.5: Volatilidades estimadas pelo modelo DVEC(1,1) ajustado.

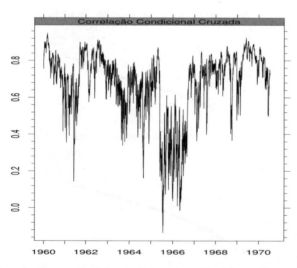

Figura 5.6: Correlações cruzadas condicionais estimadas pelo modelo DVEC(1,1) ajustado.

5.2. GENERALIZAÇÕES DO MODELO GARCH UNIVARIADO   133

Para reduzir o número de parâmetros, podemos supor que **A** e **B** sejam diagonais. Para que o modelo seja estacionário, os autovalores de **A** + **B** devem ser menores que um, em módulo.

Este modelo tem $n(5n+1)/2$ parâmetros. Por exemplo, se $n = 3$, teremos 24 parâmetros, comparado com 12 do modelo DVEC(1,1). A extensão para o modelo BEKK(1,K) e BEKK(1,p,q) é imediata. Esses modelos raramente são usados se tivermos mais do que 3 ou 4 séries.

Exemplo 5.4. Vamos ajustar um modelo BEKK(1,1) para os dados diários de retornos do Ibovespa e Petrobras, considerados anteriormente no Exemplo 5.1. Usamos a função BEKK11 do pacote MTS do R.

No Quadro 5.3, temos a saída do programa com coeficientes estimados e estatísticas apropriadas para avaliar se os verdadeiros coeficientes do modelo são significativos. Verificamos que a maioria deles é significativa.

A equação da volatilidade é dada por

$$
\begin{bmatrix} h_{11,t} & h_{12,t} \\ h_{21,t} & h_{22,t} \end{bmatrix} = \begin{bmatrix} 0,0054 & 0 \\ 0,0028 & 0,0043 \end{bmatrix} \begin{bmatrix} 0,0054 & 0,0028 \\ 0 & 0,0043 \end{bmatrix} +
$$

$$
+ \begin{bmatrix} 0,3598 & -0,0309 \\ 0,1108 & 0,2997 \end{bmatrix} \begin{bmatrix} \varepsilon_{1,t-1}^2 & \varepsilon_{1,t-1}\varepsilon_{2,t-1} \\ \varepsilon_{2,t-1}\varepsilon_{1,t-1} & \varepsilon_{2,t-1}^2 \end{bmatrix} \begin{bmatrix} 0,3598 & 0,1108 \\ -0,0309 & 0,2997 \end{bmatrix} +
$$

$$
+ \begin{bmatrix} 0,9132 & -0,0096 \\ -0,0457 & 0,9117 \end{bmatrix} \begin{bmatrix} h_{11,t-1} & h_{12,t-1} \\ h_{21,t-1} & h_{22,t-1} \end{bmatrix} \begin{bmatrix} 0,9132 & -0,0457 \\ -0,0096 & 0,9117 \end{bmatrix}.
$$

Nas Figuras 5.7 e 5.8, apresentamos as volatilidades de cada série e a cruzada, respectivamente.

Quadro 5.3. Estimação do modelo BEKK(1,1) para o Exemplo 5.4.				
coefficient	value	Std. error	t value	$Pr(>|t|)$
mu1.rpetro	0.001885	0.000434	4.3392	1.4301e-05***
mu2.ribv	0.001388	0.000323	4.3042	1.6758e-05***
A011	0.005360	0.000869	6.1688	6.8797e-10***
A021	0.002849	0.000839	3.3952	0.0006857***
A022	0.004324	0.001180	3.6645	0.00024787***
A11	0.359849	0.044287	8.1255	4.4409e-16***
A21	0.110819	0.076948	1.4402	0.14981312
A12	-0.030923	0.037651	-0.8213	0.41148092
A22	0.299749	0.024083	12.4464	<2.22e-16***
B11	0.913161	0.020893	43.7071	<2.22e-16***
B21	-0.045713	0.028465	-1.6059	0.10829263
B12	-0.009562	0.013776	-0.6941	0.48763369
B22	0.911726	0.027548	33.0957	<2.22e-16***

134 CAPÍTULO 5. MODELOS GARCH MULTIVARIADOS

5.3 Modelo fatorial via componentes principais

O modelo multivariado GARCH utilizando componentes principais foi inicialmente desenvolvido por Ding (1994). Em 1996, Alexander e Chibumba introduziram o modelo O–GARCH, que supõe que os dados observados podem ser linearmente transformados em um conjunto de componentes não correlacionadas, por meio de uma matriz ortogonal.

Esse modelo apresenta problemas de identificação, principalmente devido ao fato de que a estimação da matriz ortogonal é feita utilizando a matriz de covariâncias amostral (informação incondicional). Esse problema ocorre quando as observações (log-retornos) são fracamente correlacionadas.

Para superar essa dificuldade, surge o modelo generalizado, GO–GARCH, proposto por van der Weide (2002). Tal modelo permite que a transformação dos dados observados possa ser feita utilizando qualquer matriz que seja inversível. A estimação dessa matriz necessitará da utilização de informações condicionais que resolverão o problema de identificação do modelo O–GARCH.

Apresentamos, nesta seção, o modelo fatorial via componentes principais de Ding (1994) e Alexander (1998) e o modelo GO–GARCH proposto por van der Weide (2002).

5.3.1 Modelo via componentes principais

Na análise de Componentes Principais (ACP), para qualquer matriz de covariâncias $\mathbf{H}$, podemos encontrar uma matriz ortogonal $\mathbf{\Lambda}$, cujas colunas são os autovetores de $\mathbf{H}$, e uma matriz diagonal $\mathbf{\Delta}$, que tem na diagonal principal os autovalores de $\mathbf{H}$, tal que $\mathbf{\Lambda}\mathbf{\Delta}\mathbf{\Lambda}' = \mathbf{H}$. Se $\mathbf{s}_t = \mathbf{\Lambda}'\mathbf{r}_t$ são as CP de $\mathbf{r}_t$, esta tem matriz de covariâncias diagonal.

Modelamos cada CP de $\mathbf{s}_t$ como um modelo GARCH univariado. A função princomp do pacote stats determina as componentes principais. A seguir, as funções ugarchspec e ugarchfit do pacote rugarch são usadas para ajustar os modelos GARCH univariados a cada uma dessas componentes.

Exemplo 5.5. Vamos considerar os retornos diários das séries Ibovespa e Petrobras, consideradas no Exemplo 5.1. O modelo estimado está no Quadro 5.4 e o diagnóstico no Quadro 5.5.

Vamos chamar de $r_{1,t}$ os retornos da Petrobras, e de $r_{2,t}$ os retornos do Ibovespa. As componentes principais são dadas por

$$s_{1,t} = -0,861r_{1,t} - 0,508r_{2,t},$$

5.3. MODELO FATORIAL VIA COMPONENTES PRINCIPAIS

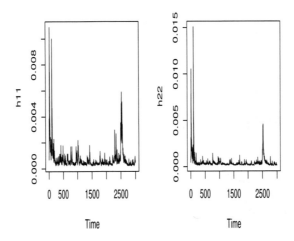

Figura 5.7: Volatilidades estimadas pelo modelo BEKK(1,1) ajustado.

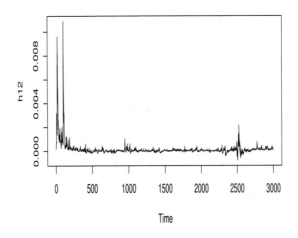

Figura 5.8: Volatilidade cruzada estimada pelo modelo BEKK (1,1) ajustado.

$$s_{2,t} = 0,508r_{1,t} - 0,861r_{2,t}.$$

Quadro 5.4. Estimação do modelo com CP-GARCH para o Exemplo 5.5.

| | Loadings | |
	Comp. 1	Comp. 2
rpetro	-0,861	0,508
ribv	-0,508	- 0,861
SSloadings	1,0	1,0
Prop Var	0,5	0,5
Cumul Var	0,5	1,0

data=component 1
GARCH model: sGARCH(1,1)
Mean Model: ARFIMA(1,0,0)
Distribution: std

	Estimate	Std. Error	t value	$Pr(> |t|)$
ar1	0,255670	0,018505	13,8159	0,0e+00
omega	0,000016	0,000004	4,2122	2,5e-05
alpha1	0,098315	0,013260	7,4142	0,0e+00
beta1	0,874520	0,012410	70,4709	0,0e+00
shape	9,426040	1,513162	6,2294	0,0e+oo

data=component 2
GARCH Model: sGARCH(1,1)
Mean Model: ARFIMA(1,0,0)
Distribution: std

	Estimate	Std. Error	t value	$Pr(> |t|)$
ar1	-0,208915	0,018909	-11,0484	0,000000
omega	0,000003	0,000003	0,8876	0,374755
alpha1	0,094724	0,024401	3,8819	0,000104
beta1	0,902464	0,025002	36,0960	0,000000
shape	9,238871	1,385995	6,6659	0,000000

Os modelos AR(1)–GARCH(1,1) ajustados a essas componentes principais com erros $t(\nu_1)$ e $t(\nu_2)$ são, respectivamente:

$$\hat{s}_{1,t} = 0,2557\hat{s}_{1,t-1} + \hat{X}_{1,t},$$
$$\hat{X}_{1,t} = \sqrt{\hat{h}_{1,t}}\varepsilon_{1,t},$$

5.3. MODELO FATORIAL VIA COMPONENTES PRINCIPAIS 137

$$\hat{h}_{1,t} = 0,0001 + 0,0983\hat{X}^2_{1,t-1} + 0,8745\hat{h}_{1,t-1},$$
$$\hat{s}_{2,t} = -0,2089\hat{s}_{2,t-1} + \hat{X}_{2,t},$$
$$\hat{X}_{2,t} = \sqrt{\hat{h}_{2,t}}\varepsilon_{2,t},$$
$$\hat{h}_{2,t} = 0,0947\hat{X}^2_{2,t-1} + 0,9025\hat{h}_{2,t-1},$$

com $\hat{\nu}_1 = 9,426$, $\hat{\nu}_2 = 9,239$.

5.3.2 Modelo GO–GARCH

Supõe que o modelo observado de r_t é governado por uma combinação linear de componentes não correlacionadas s_t,

$$r_t = m + \varepsilon_t, \ r_t - m = \tilde{r}_t = \varepsilon_t, \tag{5.14}$$
$$\varepsilon_t = As_t, \quad s_t \sim \mathcal{N}(0, H_t), \tag{5.15}$$
$$\tilde{r}_t | \mathcal{F}_{t-1} \sim \mathcal{N}(0, V_t). \tag{5.16}$$

A matriz A é constante e inversível, cada uma das componentes não observáveis em s_t descrita por um processo GARCH (1,1), $H_t = \text{diag}(h_{1,t}, \ldots, h_{n,t})$,

$$h_{i,t} = (1 - \alpha_i - \beta_i)) + \alpha_i s_{i,t-1} + \beta_i h_{i,t-1}, i = 1, \ldots, n. \tag{5.17}$$

Aqui, $H_0 = I$, matriz de covariâncias incondicional das componentes de s_t.

Pode-se verificar que a matriz de covariâncias condicional dos log-retornos é dada por $V_t = AH_tA'$. Para mais detalhes, veja van der Weide (2002).

Exemplo 5.6. Vamos ajustar um modelo GO–GARCH às séries Petrobras e Ibovespa no período de 19/08/1998 a 29/09/2010, com $N = 2998$ observações. O Quadro 5.6 apresenta os parâmetros estimados, resultando no modelo

$$r_t = \begin{bmatrix} 0,0009 \\ 0,0007 \end{bmatrix} + \varepsilon_t \tag{5.18}$$

$$\varepsilon_t = \begin{bmatrix} 0,0163 & -0,0213 \\ -0,0130 & -0,0186 \end{bmatrix} \begin{bmatrix} s_{1,t} \\ s_{2,t} \end{bmatrix}, \tag{5.19}$$

CAPÍTULO 5. MODELOS GARCH MULTIVARIADOS

Quadro 5.5. Diagnóstico do modelo CP-GARCH para o Exemplo 5.5.

data=component 1:
Weighted Ljung-Box Test on Std. residuals

	statistic	p-value
Lag[1]	0,8728	0,3502
Lag[2*(p+q)+(p+q)-1][2]	1,9506	0,2305
Lag[4*(p+q)+(p+q)-1][5]	4,6802	0,1364
d.o.f=1		

Ljung-Box Test on Std. Squared Residuals:

	statistic	p-value
Lag[1]	4,903	0,0268
Lag[2*(p+q)+(p+q)-1][5]	5,759	0,1025
Lag[4*(p+q)+(p+q)-1][9]	6,583	0,2366
d.o.f=2		

Weighted ARCH LM Tests:

	Statistic	Shape	Scale	P-value
ARCH Lag[3]	0,8286	0,500	2,000	0,3627
ARCH Lag[5]	1,6035	1,440	1,667	0,5655
ARCH Lag[7]	1,6932	2,315	1,543	0,7819

data=component 2
Weighted Ljung-Box Test on Std. Residuals:

	statistics	p-value
Lag[1]	2,414	1,203e-01
Lag[2*(p+q)+(p+q)-1][2]	18,274	0,000e+00
Lag[4*(p+q)+(p+q)-1][5]	35,092	6,661e-16
d.o.f=1		

Weighted Ljung-Box Test on Std. Squared Residuals:

	Statistic	p-value
Lag[1]	1,552	0,2128
Lag[2*(p+q)+(p+q)-1][5]	4,855	0,1651
Lag[4*(p+q)+(p+q)-1][9]	6,834	0,2134
d.o.f=2		

Weighted ARCH LM Tests:

	Statistic	Shape	Scale	P-Value
ARCH Lag[3]	5,230	0,500	2,000	0,02221
ARCH Lag[5]	5,565	1,440	1,667	0,07594
ARCH Lag[7]	6,621	2,315	1,543	0,10466

5.4. COMBINAÇÕES NÃO LINEARES DE MODELOS GARCH

Quadro 5.6: Estimação dos parâmetros do modelo GO–GARCH

	Optimal Parameters :	
	[,1]	[,2]
omega	0.00646	0.02158
alpha1	0.10395	0.11684
beta1	0.89505	0.85451
Log-Lik	-3865.23864	-3564.778

fitgo@mfitmu
0.0009769513   0.0006940219

fitgo@mfitA7

	[, 1]	[, 2]
[1,]	0.01632214	-0.02125090
[2,]	-0.01296051	-0.01861479

$$s_{1,t} = 0,0065 + 0,1040s_{1,t-1} + 0,8951h_{1,t-1}, \tag{5.20}$$

$$s_{2,t} = 0,0216 + 0,1169s_{2,t-1} + 0,8540h_{2,t-1}. \tag{5.21}$$

As Figuras 5.9 e 5.10 apresentam as volatilidades e a correlação cruzada, respectivamente.

5.4 Combinações não lineares de modelos GARCH univariados

Nesta classe de modelos, podemos especificar separadamente as variâncias condicionais individuais e a matriz de correlação condicional.

Inicialmente escolhemos um modelo para cada variância condicional, que pode ser qualquer um da família GARCH. Depois modela-se a matriz de correlações condicionais.

Um primeiro modelo, proposto por Bollerslev (1990), considera que a matriz de correlações condicionais é constante.

5.4.1 Modelos com correlações condicionais constantes

Definição 5.4. *O modelo CCC (correlações condicionais constantes) é definido por*

140 CAPÍTULO 5. MODELOS GARCH MULTIVARIADOS

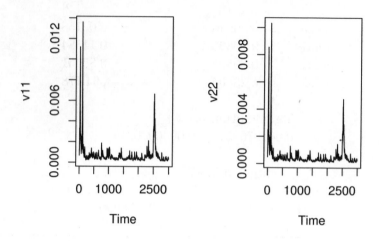

Figura 5.9: Volatilidades fornecidas pelo modelo do Exemplo 5.6.

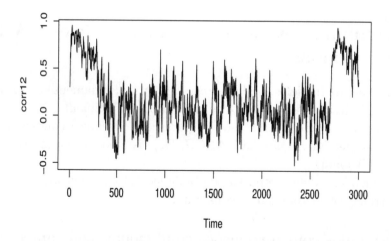

Figura 5.10: Correlação cruzada fornecida pelo modelo do Exemplo 5.6.

5.4. COMBINAÇÕES NÃO LINEARES DE MODELOS GARCH 141

$$\mathbf{H}_t = \mathbf{D}_t \mathbf{R} \mathbf{D}_t = [\rho_{ij}\sqrt{h_{iit}h_{jjt}}]_{i,j}, \tag{5.22}$$

em que

$$\mathbf{D}_t = \text{diag}\{h_{11t}^{1/2}, \ldots, h_{nnt}^{1/2}\}, \tag{5.23}$$

sendo h_{iit} definida como em qualquer modelo GARCH univariado e $\mathbf{R} = [\rho_{ij}]$ é uma matriz simétrica, positiva definida, $\rho_{ii} = 1$, para todo i.

O modelo CCC tem $n(n+5)/2$ parâmetros, $\mathbf{H}_t \geq \mathbf{0}$ se, e somente se, todas as n variâncias condicionais são positivas e $\mathbf{R} \geq \mathbf{0}$. O modelo CCC original tem a equação da variância condicional dada por aquela de um modelo GARCH,

$$h_{iit} = w_i + \alpha_i \varepsilon_{i,t-1}^2 + \beta_i h_{ii,t-1}, \quad i = 1, \ldots, n. \tag{5.24}$$

Resultados teóricos sobre estacionariedade, ergodicidade e momentos não são fáceis de obter.

Exemplo 5.7. Vamos considerar novamente as séries dos retornos diários das ações da Petrobras e Ibovespa com $N = 2998$ observações e ajustar um modelo CCC–GARCH (1,1). Utilizaremos a função ccc.fit do pacote ccgarch do R.

No Quadro 5.7, temos o resultado do ajustamento do modelo:

$$
\begin{aligned}
\mathbf{r}_t &= \varepsilon_t \sqrt{\mathbf{h}_t}, & (5.25)\\
h_{11,t} &= 0,00002 + 0,0878\varepsilon_{1,t}^2 + 0,8871h_{11,t-1}, & (5.26)\\
h_{22,t} &= 0,00002 + 0,0994\varepsilon_{2,t}^2 + 0,8661h_{22,t-1} & (5.27)
\end{aligned}
$$

com matriz de correlações constantes estimadas por

$$\mathbf{H}_t = \mathbf{H} = \begin{bmatrix} 1,0000 & 0,1841 \\ 0,1841 & 1,0000 \end{bmatrix}. \tag{5.28}$$

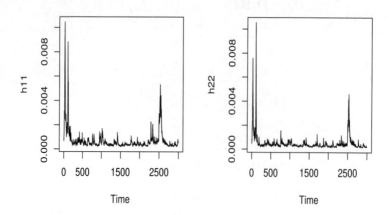

Figura 5.11: Volatilidades estimadas para o Exemplo 5.7.

Quadro 5.7: Estimação do modelo CCC–GARCH (1,1).	
a	
1.515719e-05	1.514454e-05
A	
0.08783116	0.00000000
0.00000000	0.09944237
B	
0.8870941	0.0000000
0.0000000	0.8660507
R	
1.0000000	0.1841039
0.1841039	1.0000000

As Figuras 5.11 e 5.12 apresentam as volatilidades estimadas e as funções de autocorrelações dos quadrados dos resíduos.

Podemos ressaltar que a correlação constante entre os retornos da Petrobras e do Ibovespa é fraca e igual a 0,1841. De acordo com a Figura 5.13, o modelo CCC–GARCH (1,1) absorveu toda a heteroscedasticidade das séries.

5.4. COMBINAÇÕES NÃO LINEARES DE MODELOS GARCH

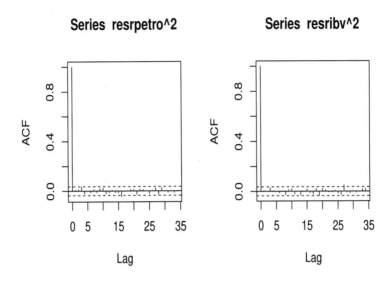

Figura 5.12: Autocorrelações dos quadrados dos resíduos para o Exemplo 5.7.

5.4.2 Modelos com correlações condicionais dinâmicas

O modelo CCC, equações (5.22)–(5.23), foi otimizado por Engle (2002) por meio da introdução de uma matriz $\mathbf{R}_t$ variante no tempo, dando origem ao modelo DCC (*Dynamic Condicional Correlation*),

$$\mathbf{r}_t = \boldsymbol{\mu}_t + \mathbf{a}_t, \tag{5.29}$$
$$\mathbf{a}_t = \mathbf{H}_t^{1/2} \boldsymbol{\varepsilon}_t \tag{5.30}$$
$$\mathbf{H}_t = \mathbf{D}_t \mathbf{R}_t \mathbf{D}_t, \tag{5.31}$$

em que $\mathbf{R}_t$ é a matriz de correlações condicionais de $\boldsymbol{\varepsilon}_t$. Em (5.29), $\boldsymbol{\mu}_t$ pode ser modelada como um vetor de constantes ou um modelo de série temporal. As demais matrizes são definidas como na seção anterior, e

$$h_{i,t} = \alpha_{i,0} + \sum_{q=1}^{Q_i} \alpha_{i,q} a_{i,t-q}^2 + \sum_{p=1}^{P_i} \beta_{i,p} h_{i,t-p},$$

implicando que os modelos GARCH univariados podem ter ordens diferentes. Frequentemente, o modelo GARCH(1,1) é adequado.

A matriz $\mathbf{R}_t$ é decomposta da seguinte forma:

$$\mathbf{R}_t = \mathbf{Q}_t^{*-1}\mathbf{Q}_t\mathbf{Q}_t^{*-1}, \tag{5.32}$$

$$\mathbf{Q}_t = (1-a-b)\overline{\mathbf{Q}} + a\varepsilon_{t-1}\varepsilon_{t-1}' + b\mathbf{Q}_{t-1}, \tag{5.33}$$

em que $\overline{\mathbf{Q}} = \mathrm{Cov}[\varepsilon_t\varepsilon_t']$ é a matriz de covariâncias incondicional dos erros padronizados, e pode ser estimada por

$$\widehat{\overline{\mathbf{Q}}} = \frac{1}{N}\sum_{t=1}^{N}\varepsilon_t\varepsilon_t'.$$

Os parâmetros a e b são escalares e $\mathbf{Q}^*$ é uma matriz diagonal com elementos iguais à raiz quadrada dos elementos de $\mathbf{Q}_t$, na diagonal,

$$\mathbf{Q}_t^* = \begin{bmatrix} \sqrt{q_{11,t}} & 0 & \cdots & 0 \\ 0 & \sqrt{q_{22,t}} & \cdots & 0 \\ \cdots & \cdots & \cdots & \cdots \\ 0 & \cdots & \cdots & \sqrt{q_{nn,t}} \end{bmatrix}.$$

Da expressão (5.32), temos que $|\rho_{ij}| = |q_{ij,t}|/\sqrt{q_{ii,t}q_{jj,t}} \leq 1$. Para mais detalhes, veja Engle (2002) e Engle e Sheppard (2001).

Exemplo 5.8. Vamos ajustar o modelo DCC–GARCH $(1,1)$ às mesmas séries do exemplo anterior. Utilizamos o pacote rmgarch e as funções ugarchspec, dccspec e dccfit. O Quadro 5.8 apresenta os resultados, que indicam o seguinte modelo:

$$r_{1,t} = 0,0909r_{1,t-1} + a_{1,t}, \tag{5.34}$$

$$a_{1,t} = \varepsilon_{1,t}\sqrt{h_{1,t}}, \tag{5.35}$$

$$r_{2,t} = 0,0013 - 0,0346r_{2,t-5} + 0,0493r_{2,t-10} + a_{2,t}, \tag{5.36}$$

$$a_{2,t} = \varepsilon_{2,t}\sqrt{h_{2,t}}, \tag{5.37}$$

$$h_{1,t} = 0,00002 + 0,0858\varepsilon_{1,t-1}^2 + 0,8891h_{1,t-1}, \tag{5.38}$$

$$h_{2,t} = 0,00001 + 0,0830\varepsilon_{2,t-1}^2 + 0,8928h_{2,t-1}, \tag{5.39}$$

com $\varepsilon_{1,t} \sim t_{8,25}$ e $\varepsilon_{2,t} \sim t_{8,22}$, $\hat{a} = 0,0416$, $\hat{b} = 0,9563$.

Na Figura 5.13, apresentamos as volatilidades do modelo ajustado e na Figura 5.14, a correlação evoluindo no tempo.

5.5. PROBLEMAS

Quadro 5.8. Estimação do modelo DCC–GARCH(1,1) para o Exemplo 5.8				
	Estimate	Std. Error	t value	Pr($>$ |t|)
rpetro.ar1	0.090855	0.019073	4.76355	0.000002
rpetro.omega	0.000015	0.000020	0.75066	0.452856
rpetro.alpha1	0.085817	0.057642	1.48879	0.136543
rpetro.beta1	0.889135	0.012979	68.50508	0.000000
rpetro.shape	8.245362	2.865524	2.87744	0.004009
ribv.mu	0.001326	0.000318	4.16366	0.000031
ribv.ar5	-0.034597	0.019072	-1.81405	0.069670
ribv.ar10	0.049259	0.019108	2.57789	0.009941
ribv.omega	0.000010	0.000004	2.82479	0.004731
ribv.alpha1	0.083043	0.012693	6.54233	0.000000
ribv.beta1	0.892840	0.008205	108.82248	0.000000
ribv.shape	8.217106	1.200050	6.84730	0.000000
Jointdcca1	0.041554	0.005506	7.54737	0.000000
Jointdccb1	0.956340	0.005769	165.78000	0.000000
Information Criteria: Akaike -9.9090 Bayes -9.8790 Shibata -9.9091 Hannan-Quinn -9.8982				

Assim como mencionamos no Capítulo 4, a verificação do bom ajuste dos modelos estudados neste capítulo deveria ser feita utilizando o teste de Chang et al. (2017, 2018).

5.5 Problemas

1. Considere os dados (IBV e Petro) do Exemplo 5.3 e obtenha as correlações e correlações parciais das séries e ajuste algum modelo VAR(p). A seguir, ajuste um modelo DVEC(1,1). Faça o diagnóstico do modelo.

2. Mesma situação, só que agora ajuste um modelo BEKK(1,1) após ajustar o modelo VAR(p).

3. Ajuste modelos DVEC e BEKK às séries de retornos diários da Petrobras e da Vale, de 31/08/1998 a 29/09/2010 ($N = 2991$).

4. Considere, agora, os retornos diários do Ibovespa, da Petrobras e da Vale, de 31/08/1998 a 29/09/2010 ($N = 2991$) e ajuste um modelo DVEC.

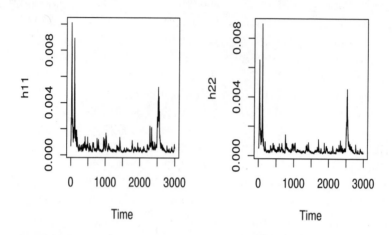

Figura 5.13: Volatilidades estimadas para o Exemplo 5.8.

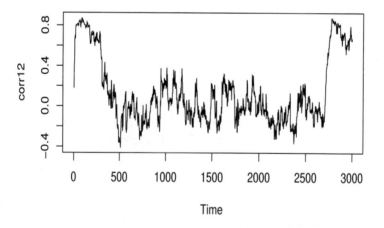

Figura 5.14: Correlações para o Exemplo 5.8.

5.5. PROBLEMAS

5. Para os dados do problema anterior, ajuste um modelo BEKK.

6. Ajuste modelos CCC–GARCH e DCC–GARCH às séries Ibovespa e Vale, de 31/08/1998 a 29/09/2010 ($N = 2991$). Na sua opinião, é razoável supor a matriz de correlações constante no tempo?

7. Para as séries de retornos diários da HP e IBM, do Exemplo 5.5, ajuste modelos DVEC e BEKK.

8. Para as séries do Problema 3, ajuste um modelo fatorial baseado em componentes principais.

9. Mesmo problema, para os dados do Problema 4.

10. Ajuste um modelo GO–GARCH às séries do Problema 3.

11. Para os dados do Problema 1, ajuste um modelo CCC (1,1).

12. Ajuste modelos CCC (1,1) e DCC (1,1) para os retornos diários da Petrobras e Vale do Problema 3. Comente a dinâmica da matriz de correlações.

13. Mesmo problema para os dados do Ibovespa, da Petrobras e da Vale do Problema 4.

14. Reproduza o modelo ajustado no Exemplo 5.5. Faça os gráficos apropriados (f.a.c. dos resíduos e quadrado dos resíduos), gráfico $Q \times Q$ e gráfico das volatilidades estimadas. Comente.

15. Para os modelos ajustados nos Exemplos 5.3–5.6, obtenha as previsões para $h = 1, 2, 5$.

16. Considere os modelos CCC–EGARCH e CCC–TGARCH para os dados dos Problemas 1, 3 e 6.

17. Refaça o problema anterior substituindo o modelo CCC por um DCC.

CAPÍTULO 6

Modelos Não Lineares

6.1 Introdução

Em capítulos anteriores, nos dedicamos aos processos estacionários de segunda ordem, ou seja, a ênfase era na análise da estrutura de segunda ordem de tais processos, determinada por autocovariâncias (ou, de modo equivalente, pela função densidade espectral, ou espectro). Em particular, tal estrutura determina as propriedades de processos estacionários normais, ou gaussianos.

Vimos, também, que um processo estacionário de segunda ordem, não determinístico (ou regular) $\{X_t, t \in \mathbb{Z}\}$, pode ser representado na forma (Wold, 1938)

$$X_t = \sum_{j=0}^{\infty} \psi_j a_{t-j}, \qquad (6.1)$$

onde a_t é ruído branco (RB), com média zero e variância constante, com $\sum_{j=0}^{\infty} \psi_j^2 < \infty$, por exemplo. O teorema de Wold não implica, necessariamente, que (6.1) seja considerado um modelo linear.

Suponha que X_t seja um processo estocástico, e h uma função tal que

$$h(X_t, X_{t-1}, \ldots) = a_t, \qquad (6.2)$$

em que a_t seja uma sequência de variáveis independentes e identicamente distribuídas (i.i.d.). A classe dos modelos lineares restringe h como sendo uma função linear, ou seja,

$$\sum_{j=0}^{\infty} h_j X_{t-j} = a_t, \qquad (6.3)$$

ou ainda,

$$H(B)X_t = a_t, \tag{6.4}$$

com $H(z) = \sum_{u=0}^{\infty} h_u z^u$. Se $H(z) \neq 0$, para $|z| < 1$, podemos escrever (6.4) como

$$X_t = H^{-1}(B)a_t = \Psi(B)a_t = \sum_{j=0}^{\infty} \psi_j a_{t-j}, \tag{6.5}$$

com $\Psi(z) = \sum_{j=0}^{\infty} \psi_j z^j$.

A diferença entre (6.1) e (6.5) é que, em (6.1), os a_t são não correlacionados e, em (6.5), os a_t são independentes. Se X_t for gaussiano, então todo processo estacionário gaussiano pode ser representado pelo modelo linear (6.5). Ou seja, em termos de momentos de segunda ordem, os a_t em (6.1) e (6.5) têm propriedades idênticas, mas elas podem diferir em outros aspectos.

Podemos pensar (6.1) com um filtro linear, em que a entrada é RB e a saída é X_t, sendo ψ_t a função resposta de impulso e sua transformada de Fourier, $\Psi(\lambda) = \sum_{j=0}^{\infty} \psi_t e^{-i\lambda t}$, a função de transferência do filtro.

Para sistemas não lineares, não existe mais essa correspondência entre função de autocovariância e espectro, ou quantidades como função resposta de impulso e função de transferência, que valem para sistemas lineares, como (6.1)

Exemplo 6.1. Como exemplo de dados não lineares, e que não são gaussianos, citamos o conjunto de dados Manchas (veja o Exemplo 1.2 do Capítulo 1, Volume 1). Se considerarmos a série reversa $\mathbf{X}_{N:1} = \{X_N, X_{N-1}, \ldots, X_1\}$, ela não se parece com a série original $\mathbf{X}_{1:N} = \{X_1, X_2, \ldots, X_N\}$. Se fosse uma série linear gaussiana, esses dois vetores teriam a mesma distribuição. Veja a Figura 6.1.

No Capítulo 4, vimos várias séries de retornos financeiros, como a do Ibovespa, por exemplo. Se olharmos sua fac, essa série parece ser ruído branco, mas se olharmos a fac dos quadrados dos retornos, vemos que há dependência presente, portanto a série não é gaussiana, como já observamos naquele capítulo.

Neste capítulo trataremos de alguns modelos não lineares utilizados na prática. Na análise de modelos não lineares, a função h é não linear. Em algumas situações, o modelo tem a forma

$$X_t = g(a_{t-1}, a_{t-2}, \ldots) + a_t h(a_{t-1}, a_{t-2}, \ldots), \tag{6.6}$$

6.2. EXPANSÕES DE VOLTERRA

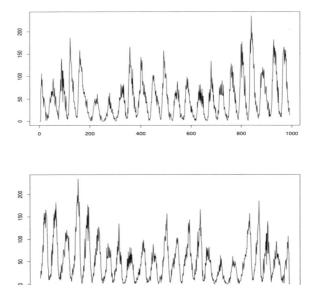

Figura 6.1: Série de manchas solares de Wolf e sua série reversa.

de modo que $g(\cdot)$ representa a média condicional e $h^2(\cdot)$ é a variância condicional. Se $g(\cdot)$ for não linear, o modelo diz-se *não linear na média*, enquanto se $h(\cdot)$ for não linear, o modelo diz-se *não linear na variância*.

O modelo

$$X_t = a_t + \alpha a_{t-1}^2$$

é não linear na média, pois $g(\cdot) = \alpha a_{t-1}^2$ e $h(\cdot) = 1$, ao passo que o modelo ARCH(1), que já estudamos no Capítulo 4,

$$X_t = a_t\sqrt{\alpha X_{t-1}^2}$$

é não linear na variância, pois $g(\cdot) = 0$, $h(\cdot) = \sqrt{\alpha X_{t-1}^2}$ e X_{t-1} depende de a_{t-1}.

A seguir, faremos uma descrição de alguns modelos não lineares e os utilizaremos em alguns conjuntos de dados. Para detalhes sobre outros modelos, veja Tong (1990), Tsay (2005) e Douc et al. (2014).

6.2 Expansões de Volterra

Utilizando o trabalho de Volterra (1930) sobre expansões em séries de funções contínuas, Wiener (1958) desenvolveu estudos relacionados com representações não lineares de processos estocásticos.

152 CAPÍTULO 6. MODELOS NÃO LINEARES

Para essa classe de modelos, a função $g(\cdot)$ fica

$$g(a_{t-1}, a_{t-2}, \ldots) = \sum_{i=1}^{\infty} c_i a_{t-i} + \sum_{i=1}^{\infty} \sum_{j=1}^{\infty} b_{ij} a_{t-i} a_{t-j} + \cdots \qquad (6.7)$$

Essa é uma expansão de Volterra, envolvendo termos lineares, bilineares etc., das inovações.

Um processo seguindo uma expansão de Volterra de ordem d é dado por

$$X_t = \sum_{i=1}^{d} \sum_{m_1=0}^{\infty} \cdots \sum_{m_i=0}^{\infty} \psi_{m_1,\ldots,m_i}^{(i)} \prod_{j=1}^{i} a_{t-m_i}, \qquad (6.8)$$

em que os a_t são i.i.d e $\{\psi_{m_1,\ldots,m_i}^{(i)}\}$, com $m_i \in \mathbb{N}^i$, são os coeficientes do núcleo de Volterra de ordem i. Supomos que $\sum |\{\psi_{m_1,\ldots,m_i}^{(i)}| < \infty$.

Nessa expansão, o primeiro termo $\sum_{m_1=0}^{\infty} \psi_{m_1}^{(1)} a_{t-m_1}$ é linear, o segundo termo $\sum_{m_1,m_2=0}^{\infty} \psi_{m_1,m_2}^{(2)} a_{t-m_1} a_{t-m_2}$ é uma combinação linear de termos quadráticos e assim por diante.

Um fato importante é que um processo não linear arbitrário com memória finita $X_t = g(a_t, a_{t-1}, \ldots, a_{t-m+1})$ pode ser aproximado por uma expansão de Volterra. Veja Douc et al. (2014) para detalhes.

Exemplo 6.2. Considere o modelo

$$X_t = a_t + \psi a_{t-1} a_{t-2}, \qquad (6.9)$$

com $a_t \sim$ i.i.d. $(0, \sigma_a^2)$, σ_a^2 constante finita.

É fácil verificar que $E(X_t) = 0$, a variância de X_t é constante e a covariância $\text{Cov}(X_t, X_{t+\tau}) = 0$, para todo $\tau \neq 0$. Segue-se que X_t comporta-se como ruído branco, considerando propriedades até segunda ordem. Contudo, é possível obter uma previsão de X_{t+h}, dadas observações até o instante t. Veja o Problema 1.

Na prática, é difícil estimar o conjunto infinito de parâmetros de (6.8). Logo, é necessário procurar modelos que consistam de uma representação similar a (6.8), mas envolvendo um número finito de parâmetros.

6.3 Modelos bilineares

Modelos bilineares foram introduzidos na área de controle de sistemas. Veja Mohler (1973) e Ruberti et al. (1972).

Na área de processos estocásticos, modelos bilineares foram introduzidos por Granger e Andersen (1978a, 1978b) e depois desenvolvidos por Subba

6.3. MODELOS BILINEARES

Rao (1981) e Subba Rao e Gabr (1984). Esses modelos são apropriados para aqueles casos citados anteriormente, nos quais a f.a.c. dos dados indica um comportamento de ruído branco, mas a f.a.c. dos quadrados dos dados indica dependência.

6.3.1 Formulação geral

Um modelo $BL(p, q, P, Q)$ é da forma

$$X_t = \sum_{i=1}^{p} \alpha_i X_{t-i} + \sum_{i=1}^{q} \beta_i \varepsilon_{t-i} + \sum_{i=1}^{P} \sum_{j=1}^{Q} \gamma_{ij} X_{t-i} \varepsilon_{t-j} + \varepsilon_t, \qquad (6.10)$$

supondo-se ε_t i.i.d. $(0, \sigma^2)$.

Dizemos que X_t é causal (ou não antecipativo) se, para todo $t \in \mathbb{Z}$, X_t depende somente de X_s, $s \leq t$.

Para essa classe geral de modelos, é complicado obter condições de estacionariedade e invertibidade, de modo que os autores citados estudam classes restritas de modelos bilineares. Por exemplo, um modelo $BL(0,0,2,1)$, com $\gamma_{1,1} = 0$ e $\gamma_{21} = \gamma$, é da forma

$$X_t = \gamma X_{t-2} \varepsilon_{t-1} + \varepsilon_t, \qquad (6.11)$$

no qual supõe-se que ε_t é independente de X_s, para $s < t$. Veja o Problema 2.

Exemplo 6.3. Um modelo simples é o $BL(1,0,1,1)$, dado por

$$X_t = \alpha X_{t-1} + \varepsilon_t + \gamma X_{t-1} \varepsilon_{t-1}.$$

Pode-se provar que, se $E(X_t^2) < \infty$ e $E(\varepsilon_t^4) < \infty$, esse processo admite uma solução estacionária estrita se $\alpha^2 + \gamma^2 \sigma^2 < 1$ e

$$X_t = \varepsilon_t + \sum_{j=1}^{\infty} \{ \prod_{k=1}^{j} (\alpha + \gamma \varepsilon_{t-k}) \} \varepsilon_{t-j}.$$

Para esse processo também temos $\mu = E(X_t) = (\sigma^2 \gamma)/(1-\alpha)$ e a expressão da variância é complicada.

Uma representação ARMA do processo $BL(1,0,1,1)$ é dada por (veja o Problema 3)

$$X_t - \mu = \alpha(X_{t-1} - \mu) + \varepsilon_t + \gamma(X_{t-1} \varepsilon_{t-1} - \sigma^2),$$

e pode-se verificar que a f.a.c. desse processo é igual à f.a.c. de um processo ARMA(1,1).

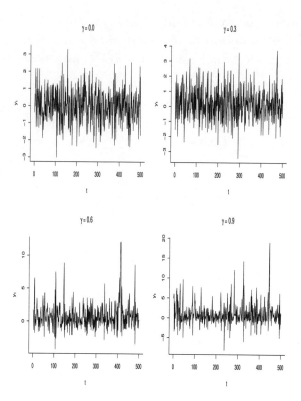

Figura 6.2: Processos bilineares BL (0,0,1,1) simulados; para $\gamma = 0$ temos um ruído branco.

Exemplo 6.4. Na Figura 6.2, temos 500 valores simulados do processo bilinear BL(0,0,1,1)

$$X_t = \gamma X_{t-1}\varepsilon_{t-1} + \varepsilon_t,$$

supondo-se $\varepsilon_t \sim$ i.i.d. $\mathcal{N}(0,1)$. Se $\gamma = 0$, temos um ruído branco. Para os três modelos restantes, temos $\gamma = 0,3, 0,6$ e $0,9$.

Na Figura 6.3, temos um gráfico de X_t contra X_{t-1}, o que mostra que não há uma relação linear presente entre X_t e X_{t-1}.

6.3.2 Forma vetorial de um modelo bilinear

A fim de analisar condições de estacionariedade, invertibilidade e estimação, Subba Rao (1981) considerou o modelo BL(p,0,p,1), da forma

6.3. MODELOS BILINEARES

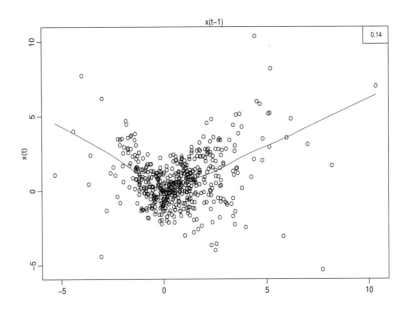

Figura 6.3: Gráfico de X_t versus X_{t-1} para o processo BL(0,0,1,1) simulado.

$$X_t + \sum_{j=1}^{p} \alpha_j X_{t-j} = \varepsilon_t + \sum_{i=1}^{p} \gamma_{i1} X_{t-i} \varepsilon_{t-1}, \qquad (6.12)$$

e escreveu tal modelo na forma vetorial

$$\begin{aligned} \mathbf{x}_t &= \mathbf{A}\mathbf{x}_{t-1} + \mathbf{\Gamma}\mathbf{x}_{t-1}\varepsilon_{t-1} + \mathbf{C}\varepsilon_t, \\ X_t &= \mathbf{H}'\mathbf{x}_t. \end{aligned} \qquad (6.13)$$

Indicamos tal modelo por VBL(p). Nesse modelo,

$$\mathbf{A} = \begin{bmatrix} -\alpha_1 & -\alpha_2 & \cdots & \cdots & -\alpha_p \\ 1 & 0 & \cdots & 0 & 0 \\ \cdots & \cdots & \cdots & \cdots & \\ 0 & 0 & \cdots & 1 & 0 \end{bmatrix}, \quad \mathbf{\Gamma} = \begin{bmatrix} \gamma_{11} & \gamma_{21} & \cdots & \gamma_{p1} \\ 0 & 0 & \cdots & 0 \\ \cdots & \cdots & \cdots & \cdots \end{bmatrix},$$

$$\mathbf{C} = (1, 0, \cdots, 0)', \quad \mathbf{H} = (1, 0, \cdots, 0)',$$

$$\mathbf{x}_t = \begin{bmatrix} X_t \\ X_{t-1} \\ \vdots \\ X_{t-p+1} \end{bmatrix}.$$

O modelo (6.13) não é markoviano, contudo, Pham e Tran (1981) definiram $\mathbf{Z}_t = (\mathbf{A} + \mathbf{\Gamma}\varepsilon_t)\mathbf{x}_t$ de modo que obtemos uma representação markoviana

$$\begin{aligned} \mathbf{Z}_t &= (\mathbf{A} + \mathbf{\Gamma}\varepsilon_t)\mathbf{Z}_{t-1} + (\mathbf{A} + \mathbf{\Gamma}\varepsilon_t)\varepsilon_t, \\ \mathbf{x}_t &= \mathbf{Z}_{t-1} + \mathbf{C}\varepsilon_t \end{aligned} \tag{6.14}$$

e essa representação pode ser usada para obter todos os momentos de $\mathbf{Z}_t$. Veja Pham (1985).

O modelo BL(p,0,p,q) também pode ser escrito na forma vetorial, com $\mathbf{A}, \mathbf{C}, \mathbf{H}$ como antes, e $\mathbf{\Gamma}$ substituída por $\mathbf{\Gamma}_j$, tendo na primeira linha as co-variâncias $\gamma_{1j}, \gamma_{2j}, \ldots, \gamma_{ij}, j = 1, \ldots, q$, e o segundo termo da primeira equação de (6.13) pode ser escrito como $\sum_{j=1}^{q} \mathbf{\Gamma}_j \mathbf{x}_{t-1}\varepsilon_{t-j}$.

6.3.3 Estacionariedade e invertibilidade

Seja $\rho(\mathbf{A})$ o raio espectral da matriz $\mathbf{A}$, definido por $\rho(\mathbf{A}) = \max_i\{|\lambda_i(\mathbf{A})|\}$, sendo $\lambda_i(\mathbf{A})$ o i-ésimo autovalor de $\mathbf{A}$.

Subba Rao (1981) provou que uma condição para a estacionariedade assintótica do modelo (6.13) é dada por

$$\rho(\mathbf{A} \otimes \mathbf{A} + \sigma_a^2 \mathbf{\Gamma} \otimes \mathbf{\Gamma}) < 1. \tag{6.15}$$

Esta condição reduz-se àquela dada no Exemplo 6.3, no caso $p = 1$.

A condição de invertibilidade é mais complicada e depende de uma nova definição de invertibilidade, dada por Granger e Andersen (1978b). Veja Subba Rao (1981) para detalhes.

6.3.4 Estimação

Vamos nos concentrar no modelo BL(1,0,1,1), ou seja, $p = P = Q = 1$. Para o caso de um modelo BL(p,0,p,q) veja Subba Rao (1981). Suponha, então, o modelo

$$X_t + \alpha_0 + \alpha_1 X_{t-1} = \varepsilon_t + \gamma_1 X_{t-1}\varepsilon_{t-1}, \tag{6.16}$$

no qual foi acrescentado um termo constante α_0. Vamos supor que os ε_t sejam i.i.d. com distribuição $\mathcal{N}(0, \sigma^2)$, e temos a amostra $X_1, \ldots, X_N$. Chamemos

6.3. MODELOS BILINEARES

$m = \max\{p, q\} + 1$, no caso nosso, $m = 2$. A verossimilhança de $\varepsilon_2, \ldots, \varepsilon_N$ é dada por

$$\mathcal{L}(\boldsymbol{\theta}) = \frac{1}{(2\pi\sigma^2)^{N-1}} \exp\left\{\frac{-1}{2\sigma^2} \sum_{t=2}^{N} \varepsilon_t^2\right\}, \qquad (6.17)$$

na qual $\boldsymbol{\theta} = (\theta_1, \theta_2, \theta_3)' = (\alpha_0, \alpha_1, \gamma_1)'$.

Como o Jacobiano da transformação dos ε_t para o X_t, $t \geq 2$, é um, a verossimilhança de $X_2, \ldots, X_N$ é também dada por (6.17). Maximizar (6.17) é equivalente a minimizar

$$Q(\boldsymbol{\theta}) = \sum_{t=2}^{N} \varepsilon_t^2, \qquad (6.18)$$

com respeito a $\boldsymbol{\theta}$. Sejam

$$\mathbf{G}'(\boldsymbol{\theta}) = \left[\frac{\partial Q(\boldsymbol{\theta})}{\partial \theta_1}, \frac{\partial Q(\boldsymbol{\theta})}{\partial \theta_2}, \frac{\partial Q(\boldsymbol{\theta})}{\partial \theta_3}\right], \qquad (6.19)$$

$$\mathbf{H}(\boldsymbol{\theta}) = \left[\frac{\partial^2 Q(\boldsymbol{\theta})}{\partial \theta_i \theta_j}\right], \quad i, j = 1, 2, 3. \qquad (6.20)$$

No Apêndice 6.A, damos os detalhes do cálculo das derivadas de primeira e segunda ordem de ε_t com respeito aos θ_i.

Expandindo $\mathbf{G}(\hat{\boldsymbol{\theta}})$ ao redor de $\hat{\boldsymbol{\theta}} = \boldsymbol{\theta}$ em série de Taylor, obtemos

$$\left[\mathbf{G}(\hat{\boldsymbol{\theta}})\right]_{\hat{\boldsymbol{\theta}}=\boldsymbol{\theta}} = 0 = \mathbf{G}(\boldsymbol{\theta}) + \mathbf{H}(\hat{\boldsymbol{\theta}} - \boldsymbol{\theta}),$$

ou, ainda,

$$\hat{\boldsymbol{\theta}} - \boldsymbol{\theta} = -\mathbf{H}^{-1}(\boldsymbol{\theta})\mathbf{G}(\boldsymbol{\theta}), \qquad (6.21)$$

de onde obtemos as recursões de Newton-Raphson

$$\hat{\boldsymbol{\theta}}^{(k+1)} = \hat{\boldsymbol{\theta}}^{(k)} - \mathbf{H}^{-1}(\hat{\boldsymbol{\theta}}^{(k)})\mathbf{G}(\hat{\boldsymbol{\theta}}^{(k)}). \qquad (6.22)$$

Essa recursão usualmente converge, mas não necessariamente, para um mínimo global.

Temos a aproximação

$$\frac{1}{N}\frac{\partial^2 \log \mathcal{L}}{\partial \boldsymbol{\theta} \partial \boldsymbol{\theta}'} = \frac{-1}{2\sigma^2}\frac{1}{N}\frac{\partial^2 Q(\boldsymbol{\theta})}{\partial \boldsymbol{\theta} \partial \boldsymbol{\theta}'}. \qquad (6.23)$$

Suponha que o primeiro membro convirja (em probabilidade) para a informação de Fisher, $I(\boldsymbol{\theta})$, quando $N \to \infty$. Então,

$$\frac{1}{N}\frac{\partial^2 Q(\boldsymbol{\theta})}{\partial \boldsymbol{\theta}\partial \boldsymbol{\theta}'} \to 2\sigma^2 I(\boldsymbol{\theta}),$$

em probabilidade.

Pode-se, ainda, provar que $\hat{\boldsymbol{\theta}} - \boldsymbol{\theta}$ converge, em distribuição, para uma $\mathcal{N}(\mathbf{0}, I(\boldsymbol{\theta})^{-1})$.

Como estimadores iniciais, podemos ajustar um AR(1) com termo constante α_0 e colocar $\gamma_1 = 0$. Uma alternativa é sugerida por Subba Rao (1981).

O Repositório R não possui pacote para estimar modelos bilineares. Para um exemplo de aplicação de um modelo BL(3,0,3,4) aos dados de manchas solares de Wolf, veja Subba Rao (1981). Como em modelos lineares, podemos usar o critério AIC para escolher um modelo bilinear. O AIC é definido por

$$\text{AIC(k)} = (N - m)\log\hat{\sigma}^2 + 2 \times k,$$

sendo $N - m$ o número de observações usadas na verossimilhança e k denota o número de parâmetros. Podemos fixar um número máximo para k e escolher p (ou p e q) que minimiza o AIC. A estimativa da variância residual é dada por

$$\hat{\sigma}^2 = \frac{1}{N - m}\sum_{t=m+1}^{N}\hat{\varepsilon}_t^2.$$

Nos exemplos a seguir, utilizamos um programa que calcula os EMV, cujo *script* está no site do livro.

Exemplo 6.5. Vamos simular $N = 10000$ observações e estimar um modelo BL (1,0,1,1), com $\alpha = 0,4$ e $\gamma = 0,6$ e $\varepsilon_t \sim \mathcal{N}(0, (0,01)^2)$, com termo constante $\alpha_0 = 0,9$. Ou seja, temos o modelo

$$X_t = 0,9 + 0,4X_{t-1} + 0,6X_{t-1}\varepsilon_{t-1} + \varepsilon_t.$$

Obtemos o gráfico da Figura 6.4.

Para estimar o modelo, obtemos inicialmente valores iniciais, ajustando um modelo AR(1). Obtemos:

```
ar1       intercept
0.6937039 1.5087996
```

A seguir, obtemos os EMV:

6.3. MODELOS BILINEARES

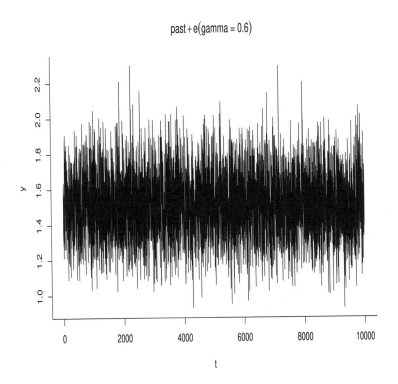

Figura 6.4: Processo bilinear BL(1,0,1,1) simulado, com $\alpha_0 = 0,9$, $\alpha = 0,4$ e $\gamma = 0,6$.

```
-Log-Verossimilhanca    =  -8844.891

> print(cbind(Estimates=Beta0, StdErrors= se0))
     Estimates   StdErrors
[1,] 0.9185325  0.014183931
[2,] 0.3872376  0.009454023
[3,] 0.5982379  0.002439006
```

Ou seja, $\hat{\alpha}_0 = 0,92$, $\hat{\alpha} = 0,39$ e $\hat{\gamma} = 0,59$, valores bem próximos dos verdadeiros.

Exemplo 6.6. Vamos, agora, simular $N = 100000$ observações de um modelo BL (1,1,1,1), com $\alpha_0 = 0,1$, $\alpha = 0,4$, $\beta = -0,3$, $\gamma = 0,2$ e ε_t com a mesma distribuição que no exemplo anterior. O modelo fica

$$X_t = 0,1 + 0,4X_{t-1} - 0,3\varepsilon_{t-1} + 0,2X_{t-1}\varepsilon_{t-1} + \varepsilon_t.$$

O gráfico está na Figura 6.5. Para estimar o modelo, inicializamos ajustando um modelo ARMA(1,1), obtendo:

```
     ar1          ma1       intercept
 0.3938252  -0.2637302   0.1703735
```

Os EMV são dados por:

```
-Log-Verossimilhanca = -88253.42

> print(cbind(Estimates=Beta1, StdErrors= se1))
       Estimates   StdErrors
[1,]   0.1024244  0.003329892
[2,]   0.3896008  0.019518626
[3,]  -0.2860536  0.020595014
[4,]   0.1566979  0.021366432
```

Os estimadores são $\hat{\alpha}_0 = 0,102$, $\hat{\alpha} = 0,39$, $\hat{\beta} = -0,29$ e $\hat{\gamma} = 0,157$.

Para estimar o modelo, inicializamos ajustando um modelo ARMA(1,1), obtendo:

```
     ar1          ma1       intercept
 0.3938252  -0.2637302   0.1703735
```

Os EMV são dados por:

```
-Log-Verossimilhanca = -88253.42

> print(cbind(Estimates=Beta1, StdErrors= se1))
       Estimates   StdErrors
[1,]   0.1024244  0.003329892
[2,]   0.3896008  0.019518626
[3,]  -0.2860536  0.020595014
[4,]   0.1566979  0.021366432
```

Os estimadores são $\hat{\alpha}_0 = 0,102$, $\hat{\alpha} = 0,39$, $\hat{\beta} = -0,29$ e $\hat{\gamma} = 0,157$.

6.4. MODELOS LINEARES POR PARTES

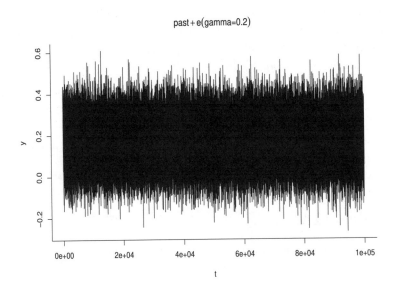

Figura 6.5: Processo bilinear BL(1,1,1,1) simulado, com $\alpha_0 = 0,1$, $\alpha = 0,4$, $\beta = -0,3$ e $\gamma = 0,2$.

6.4 Modelos lineares por partes

Tong (1978, 1983, 1990) introduziu uma classe de modelos que são modelos lineares ARMA por partes, e os chamou de TARMA (*threshold ARMA*) ou SETARMA (*self-exciting ARMA*). Nesses modelos, as relações lineares, descritas por modelos autorregressivos (TAR), médias móveis (TMA) ou mistos (TARMA), variam de acordo com valores atrasados do processo (daí o nome *self-exciting*), ou de um processo relacionado.

6.4.1 Formulação geral

Um modelo TARMA com k regimes tem a forma

$$X_t = \begin{cases} \phi_1^{(1)} + \sum_{i=1}^{p_1} \phi_i^{(1)} X_{t-i} + a_t^{(1)} + \sum_{j=1}^{q_1} \theta_j^{(1)} a_{t-j}^{(1)}, & \text{se } Z_{t-d} \leq r_1, \\ \phi_1^{(2)} + \sum_{i=1}^{p_2} \phi_i^{(2)} X_{t-i} + a_t^{(2)} + \sum_{j=1}^{q_2} \theta_j^{(2)} a_{t-j}^{(2)}, & \text{se } r_1 < Z_{t-d} \leq r_2, \\ \cdots & \cdots \\ \phi_1^{(k)} + \sum_{i=1}^{p_k} \phi_i^{(k)} X_{t-i} + a_t^{(k)} + \sum_{j=1}^{q_k} \theta_j^{(k)} a_{t-j}^{(k)}, & \text{se } Z_{t-d} > r_{k-1}, \end{cases}$$
(6.24)

em que Z_t é o processo *threshold*, $a_t^{(j)} \sim$ i.i.d. $\mathcal{N}(0, \sigma_j^2)$, $j = 1, 2, \ldots, k$, d é um valor especificado e $-\infty < r_1 < r_2 < \cdots < r_{k-1} < \infty$ é uma partição da reta. Usualmente, $Z_t = X_t$. A notação para tal modelo é TARMA$(p_1, \ldots, p_k; q_1, \ldots, q_k; k)$.

Cada modelo linear ARMA é chamado *regime*. Usualmente os erros $a_t^{(j)}$ são iguais a um mesmo a_t e as ordens $p_j = p$ e $q_j = q$. Nesse caso usaremos a notação TARMA(p,q;k).

Esses modelos permitem mudanças nos coeficientes do modelo ARMA ao longo do tempo, e essas mudanças são determinadas comparando-se valores defasados do processo com limiares (*thresholds*) fixos.

6.4.2 Modelos TAR

Trataremos, em especial, do modelo TAR$(p_1, \ldots, p_k; k)$, dado por

$$X_t = \phi_{j0} + \sum_{i=1}^{p_j} \phi_{j,i} X_{t-i} + \sigma_j a_t, \tag{6.25}$$

com $r_{j-1} < Z_{t-d} \leq r_j$, $j = 1, \ldots, k$, sendo k o número de regimes, $r_1, \ldots, r_{k-1}$ como em (6.24), reais desconhecidos, $d, p_1, \ldots, p_k$ são inteiros desconhecidos, σ_j são os desvios padrões dos erros a_t, desconhecidos e $\phi_{j,i}$ são os coeficientes dos modelos AR, também desconhecidos. Se as ordens dos modelos AR são iguais, $p_1 = \ldots = p_k = p$, usaremos a notação TAR(p,k).

Exemplo 6.7. Vamos simular $N = 500$ observações de um processo TAR(1,2), com dois regimes:

$$X_t = \begin{cases} -1 + 0,5 X_{t-1} + a_t, & \text{se } Z_t \leq 0, \\ 1 + 0,7 X_{t-1} + a_t, & \text{se } Z_t > 0, \end{cases}$$

supondo que Z_t siga um processo AR(1) com média zero e coeficiente $0,3$ e $a_t \sim \mathcal{N}(0,1)$. Usaremos a função simu.tar.norm do pacote TAR do Repositório R. Obtemos o gráfico da Figura 6.6, onde mostramos as séries simuladas Z_t e X_t.

Condições de estacionariedade são complicadas de obter. Condições suficientes para estacionariedade estrita são dadas por (veja Fan e Yao, 2003):

(a) $\sigma_1 = \ldots = \sigma_k$;

(b) $\max_{1 \leq j \leq k} \sum_{i=1}^{p_j} |a_{j,i}| < 1$ ou $\sum_{i=1}^{p_j} \max_{1 \leq j \leq k} |a_{j,i}| \leq 1$.

Considere o modelo TAR(1,2)

6.4. MODELOS LINEARES POR PARTES

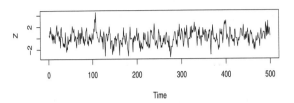

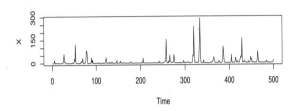

Figura 6.6: Séries Z_t e X_t simuladas de acordo com o Exemplo 6.7.

$$X_t = \begin{cases} \phi_1 X_{t-1} + \sigma_1 a_t, & X_{t-1} \leq 0, \\ \theta_1 X_{t-1} + \sigma_2 a_t, & X_{t-1} > 0. \end{cases} \quad (6.26)$$

A região de ergodicidade e estacionariedade do modelo é dada pelas equações $\phi_1 < 1, \theta_1 < 1$ e $\phi_1 \theta_1 < 1$. Para o caso $d = 2$, veja Chen e Tsay (1991). Veja também Brockwell et al. (1992) e Ling et al. (2007).

6.4.3 Estimação de modelos TAR

Nesta seção, vamos considerar estimadores de mínimos quadrados (não lineares) e estimadores bayesianos.

[1] Estimadores de mínimos quadrados

Aqui, nos baseamos em Chan (1991, 1993), Chan e Tong (1986, 1990), Chan e Tsay (1998), Chen e Tsay (1991), Fan e Yao (2003) e Yao (2007).

Para facilitar a notação, consideremos o caso de um modelo TAR(p,2), ou seja,

$$X_t = \begin{cases} \phi_{1,0} + \sum_{j=1}^{p} \phi_{1,j} X_{t-j} + \sigma_1 a_t, & X_{t-d} \leq r, \\ \phi_{2,0} + \sum_{j=1}^{p} \phi_{2,j} X_{t-j} + \sigma_2 a_t, & X_{t-d} > r. \end{cases} \quad (6.27)$$

164 CAPÍTULO 6. MODELOS NÃO LINEARES

Consideremos os vetores $\phi_1 = (\phi_{1,1}, \ldots, \phi_{1,p})'$, $\phi_2 = (\phi_{2,1}, \ldots, \phi_{2,p})'$ e $\Theta = (\phi_1', \phi_2', r, d)'$ e chamemos de $A_1 = \{t : X_{t-d} \leq r\}$ e $A_2 = \{t : X_{t-d} > r\}$.
Para uma amostra $X_1, X_2, \ldots, X_N$, considere

$$L(\Theta) = \sum_{t=p+1}^{N} [X_t - E_\Theta(X_t|\mathcal{F}_{t-1})]^2, \tag{6.28}$$

em que $\mathcal{F}_{t-1}$ representa o passado $X_{N-1}, \ldots, X_1$. Minimizaremos (6.28) em dois passos:

(a) Considere d e r (ou A_1, A_2) dados e calcule os estimadores de mínimos quadrados (EMQ) de ϕ_1 e ϕ_2, denotados $\hat{\phi}_1 = \hat{\phi}_1(d, r)$ e $\hat{\phi}_2 = \hat{\phi}_2(d, r)$, minimizando (6.28), com $E_\Theta(X|\mathcal{F}_{t-1}) = \phi_{i,0} + \phi_{i,1}X_{t-1} + \ldots \phi_{1,p}X_{t-p}$, $i = 1, 2$.

Estimamos σ_1^2 e σ_2^2 usando a soma dos quadrados dos resíduos para os dados em cada regime.

Chan (1993) escolhe $d \leq p$ e r alguma estatística de ordem $X_{(n)}$, com $0,05N \leq n \leq 0,95N$.

(b) Encontre $\hat{d} = \hat{d}(r)$, minimizando

$$L(d, r) = \sum_{i=1}^{2} L(\hat{\phi}_i, d, r). \tag{6.29}$$

Chamemos $\tilde{\phi}_i = \tilde{\phi}_i(\hat{d}, r), i = 1, 2$.
Encontre $\hat{r}$ minimizando

$$L(r) = \sum_{i=1}^{2} L(\tilde{\phi}_i, \hat{d}, r), \tag{6.30}$$

Os estimadores finais serão

$$\hat{d} = \hat{d}(\hat{r}), \hat{\phi}_i = \hat{\phi}_i(\hat{d}, \hat{r}), \hat{\sigma}_i^2 = \frac{1}{N_i} L(\hat{\phi}_i, \hat{d}, \hat{A}_i), \tag{6.31}$$

em que $N_i = \#\{t : p < t \leq N, X_{t-d} \in \hat{A}_i\}, i = 1, 2$.

Sob condições de regularidade, os estimadores $\hat{\Theta}$ e $\hat{\sigma}_i^2$ são consistentes, quando $N \to \infty$ e $N(\hat{r} - r)$ converge para uma variável aleatória determinada por um processo de Poisson composto. Além disso, $\sqrt{N}(\hat{\phi}_i - \phi_i)$ converge para uma distribuição normal, $i = 1, 2$. Veja Chan (1993) para detalhes.

6.4. MODELOS LINEARES POR PARTES

Exemplo 6.8. Os dados denominados *Canadian lynx data* referem-se ao número anual de linces canadenses capturados no distrito Mackenzie River, no norte do Canadá, no período 1821–1934.

Na Figura 6.7, temos vários gráficos da série *versus* valores defasados, mostrando a não linearidade da série.

Vamos ajustar um modelo TAR(2,2) com $r = 3,25$ e $d = 2$ ao logaritmo (na base 10) da série. Usando o programa de Shumway e Stoffer (2015), obtemos a saída abaixo:

```
> summary(fit1<-lm(X1~Z[,2:3]))   #case 1


Call:
lm(formula = X1 ~ Z[, 2:3])


Residuals:
     Min        1Q      Median        3Q        Max
 -0.57691  -0.09786    0.01351    0.11003    0.51667


Coefficients:
                    Estimate  Std. Error  t value  Pr(>|t|)
(Intercept)          0.59087     0.13642    4.331  4.72e-05 ***
Z[, 2:3]lag(y, -1)   1.25381     0.06395   19.605   < 2e-16 ***
Z[, 2:3]lag(y, -2)  -0.41840     0.07864   -5.320  1.12e-06 ***
---
Signif. codes:  0 '***' 0.001 '**' 0.01 '*' 0.05 '.' 0.1 ' ' 1


> summary(fit2<-lm(X2~Z[,2:3]))   #case 2


Call:
lm(formula = X2 ~ Z[, 2:3])


Residuals:
     Min        1Q      Median        3Q        Max
 -0.56379  -0.16698   -0.00999    0.21204    0.51735


Coefficients:
                    Estimate  Std. Error  t value  Pr(>|t|)
(Intercept)           2.2327      0.9723    2.296  0.027956 *
Z[, 2:3]lag(y, -1)    1.5269      0.1250   12.212  5.53e-14 ***
Z[, 2:3]lag(y, -2)   -1.2387      0.3099   -3.997  0.000327 ***
---
```

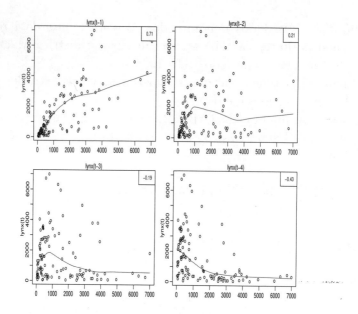

Figura 6.7: Gráfico de X_t *versus* valores defasados até lag 4 da série de linces.

```
Signif. codes:  0 '***' 0.001 '**' 0.01 '*' 0.05 '.' 0.1 ' ' 1
```

de modo que o modelo ajustado é

$$\hat{X}_t = \begin{cases} 0,59 + 1,25 X_{t-1} - 0,42 X_{t-2} + \hat{a}_t, & X_{t-2} \leq 3,25, \\ 2,23 + 1,53 X_{t-1} - 1,24 X_{t-2} + \hat{a}_t, & X_{t-2} > 3,25, \end{cases} \quad (6.32)$$

que praticamente coincide com o modelo de Tong (1990, p. 377), que sugeriu o valor do *threshold* 3,25.

O pacote tsDyn do repositório R também pode ser utilizado para estimar modelos TAR.

Na Figura 6.8, temos o gráfico do logaritmo (na base 10) da série e o modelo ajustado, que pode ser usado para previsões. Veja a Seção 6.4.5.

[2] **Estimadores bayesianos**

Neste caso, as referências principais são Nieto (2005, 2008), Zhang e Nieto (2015, 2016) e Sáfadi e Morettin (2000). Zhang e Nieto são responsáveis pelo pacote TAR do R, que utiliza tanto estimadores de mínimos quadrados como estimadores bayesianos, supondo erros normais e usando MCMC.

6.4. MODELOS LINEARES POR PARTES

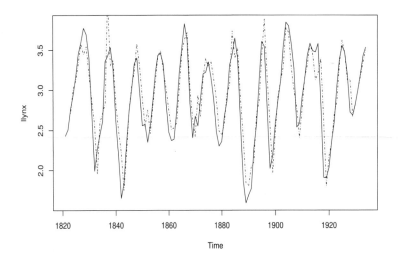

Figura 6.8: Gráfico do logaritmo (base 10) do número de linces canadenses e modelo ajustado.

Sáfadi e Morettin (2000) consideram o modelo TARMA$(p_1, p_2; q_1, q_2; 2)$ e dois enfoques. O primeiro, usual, aproximando a verossimilhança e usando prioris:

$$P(\gamma_1, \gamma_2, \tau_1, \tau_2, r, d) = P(\gamma_1|\tau_1)P(\gamma_2|\tau_2)P(\tau_1)P(\tau_2)P(r)P(d), \qquad (6.33)$$

em que

1) γ_1 e γ_2 são independentes e $\mathcal{N}(\gamma_{0,i}, \tau_i^{-1}Q_i^{-1})$, $i = 1, 2$;
2) τ_1 e τ_2 são independentes Gama$(\alpha_i/2, \beta_i/2)$, $i = 1, 2$;
3) $d \sim$ Uniforme$\{1, 2, \ldots, d_0\}$;
4) $r \sim$ Uniforme(a, b), na qual a e b são escolhidos de maneira apropriada.

A distribuição a posteriori obtida é uma densidade normal-gama. Também a distribuição de $\gamma_i|\tau_i, r, d, D)$ é normal, a distribuição de $\tau_i|r, d, D$ é gama e a distribuição de $\gamma_i|r, d, D$ é uma t-Student. Aqui, $D = \{X_{(1)}, \ldots, X_{(N)}\}$ e supomos que r é uniforme sobre $\{X_{(2)}, \ldots, X_{(N-1)}\}$.

Pode-se, também, obter as densidades marginais exatas de γ_i e τ_i. Se não tivermos informação sobre os parâmetros, podemos usar uma priori de Jeffreys,

$$P(\gamma_1, \gamma_2, \tau_1, \tau_2, r, d) \propto \tau_1^{-1} \tau_2^{-1}.$$

Veja o artigo mencionado para detalhes.

Como as distribuições são conhecidas, algoritmos de simulação não são necessários. Contudo, o esforço computacional seria bastante grande, para ajustar modelos para cada d e r. O problema é que as ordens p_i e q_i mudam de regime para regime. Uma maneira mais eficiente é usar um método proposto por Tsay (1989), chamado regressão rearranjada, que efetivamente separa os regimes.

Especificamente, as observações são dispostas em grupos de tal sorte que observações em cada grupo seguem um modelo ARMA com a mesma ordem. A separação também não requer saber o valor preciso de r. Usando as mesmas prioris acima, obtém-se também uma posteriori normal-gama. Todas as densidades condicionais são identificadas, exceto aquela de r. O algoritmo de Metropolis-Hastings é usado e depois o amostrador de Gibbs. Detalhes desses algoritmos podem ser vistos em Casella e George (1992) e Chib e Greenberg (1995).

Exemplo 6.9. Vamos reproduzir o exemplo de Sáfadi e Morettin (2000), que ajustam um modelo TARMA (1,1,1;0,2,1;3), ou seja, 3 regimes, ordens (1,1,1) para a parte autorregressiva, e ordens (0,2,1) para a parte de média móveis, para série de manchas solares (*sunspots*), dados anuais de 1700 a 1979.

Tong e Lim (1980) mostraram que um modelo TAR(2;3,11) é capaz de reproduzir a não linearidade e periodicidade desses dados, com $d = 3$ e $r = 36, 6$.

Tsay (1989) ajustou um modelo TAR(3; 11,10,11;2), $d = 2$, $r_1 = 34, 8$ e $r_2 = 70, 7$. Para o modelo TARMA acima, usaremos esses mesmos limiares. Uma priori própria foi usada, com $\alpha_i = 2, \beta_i = 1, \gamma_{0,i} = 0$, $i = 1, 2, 3$ e para a matriz Q_i, $q_{ij} = 0$, se $i \neq j$ e $q_{ij} = 0$, se $i = j$, $i = 1, 2, 3$.

Para o amostrador de Gibbs considerou-se duas cadeias, com valores iniciais diferentes para cada parâmetro e 4.000 iterações, 2.000 para cada cadeia. Os 400 primeiros valores gerados foram descartados. A Tabela 7.1 mostra os parâmetros estimados. O fator R é uma medida de convergência das cadeias e valores próximos de 1 indicam convergência.

O modelo ajustado fica, então,

$$\begin{aligned} \hat{X}_t = \quad & 6,5169 + 0,4086 X_{t-1} + \hat{a}_t, \quad \text{se } X_{t-2} \leq 34,8, \\ & 15,8547 + +0,5834 X_{t-1} + \hat{a}_t + 0,4360 \hat{a}_{t-1} + 0,3042 \hat{a}_{t-2}, \\ & \text{se } 34,8 < X_{t-2} \leq 70,7, \end{aligned}$$

6.4. MODELOS LINEARES POR PARTES

$$0,8974X_{t-1} + \hat{a}_t + 0,8156\hat{a}_{t-1}, \quad \text{se } X_{t-2} > 70,7.$$

6.4.4 Identificação e teste para linearidade

A determinação das ordens p_i dos processos AR de cada regime pode ser feita usando-se o critério AIC. Supondo os a_t gaussianos, a log-verossimilhança é dada por

$$-\frac{1}{2}\sum_{i=1}^{k} L(\phi_i, d, r)/\sigma_i^2 - \frac{1}{2}\sum_{i=1}^{k} N_i \log \sigma_i,$$

em que N_i e σ_i^2 foram definidos na seção anterior.

Tabela 6.1: Estimativas dos parâmetros para o modelo
TARMA(1,1,1;0,2,1;3)

Parâmetros	Média	s.d	$\sqrt{\hat{R}}$
ϕ_{10}	6.5169	1.0942	1.0001
ϕ_{11}	0.4086	0.0448	0.9999
$\phi_{2,0}$	15.8547	2.7384	1.0008
$\phi_{2,1}$	0.5834	0.0488	1.0027
$\phi_{3,1}$	0.8974	0.0399	1.0003
θ_{21}	0.4360	0.0936	1.0048
θ_{22}	0.3042	0.0867	1.0017
θ_{31}	0.8156	0.1318	0.9996
τ_1	0.0168	0.0023	1.0028
τ_2	0.0066	0.0011	1.0028
τ_3	0.0012	0.0002	0.9993

O AIC é dado por

$$AIC(p_i) = \sum_{i=1}^{k}[N_i \log\{\hat{\sigma}_i^2(p_i)\} + 2(p_i + 1), \tag{6.34}$$

em que $\hat{\sigma}_i^2(p_i) = \hat{\sigma}_i^2$, definida em (6.16), e ecolhemos p_i que minimiza essa quantidade.

Um teste de linearidade que pode ser feito é

$$H_0 : X_t \sim AR(p),$$

$$H_1 : X_t \sim TAR(p),$$

supondo os a_t i.i.d. $\mathcal{N}(0, \sigma^2)$, com p e d conhecidos. Veja Chan (1991) e Fan e Yao (2003) para detalhes.

6.4.5 Previsão de modelos TAR

Vamos considerar o modelo (6.27) e observações $X_1, \ldots, X_N$. Queremos prever X_{N+h}, dado o passado $\{X_N, X_{N-1}, \ldots\}$. Vamos, como antes, designar a previsão de origem N e horizonte h por $\hat{X}_N(h)$ e por $e_N(h)$ o erro de previsão.

Dado que temos modelos autorregressivos nos dois regimes, a previsão é feita facilmente (veja o Capítulo 9 do Volume 1). Basta calcular o valor esperado condicional $E(X_{N+h}|X_N, X_{N-1}, \ldots)$, para $h = 1, 2, \ldots$. Dado $d \geq 1$, tudo depende de X_{N+h-d} ser observado ou não.

No caso $h = 1$ (previsão um passo à frente), se X_{N+1-d} for observado, temos duas situações.

(a) Se $X_{N+1-d} \leq r$,

$$\hat{X}_N(1) = \phi_{1,0} + \sum_{j=1}^{p} \phi_{1j} X_{N+1-j},$$

com $e_N(1) = \sigma_1 a_{N+1}$, e o correspondente intervalo de confiança, com coeficiente de confiança de 95%, será $\hat{X}_N(1) \pm 1,96\sigma_1$.

(b) Se $X_{N+1-d} > r$,

$$\hat{X}_N(1) = \phi_{2,0} + \sum_{j=1}^{p} \phi_{2j} X_{N+1-j},$$

com $e_N(1) = \sigma_2 a_{N+1}$, e o intervalo de confiança $\hat{X}_N(1) \pm 1,96\sigma_2$.

No caso de $h = 2$ (previsão dois passos à frente), se X_{N+2-d} for observado, as previsões serão

$$\hat{X}_N(2) = \phi_{1,0} + \phi_{11}\hat{X}_N(1) + \sum_{j=2}^{p} \phi_{1j} X_{N+2-j},$$

$$\hat{X}_N(2) = \phi_{2,0} + \phi_{21}\hat{X}_N(1) + \sum_{j=1}^{p} \phi_{2j} X_{N+2-j},$$

conforme $X_{N+2-d} \leq r$ ou $X_{N+2-d} > r$, respectivamente. Os erros de previsão serão $e_N(2) = \phi_{11}e_N(1) + \sigma_1 a_{N+2}$ e $e_N(2) = \phi_{21}e_N(1) + \sigma_2 a_{N+2}$, com variâncias $\sigma_1^2(1 + \phi_{11}^2)$ e $\sigma_2^2(1 + \phi_{21}^2)$, respectivamente.

6.4. MODELOS LINEARES POR PARTES

Em geral, se X_{N+h-d} não for observado, precisamos de simulações para calcular as previsões. O procedimento é o seguinte. Seja M o número de iterações. Para $j = 1, 2, \ldots, M$:

(i) retire uma amostra de tamanho h da distribuição de a_t, que usualmente é suposta $\mathcal{N}(0,1)$. Denote essa amostra por $a_{N+1}^{(j)}, \ldots, a_{N+h}^{(j)}$.

(ii) para $t = N + 1, \ldots, N + h$, use o modelo TAR e os valores obtidos no item (i) para gerar observações $X_{N+1}^{(j)}, \ldots, X_{N+h}^{(j)}$, na j-ésima iteração.

(iii) Calcule as previsões e variâncias associadas por meio de

$$\hat{X}_N(i) = \frac{1}{M} \sum_{j=1}^{M} X_{N+i}^{(j)},$$

$$\text{Var}[e_N(i)] = \frac{1}{M-1} \sum_{j=1}^{M} [X_{N+i}^{(j)} - \hat{X}_N(i)]^2,$$

para $i = 1, 2, \ldots, h$.

Exemplo 6.10. Vamos considerar a série do logaritmo (base 10) do número de linces canadenses, do Exemplo 6.8, e fazer previsões. Para isso, usaremos o pacote TSA do R. A título de ilustração, estimaremos um modelo TAR usando esse programa. Vamos fixar as ordens $p_1 = p_2 = 2$ e $d = 2$. O programa estima o *threshold*, r, fixando-se um quantil mínimo e um quantil máximo, que escolhemos como $a = 0,1$ e $b = 0,9$. No Exemplo 6.8, $r = 3,25$ foi fixado.

As estimativas são dadas a seguir. Vemos que o *threshold* estimado foi $r = 3,31$ e os parâmetros estimados são parecidos com aqueles do Exemplo 6.8, mas o intercepto do segundo regime não é significativo.

```
>lynx.tar.1=tar(y=log.lynx ,p1=2,p2=2,d=2,a=.1,b=.9,print=TRUE)

time series included in this analysis is:  log.lynx
SETAR(2, 2 , 2 ) model delay = 2
estimated threshold =  3.31  from a Minimum AIC  fit with
thresholds  searched from the  10  percentile to the   90
percentile of all data. The estimated threshold is the
69.6  percentile of all data.
lower regime:
Residual Standard Error=0.1872
```

```
R-Square=0.9961
F-statistic (df=3, 75)=6362.92
p-value=0

                    Estimate Std.Err t-value Pr(>|t|)
intercept-log.lynx   0.5884  0.1337  4.4021        0
lag1-log.lynx        1.2643  0.0609 20.7703        0
lag2-log.lynx       -0.4284  0.0723 -5.9275        0

(unbiased) RMS 0.03503 with number of data falling in
the regime being  78

(max. likelihood) RMS for each series
(denominator=sample size in the regime) 0.03368

upper regime:
Residual Standard Error=0.2356
R-Square=0.9945
F-statistic (df=3, 31)=1868.504
p-value=0

                    Estimate Std.Err t-value Pr(>|t|)
intercept-log.lynx   1.1657  1.0294  1.1325   0.2661
lag1-log.lynx        1.5993  0.1280 12.4988   0.0000
lag2-log.lynx       -1.0116  0.3112 -3.2507   0.0028

(unbiased) RMS 0.05551 with no of data falling in
the regime being 34

(max. likelihood) RMS for each series
(denominator=sample size in the regime) 0.05062

Nominal AIC is  -34.08
```

Vamos, agora, usar a função **predict** para fazer as previsões. Os comandos necessários estão no site do livro. Obtemos a Figura 6.9, na qual são mostradas a série original e as previsões, juntamente com os intervalos de confiança. Vemos que as previsões deterioram-se rapidamente, donde os limites de confiança são grandes. Veja o Problema 11.

6.5. MODELOS DE TRANSIÇÃO MARKOVIANOS

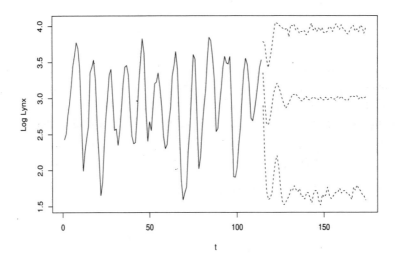

Figura 6.9: Gráfico do logaritmo (base 10) do número de linces canadenses e previsões, com limites de confiança.

6.5 Modelos de transição markovianos

Esses modelos são semelhantes aos modelos lineares por partes, mas agora a troca de regimes é governada por uma variável de estado, não observada, que tipicamente é modelada como uma cadeia de Markov.

6.5.1 Formulação geral

Por exemplo, considere

$$X_t = \begin{cases} \alpha_1 + \beta_1 X_{t-1} + a_{1t}, & \text{se } S_t = 1, \\ \alpha_2 + \beta_2 X_{t-1} + a_{2t}, & \text{se } S_t = 0. \end{cases} \quad (6.35)$$

Aqui, S_t é uma cadeia de Markov com dois estados, 0 e 1. Esses modelos são bastante usados em Econometria. Por exemplo, considere a taxa trimestral de crescimento do PIB (produto interno bruto) do Brasil. Então, $S_t = 1$ pode indicar um período de expansão do PIB, e $S_t = 0$ indica um período de contração. Dizemos que $S = \{0, 1\}$ é o espaço de estados da cadeia de Markov. Veja Hamilton (1994), Kim e Nelson (1999) e Frühwirth-Schnatter (2006) para mais informações sobre esses modelos.

De modo geral, um modelo de transição de Markov (MTM) com dois estados é dado por

$$X_t = \begin{cases} \phi_{0,1} + \phi_{1,1}X_{t-1} + \ldots + \phi_{p,1}X_{t-p} + \sigma_1\varepsilon_t, & \text{se } S_t = 1 \\ \phi_{0,2} + \phi_{1,2}X_{t-1} + \ldots + \phi_{p,2}X_{t-p} + \sigma_2\varepsilon_t, & \text{se } S_t = 0, \end{cases} \qquad (6.36)$$

com $\sigma_i > 0, \phi_{i,j}$ números reais e ε_t i.i.d. $(0, 1)$. Como nos modelos autorregressivos, requer-se que os polinômios $\phi_j(B) = 1 - \phi_{i,1}B - \ldots - \phi_{p,j}B^p$, $j = 1, 2$, tenham raízes fora do círculo unitário.

A transição entre estados do modelo é dada pelas probabilidades de transição

$$P(S_t = 1|S_{t-1} = 0) = p_1, \quad P(S_t = 0|S_{t-1} = 1) = p_2,$$

com $0 < p_1, p_2 < 1$. A matriz de transição é dada por

$$\mathbf{P} = \begin{bmatrix} 1 - p_1 & p_1 \\ p_2 & 1 - p_2 \end{bmatrix},$$

tendo, como usual, a soma de cada linha igual a um.

Podemos estender essa definição para o caso de termos um espaço de estados $S = \{1, 2, \ldots, k\}$, mas neste texto vamos considerar somente o caso $k = 2$. A rotulação dos dois estados é arbitrária.

As condições de estacionariedade e existência de momentos para esses modelos são complicadas. Veja Yao e Attali (2000) e Francq e Zakoian (2001) para mais informações.

Exemplo 6.11. Vamos simular $N = 300$ valores do modelo

$$X_t = \begin{cases} 2 + 0,6X_{t-1} + \sigma_1\varepsilon_t, & \text{se } S_t = 1 \\ 1 + 0,9X_{t-1} + \sigma_2\varepsilon_t, & \text{se } S_t = 0, \end{cases} \qquad (6.37)$$

com $\varepsilon_t \sim$ i.i.d. $\mathcal{N}(0, 1)$, $\sigma_1 = 1$, $\sigma_2 = 0.5$

$S_t = 1$ significa $t = 101 : 150, 181 : 250$
$S_t = 0$ significa: $t = 1 : 100, 151 : 180, 251 : 300$

Na Figura 6.10, temos o gráfico da série simulada e da série de estados.

Na Figura 6.11, temos os gráficos de X_t *versus* valores defasados, até lag 4.

Exemplo 6.12. Vamos simular, agora, o modelo abaixo, com $N = 300$, onde há uma série Y_t como covariável, gerada de uma distribuição uniforme no intervalo $[0, 1]$.

6.5. MODELOS DE TRANSIÇÃO MARKOVIANOS

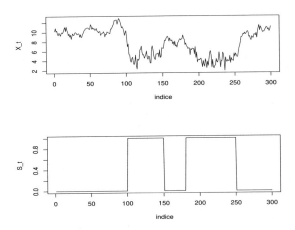

Figura 6.10: Gráficos de X_t e S_t para o Exemplo 6.11.

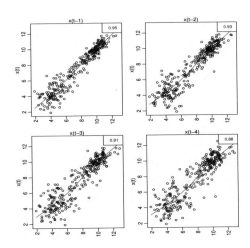

Figura 6.11: Gráficos de X_t *versus* valores defasados para o Exemplo 6.11.

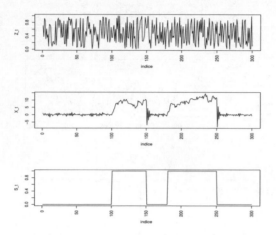

Figura 6.12: Gráficos de Y_t, X_t e S_t.

$$X_t = \begin{cases} 2 + 0,8X_{t-1} + \sigma_1\varepsilon_t, & \text{se } S_t = 1 \\ -2 + 0,6Y_t - 0,7X_{t-1} + \sigma_2\varepsilon_t, & \text{se } S_t = 0, \end{cases} \quad (6.38)$$

$\varepsilon_t, \sigma_1, \sigma_2, S_t$ como no Exemplo 6.11. Na Figura 6.12, temos os gráficos de Y_t, X_t e S_t. Nas duas figuras, é possível notar a mudança nas séries quando cada estado entra em ação. Na Figura 6.13, temos os gráficos de dispersão de X_t *versus* seus valores defasados (até lag 4), mostrando a não linearidade do modelo.

6.5.2 Estimação

Aqui, há dois problemas a tratar. O primeiro, refere-se à variável de estado S_t e, o segundo, estimar os parâmetros do MTM.

Sobre a variável de estado, podemos considerar o que foi visto no Capítulo 2, Seção 2.3. Calcularemos as probabilidades filtradas e suavizadas, dados o modelo e as observações. Suponhamos que $\mathbf{X}^t = (X_1, \ldots, X_t)'$ represente os dados até o instante t, M represente o modelo selecionado e $N > t$ seja o tamanho da amostra.

Então, as *probabilidades filtradas* são dadas por $P(S_t = i|\mathbf{X}^t, M)$, enquanto as *probabilidades suavizadas* são dadas por $P(S_t = i|\mathbf{X}^N, M)$.

Então, as *probabilidades filtradas* são dadas por $P(S_t = i|\mathbf{X}^t, M)$, enquanto as *probabilidades suavizadas* são dadas por $P(S_t = i|\mathbf{X}^N, M)$.

6.5. MODELOS DE TRANSIÇÃO MARKOVIANOS

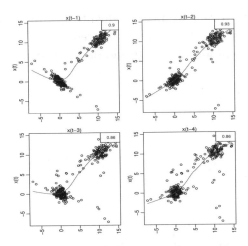

Figura 6.13: Gráficos de X_t *versus* valores defasados para o Exemplo 6.12.

No primeiro caso, com valores iniciais, o algoritmo (*forward*) é um procedimento que atualiza as probabilidades, à medida que um novo valor de X_t é obtido (filtragem de Kalman).

No segundo caso, dadas as probabilidades filtradas para $t = 1, 2, \ldots, N$ e valores iniciais, as probabilidades suavizadas são obtidas (*backward*) para $t = N-1, N-2, \ldots$ (suavizador de Kalman). No Apêndice 6.B, apresentamos essas probabilidades.

Quanto à estimação do MTM, há duas possibilidades: os estados são observados (o que raramente ocorre na prática) ou não são observados. Podemos usar estimadores de máxima verossimilhança ou estimadores bayesianos. No Apêndice 6.B apresentamos os EMV.

O pacote MSwM do R usa EMV, e o algoritmo EM (*expectation, maximization*). Esse pacote será usado nos exemplos a seguir.

Exemplo 6.12. (continuação). Consideremos as séries X_t e Y_t simuladas de acordo com o modelo (6.38) e vamos estimar um MTM. Utilizamos o pacote MSwM (veja Sanches-Espigares e Lopez-Moreno, 2018). Esse pacote supõe que se ajuste preliminarmente um modelo linear ou linear generalizado à série X_t. Contudo, esse modelo não deve ser adequado (porque nesse caso não seria necessário ajustar um modelo não linear), ou seja, os resíduos não devem ser ruído branco.

178   CAPÍTULO 6.   MODELOS NÃO LINEARES

No nosso caso, vamos ajustar primeiramente um modelo linear tendo a variável resposta como sendo X_t e a variável preditora como sendo a variável Y_t. Os comandos e o resultado do ajuste são dados a seguir:

```
> mod=lm(x~y)
> summary(mod)

Call:
lm(formula = x ~ y)


Residuals:
   Min      1Q    Median      3Q      Max
-11.504  -3.651   -2.631    4.837    9.026

Coefficients:
             Estimate  Std. Error  t value    Pr(>|t|)
(Intercept)    2.5896      0.5361    4.831    2.18e-06 ***
y              2.0600      0.9337    2.206    0.0281 *
---
Signif.codes: 0 '***' 0.001 '**' 0.01 '*' 0.05 '.' 0.1 ' ' 1

Residual standard error: 4.717 on 298 degrees of freedom
Multiple R-squared:  0.01607,   Adjusted R-squared:  0.01277
F-statistic: 4.868 on 1 and 298 DF,   p-value: 0.02813
```

Vemos que o modelo linear ajustado, embora tenha os coeficientes significativos, apresenta um $R^2 = 0,01607$.

Na Figura 6.14, vemos a f.a.c. dos resíduos, bem como o gráfico $Q \times Q$ para normalidade, indicando que os dados não são bem explicados pelo modelo linear.

A seguir, ajustamos um modelo MTM aos dados. A ordem da parte autorregressiva é fixada como $p = 1$. Os comandos apropriados e o resultado do ajuste são apresentados abaixo.

```
> model=msmFit(mod,k=2,p=1,sw=c(TRUE,TRUE,TRUE,TRUE),
         + control=list(parallel=FALSE))
> summary(model)
Markov Switching Model
```

6.5. MODELOS DE TRANSIÇÃO MARKOVIANOS

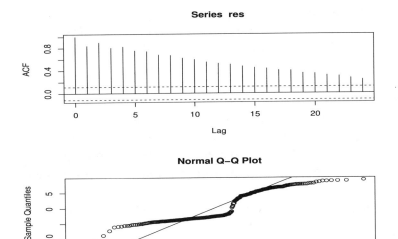

Figura 6.14: F.a.c. e gráfico $Q \times Q$ normal dos resíduos do modelo linear.

```
Call: msmFit(object = mod, k = 2, sw = c(TRUE, TRUE, TRUE,
TRUE), p = 1, control = list(parallel = FALSE))

      AIC      BIC    logLik
 649.0551 705.4605 -318.5276

Coefficients:

Regime 1
---------
              Estimate Std. Error  t value  Pr(>|t|)
(Intercept)(S)  -0.3316    0.0691  -4.7988 1.596e-06 ***
y(S)             0.8893    0.1223   7.2715 3.555e-13 ***
x_1(S)          -0.7353    0.0195 -37.7077 < 2.2e-16 ***
---
Signif. codes:  0 '***' 0.001 '**' 0.01 '*' 0.05 '.' 0.1 ' ' 1

Residual standard error: 0.4847219
Multiple R-squared: 0.897
```

180   *CAPÍTULO 6. MODELOS NÃO LINEARES*

```
Standardized Residuals:
   Min        Q1          Med          Q3         Max
 -1.2239  -8.7669e-02  1.1293e-118  7.9711e-02   1.3631


Regime 2
---------

                  Estimate Std. Error t value  Pr(>|t|)
 (Intercept)(S)    2.1170     0.4482  4.7233   2.32e-06 ***
 y(S)              0.2454     0.3357  0.7310     0.4648
 x_1(S)            0.7649     0.0456 16.7741  < 2.2e-16 ***
 ---
 Signif. codes: 0 '***' 0.001 '**' 0.01 '*' 0.05 '.' 0.1 ' ' 1


 Residual standard error: 1.027175
 Multiple R-squared: 0.7545


 Standardized Residuals:
   Min        Q1          Med          Q3         Max
 -2.3374 -1.4542e-02 -6.6995e-03  4.4338e-06   2.3950


 Transition probabilities:
           Regime 1    Regime 2
 Regime 1 0.98861808  0.01689688
 Regime 2 0.01138192  0.98310312
```

Os coeficientes relevantes são significativos e o modelo ajustado fica:

$$\hat{X}_t = \begin{cases} 2,117 + 0.765 X_{t-1} + \hat{\sigma}_1 \hat{\varepsilon}_t, & \text{se } S_t = 1 \\ -0,332 + 0,889 Y_t - 0,735 X_{t-1} + \hat{\sigma}_2 \hat{\varepsilon}_t, & \text{se } S_t = 0, \end{cases} \qquad (6.39)$$

com $\hat{\sigma}_1 = 1,03$ e $\hat{\sigma}_2 = 0,48$. A matriz de transição estimada é

$$\hat{\mathbf{P}} = \begin{bmatrix} 0,01138 & 0,98862 \\ 0,98310 & 0,01690 \end{bmatrix}.$$

Na Figura 6.15, temos as probabilidades filtradas e suavizadas para MTM ajustado. Na Figura 6.16, temos a variável resposta indicando as observações associadas ao regime 1. Na Figura 6.17, temos os resíduos e o correspondente gráfico $Q \times Q$. Na Figura 6.18, temos a f.a.c. amostral dos resíduos e dos quadrados dos resíduos.

Exemplo 6.13. Vamos considerar, como aplicação, os dados de mortes diárias em acidentes de tráfego na Espanha durante o ano de 2010, constantes do

6.5. MODELOS DE TRANSIÇÃO MARKOVIANOS

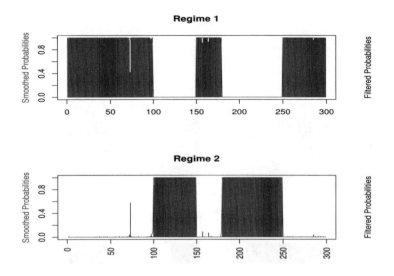

Figura 6.15: Gráficos das probabilidades filtradas e suavizadas para o MTM (6.39).

pacote **MSwM**. Como covariáveis, temos a temperatura média diária e a precipitação média diária. Os dados são da Dirección General de Trafico e da Agencia Estatal de Meteorologia da Espanha. Na Figura 6.19 temos os gráficos das três séries.

Como a variável de interesse é uma contagem, vamos usar como modelo preliminar um MLG com distribuição de Poisson.

Temos, a seguir, os comandos e o modelo estimado resultante.

```
> mod=glm(NDead~Temp+Prec,traffic,family="poisson")
> summary(mod)

Call:
glm(formula = NDead ~ Temp + Prec, family = "poisson",
+ data = traffic)

Deviance Residuals:
    Min       1Q   Median       3Q      Max
-3.1571  -1.0676  -0.2119   0.8080   3.0629
```

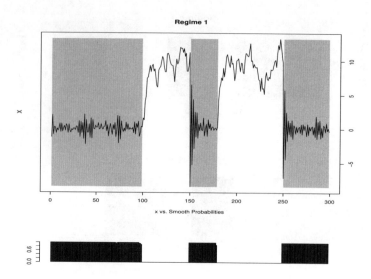

Figura 6.16: Gráficos de X_t indicando quais observações estão associadas ao regime 1.

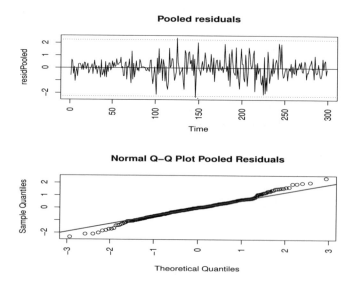

Figura 6.17: Gráficos dos resíduos e $Q \times Q$.

6.5. MODELOS DE TRANSIÇÃO MARKOVIANOS

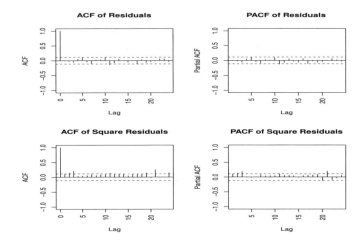

Figura 6.18: Gráficos das autocorrelações amostrais dos resíduos e quadrados dos resíduos.

```
Coefficients:
            Estimate Std. Error z value Pr(>|z|)
(Intercept) 1.1638122  0.0808726  14.391  < 2e-16 ***
Temp        0.0225513  0.0041964   5.374  7.7e-08 ***
Prec        0.0002187  0.0001113   1.964   0.0495 *
---
Signif. codes:  0 '***' 0.001 '**' 0.01 '*' 0.05 '.' 0.1 ' ' 1

(Dispersion parameter for poisson family taken to be 1)

    Null deviance: 597.03  on 364  degrees of freedom
Residual deviance: 567.94  on 362  degrees of freedom
AIC: 1755.9

Number of Fisher Scoring iterations: 5
```

A seguir, ajustamos um MTM. O resultado é apresentado abaixo.

```
> model=msmFit(mod,k=2,sw=c(TRUE,TRUE,TRUE),family="poisson",
       + control=list(parallel=FALSE))
> summary(model)
```

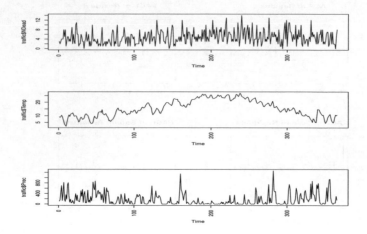

Figura 6.19: Gráficos da série de mortes, temperatura e precipitação na Espanha, 2010.


```
Markov Switching Model

Call: msmFit(object = mod, k = 2, sw = c(TRUE, TRUE,
TRUE), family = "poisson", control = list(parallel = FALSE))

      AIC      BIC     logLik
 1713.877 1772.676 -850.9386

Coefficients:

Regime 1
---------
               Estimate Std. Error t value  Pr(>|t|)
(Intercept)(S)   0.7648    0.1754  4.3603 1.299e-05 ***
Temp(S)          0.0288    0.0082  3.5122 0.0004444 ***
Prec(S)          0.0002    0.0002  1.0000 0.3173105
---
Signif. codes:  0 '***' 0.001 '**' 0.01 '*' 0.05 '.' 0.1 ' ' 1

Regime 2
---------
               Estimate Std. Error t value Pr(>|t|)
```

6.5. MODELOS DE TRANSIÇÃO MARKOVIANOS 185

```
(Intercept)(S)    1.5658     0.1574  9.9479  < 2e-16 ***
Temp(S)           0.0194     0.0080  2.4250  0.01531 *
Prec(S)           0.0004     0.0002  2.0000  0.04550 *
---
Signif. codes:  0 '***' 0.001 '**' 0.01 '*' 0.05 '.' 0.1 ' ' 1

Transition probabilities:
          Regime 1  Regime 2
Regime 1 0.7287411 0.4913551
Regime 2 0.2712589 0.5086449
```

Chamando $Y_{1t}=$ temperatura e $Y_{2t}=$ precipitação, o modelo estimado fica:

$$\hat{X}_t = \begin{cases} 1,57 + 0,02Y_{1,t} + 0,0004Y_{2,t} + \hat{\sigma}_1\hat{\varepsilon}_t, & \text{se } S_t = 1 \\ 0,77 + 0.03Y_{1,t} + \hat{\sigma}_2\hat{\varepsilon}_t, & \text{se } S_t = 0, \end{cases} \tag{6.40}$$

A matriz de transição estimada é dada por

$$\hat{P} = \begin{bmatrix} 0,271 & 0,729 \\ 0,491 & 0,509 \end{bmatrix}.$$

Os intervalos de confiança para os parâmetros podem ser obtidos com a função intervals(model). Com a função plotProb(model,which=2), obtemos a Figura 6.20, que fornece o gráfico da variável resposta indicando quais observações estão associadas com o regime 1.

Vemos que os regimes estão distribuídos em períodos curtos, porque um deles contém dias de trabalho. Com a função plotProb(model, which=1), obtemos as probabilidades filtradas e suavizadas da Figura 6.21.

Na Figura 6.22 temos os resíduos e respectivo gráfico $Q \times Q$ e, na Figura 6.23, as autocorrelações dos resíduos e quadrados dos resíduos, indicando um bom ajuste, mas resíduos com alguma assimetria. Esses gráficos são obtidos com a função plotDiag(model,which=c(1:3).

Incluindo-se uma defasagem de X_t no modelo ($p = 1$ no comando msmFit), obtemos o modelo estimado

$$\hat{X}_t = \begin{cases} 1,346 + 0,015Y_{1,t} - 0,0004Y_{2,t} + 0,034X_{t-1} + \hat{\sigma}_1\hat{\varepsilon}_t, & \text{se } S_t = 1 \\ 0.046Y_{1,t} + 0,0002Y_{2,t} + \hat{\sigma}_2\hat{\varepsilon}_t, & \text{se } S_t = 0, \end{cases}$$
$$\tag{6.41}$$

A matriz de transição estimada é dada por

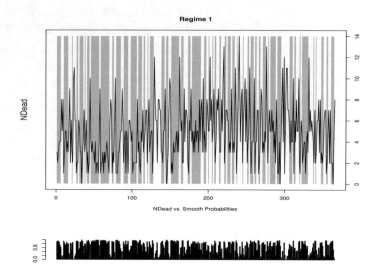

Figura 6.20: Gráfico de X_t indicando quais observações pertencem ao regime 1.

$$\hat{\mathbf{P}} = \begin{bmatrix} 0,363 & 0,637 \\ 0,325 & 0,675 \end{bmatrix}.$$

6.5.3 Previsão de MTM

A previsão de modelos MTM é feita como nos modelos TAR, por meio de simulações. Dadas as observações $\mathbf{X}^N = (X_1, \ldots, X_N)'$, queremos prever X_{N+h}, dado o passado $\{X_N, X_{N-1}, \ldots\}$. Vamos, como antes, designar a previsão de origem N e horizonte h por $\hat{X}_N(h)$.

Temos que obter antes a probabilidade filtrada $P(S_t = j|\mathbf{X}^t, M)$, $j = 1, 2, \ldots, k$.

(i) retire uma amostra de tamanho h da distribuição de ε_t, que usualmente é suposta $\mathcal{N}(0,1)$. Denote essa amostra por $\varepsilon_{N+1}^{(j)}, \ldots, \varepsilon_{N+h}^{(j)}$.

(ii) retire o estado S_N, usando a probabilidade filtrada acima; denote o estado por $S_N = v$.

(iii) Dado $S_N = v$, para $i = 1, \ldots, h$:

6.6. MODELOS AR FUNCIONAIS

(a) selecione o estado S_{N+i}, dado S_{N+i-1}, por meio da matriz de transição $\mathbf{P}$.

(b) Calcule X_{N+i}, baseado no modelo M, dados $\mathbf{X}^N$ e previsões já disponíveis.

(iv) Denote as previsões resultantes por $X_{N+1}^{(j)}, \ldots, X_{N+h}^{(j)}$, na j-ésima iteração.

(v) Calcule as previsões e variâncias associadas por meio de

$$\hat{X}_N(i) = \frac{1}{M} \sum_{j=1}^{M} X_{N+i}^{(j)},$$

$$\mathrm{Var}[e_N(i)] = \frac{1}{M-1} \sum_{j=1}^{M} [X_{N+i}^{(j)} - \hat{X}_N(i)]^2,$$

para $i = 1, 2, \ldots, h$.

6.6 Modelos AR funcionais

De modo genérico, modelos FAR (*functional coefficients autoregressive*), modelos autorregressivos com coeficientes funcionais, são da forma

$$X_t = f(X_{t-1}, \ldots, X_{t-p}) + a_t, \tag{6.42}$$

na qual $a_t \sim$ iid $(0, \sigma_a^2)$ e a_t independente de X_s, $s < t$. Subentende-se que $f(X_{t-1}, \ldots, X_{t-p}) = E(X_t | X_{t-1}, \ldots, X_{t-p})$, e que são impostas condições de regularidade sobre f e condições *mixing* sobre o processo, ou seja, formas de independência assintótica. O objetivo é estimar f, usualmente utilizando técnicas não paramétricas.

Exemplo 6.14. Hastie e Tibshirani (1990) consideram o modelo na forma

$$X_t = f_1(X_{t-1}) + \ldots f_p(X_{t-p}) + a_t, \tag{6.43}$$

enquanto Chen e Tsay (1993) consideram

$$X_t = f_1(X_{t-d})X_{t-1} + \ldots + f_p(X_{t-d})X_{t-p} + a_t, \tag{6.44}$$

com $d > 0$.

Exemplo 6.15. Outro exemplo de interesse é o modelo parcialmente linear, dado por

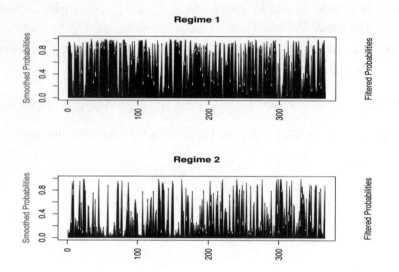

Figura 6.21: Probabilidades filtradas (cor preta) e suavizadas (cor cinza).

$$X_t = f(X_{t-1}) + \beta \mathbf{u}_t + \delta \epsilon_t. \tag{6.45}$$

O vetor $\mathbf{u}_t$ pode conter valores passados do processo, como $\mathbf{u}_t = (X_{t-2}, ..., X_{t-p})'$, para algum $p \geq 2$, ou pode conter covariáveis, ou uma combinação de ambas as possibilidades.

Uma forma geral seria

$$X_t = f_1(Y_{t-1})X_{t-1} + \cdots + f_p(Y_{t-1})X_{t-p} + a_t, \tag{6.46}$$

em que $\{f_i(Y_{t-1})\}$ são funções mensuráveis de $\mathbb{R}^k \to \mathbb{R}$, e

$$Y_{t-1} = (X_{t-i_1}, X_{t-i_2}, \cdots, X_{t-i_k})'$$

com $i_j > 0$ para $j = 1, \cdots, k$. Aqui, Y_{t-1} é um vetor limiar (*threshold*), $i_1, \cdots, i_k$ são parâmetros de defasagem ou atraso, X_{t-i_j} são as variáveis *threshold*. Suponha $\max(i_1, \cdots, i_k) \leq p$.

O modelo (6.46) é um caso especial do modelo de estado dependente de Priestley (1980). Usualmente, $p = 1$ ou $p = 2$ em (6.46). Vários modelos AR não lineares são casos particulares do modelo FAR. Mencionamos alguns a seguir.

6.6. MODELOS AR FUNCIONAIS

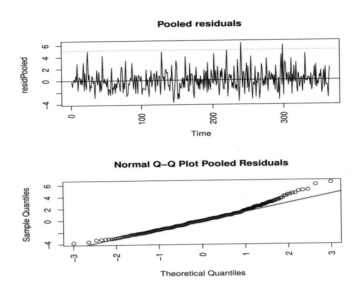

Figura 6.22: Resíduos e respectivo gráfico $Q \times Q$ para o Exemplo 6.13.

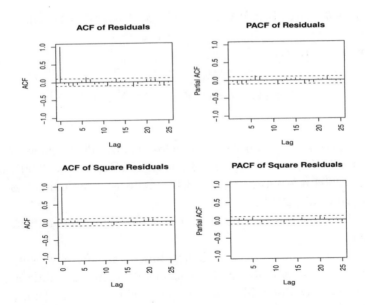

Figura 6.23: Autocorrelações dos resíduos e quadrados dos resíduos para o Exemplo 6.13.

(a) O modelo TAR.

Como vimos, o modelo TAR é dado por

$$X_t = \theta_1^{(i)} X_{t-1} + \cdots + \theta_p^{(i)} X_{t-p} + \epsilon_t^{(i)}, \quad \text{if } X_{t-d} \subset \Omega_i, \qquad (6.47)$$

para $i = 1, \cdots, k$, sendo que $\Omega_i's$ forma uma partição da reta. Se $f_j(Y_{t-1}) = \theta_j^{(i)}$, se $X_{t-d} \in \Omega_i$, esse modelo TAR é um caso especial de (6.46).

(b) Modelo EXPAR.

Suponha que X_t siga o modelo AR exponencial (EXPAR), no qual $f_j(\cdot)$ é dada por

$$f_j(Y_{t-1}) = a_j + (b_j + c_j X_{t-d}) \exp(-\theta_j X_{t-d}^2). \qquad (6.48)$$

com $\theta_j \geq 0$ para $j = 1, \cdots, p$.

(c) Suponha que that X_t siga o processo

$$X_t = [a_1 + b_1 \sin(\phi_1 X_{t-d})] X_{t-1} + \cdots + [a_p + b_p \sin(\phi_p X_{t-d})] X_{t-p} + \epsilon_t. \qquad (6.49)$$

Aqui, para $j = 1, \ldots, p$,

$$f_j(Y_{t-1}) = a_j + b_j \sin(\phi_j X_{t-d}).$$

Diversos autores analisaram esses modelos, utilizando técnicas como regressão rearranjada (Chen e Tsay, 1993), kernels (Cai et al., 2000), splines (Huang e Shen, 2004 e Montoril et al., 2014), regressão polinomial local, ondaletas (Montoril et al., 2018).

Esses modelos são casos particulares de modelos de regressão com coeficientes funcionais.

O modelo de regressão com coeficientes funcionais (MRCF) surge como uma alternativa interessante aos modelos usuais de regressão, dada a sua flexibilidade. Tal modelo é definido como segue. Seja $\{Y_t, U_t, \mathbf{X}_t\}$ um processo conjuntamente estacionário, sendo U_t uma variável aleatória real e $\mathbf{X}_t$ um vetor aleatório em $\mathbb{R}^d$. Suponha $E(Y_t^2) < \infty$.

Considerando a função de regressão multivariada $m(\mathbf{x}, u) = E(Y_t | \mathbf{X}_t = \mathbf{x}, U_t = u)$, o MRCF tem a forma

PROBLEMAS

$$m(\mathbf{x}, u) = \sum_{i=1}^{d} f_i(u) x_i, \tag{6.50}$$

na qual $f_j(\cdot)$s são funções de $\mathbb{R}$ em $\mathbb{R}$ e $\mathbf{x} = (x_1, \ldots, x_d)'$.

MRCF, também chamados modelos com coeficientes variáveis, em geral assumem erros independentes. Em situações práticas, essa suposição pode ser muito restritiva. Montoril et al. (2014) generalizaram a abordagem de Huang e Shen (2004), usando splines, e permitindo que os erros sejam correlacionados. Uma abordagem usando ondaletas aparece em Montoril et al. (2018).

Outro modelo de interesse é o modelo autorregressivo com coeficientes aleatórios (RCA), da forma

$$X_t = \sum_{j=1}^{p} \theta_{jt} X_{t-1} + \varepsilon_t, \quad t = 1, 2, \ldots, N, \tag{6.51}$$

na qual

$$\theta_{jt} = \mu_j + \eta_{j,t}, \quad j = 1, 2, \ldots, p \tag{6.52}$$

com $\varepsilon_t \sim \mathcal{N}(0, \sigma_\varepsilon^2)$, $\eta_{jt} \sim \mathcal{N}(0, \sigma_\eta^2)$, independentes. Para detalhes, veja Nicholls e Quinn (1980), Liu (1981), Diaz (1990) e Sáfadi e Morettin (2003).

Finalmente, podemos ter um modelo como (6.51), em que os coeficientes θ_{jt} variam no tempo, mas não são aleatórios. Veja West (1997) e Dahlhaus et al. (1999).

Problemas

1. Prove as afirmações feitas no Exemplo 6.2.

2. Calcule $E(X_t)$, $E(X_t X_{t-h})$, para $h = 0, 1, 2$, para o processo BL(0,0,2,1) dado em (6.8).

3. Prove que, para um modelo BL(1,0,1,1) temos

$$X_t - \mu = \alpha(X_{t-1} - \mu) + \varepsilon_t + \gamma(X_{t-1}\varepsilon_{t-1} - \sigma^2).$$

4. Prove que o modelo BL(1,0,1,1) pode ser escrito na forma

$$X_t = (\alpha + \gamma \varepsilon_{t-1}) X_{t-1} + \varepsilon_t,$$

ou seja, um modelo AR(1) com coeficiente aleatório.

CAPÍTULO 6. MODELOS NÃO LINEARES

5. Implemente as equações (B.1)–(B.3) e (6.22) e ajuste um modelo bilinear BL(1,0,1,1) à série de linces canadenses.

6. Ajuste um modelo TAR à série de manchas solares de Wolf e obtenha previsões 30 passos à frente.

7. Considere a série simulada no modelo (6.37). Estime os parâmetros usando o pacote MSwM e faça os gráficos correspondentes.

8. Obtenha o modelo (6.40) usando o pacote MSwM. Obtenha os gráficos correspondentes usando as funções plotProb e plotDiag.

9. Considere a série de variações do PIB anual do Brasil de 1901 a 2013. Ajuste um MTM com dois regimes (expansão e contração) usando o pacote MSwM e um modelo preliminar linear com tendência.

10. Considere a série do índice de produção industrial nos EUA, sazonalmente ajustada, de janeiro de 1960 a janeiro de 1995 (Kim e Nelson, 1999). Ajuste um modelo da forma (6.46), com $p = 5$ e $f_i(Y_{t-1}) = \alpha_i + \beta_i Y_{t-1}$, $i = 1, \ldots, 5$. Use o script em R relativo ao Capítulo 6 no site do livro.

11. Para o Exemplo 6.10, considere um modelo TAR (4,4), com dois regimes, $d = 3$ e ajuste um modelo usando o pacote TSA.

Apêndice 6.A. Estimação de um modelo bilinear

Considere (6.18) e tomemos as derivadas em relação a θ_i, $i = 1, 2, 3$. Temos:

$$\frac{\partial Q(\boldsymbol{\theta})}{\partial \theta_i} = 2 \sum_{t=2}^{n} \varepsilon_t \frac{\partial \varepsilon_t}{\partial \theta_i}, \; i = 1, 2, 3, \qquad (A.1.a)$$

$$\frac{\partial^2 Q(\boldsymbol{\theta})}{\partial \theta_i \partial \theta_j} = 2 \sum_{t=2}^{n} \frac{\partial \varepsilon_t}{\partial \theta_i} \frac{\partial \varepsilon_t}{\partial \theta_j} + 2 \sum_{t=2}^{n} \varepsilon_t \frac{\partial^2 \varepsilon_t}{\partial \theta_i \partial \theta_j}, \; i, j = 1, 2, 3. \qquad (A.1.b)$$

As derivadas parciais de ε_t satisfazem às seguintes equações recursivas. Lembremos que $m = 2$ e chamemos $\beta_t = \gamma_1 X_{t-1}$.

$$\frac{\partial \varepsilon_t}{\partial \alpha_i} + \beta_t \frac{\partial \varepsilon_{t-1}}{\partial \alpha_i} = \left\{ \begin{array}{ll} 1, & i = 0, \\ X_{t-1}, & i = 1, \end{array} \right. \qquad (A.2)$$

$$\frac{\partial \varepsilon_t}{\partial \gamma_1} + \beta_t \frac{\partial \varepsilon_{t-1}}{\partial \gamma_1} = -X_{t-1}\varepsilon_{t-1}, \qquad (A.3)$$

$$\frac{\partial^2 \varepsilon_t}{\partial \alpha_i^2} + \beta_t \frac{\partial^2 \varepsilon_{t-1}}{\partial \alpha_i^2} = 0, \quad i = 0, 1, \qquad (A.4)$$

$$\frac{\partial^2 \varepsilon_t}{\partial \alpha_0 \partial \gamma_1} + \beta_t \frac{\partial^2 \varepsilon_{t-1}}{\partial \alpha_0 \partial \alpha_1} + X_{t-1} \frac{\partial \varepsilon_{t-1}}{\partial \alpha_0} = 0, \qquad (A.5)$$

$$\frac{\partial^2 \varepsilon_t}{\partial \alpha_1^2} + \beta_t \frac{\partial^2 \varepsilon_{t-1}}{\partial \alpha_1^2} + X_{t-1} \frac{\partial \varepsilon_{t-1}}{\partial \alpha_1} = 0, \qquad (A.6)$$

$$\frac{\partial^2 \varepsilon_t}{\partial \gamma_1^2} + \beta_t \frac{\partial^2 \varepsilon_{t-1}}{\partial \gamma_1^2} + X_{t-1} \frac{\partial \varepsilon_{t-1}}{\partial \gamma_1} = -X_{t-1} \frac{\partial \varepsilon_{t-1}}{\partial \gamma_1}. \qquad (A.7)$$

Supomos que $\varepsilon_t = 0$, para $t = 1$ e

$$\frac{\partial \varepsilon_t}{\partial \theta_i} = 0, \quad \frac{\partial^2 \varepsilon_t}{\partial \theta_i \partial \theta_j} = 0, \quad i, j = 1, 2, 3, \ t = 1.$$

Dessas suposições e de (A.2), segue-se que as derivadas de segunda ordem com respeito a α_0 e α_1 são nulas. Para um conjunto de valores de $\alpha_0, \alpha_1, \gamma_1$, podemos calcular as derivadas de primeira e segunda ordens, usando (A.2)–(A.7).

Apêndice 6.B. Estimação de MTM

B.1 Probabilidades filtradas

O algoritmo segue os seguintes passos, para $t = 1, \dots, N$:

[1] previsão um passo à frente:

$$P(S_t = j | \mathbf{X}^{t-1}, M) = \sum_{i=1}^{2} p_{ij} P(S_{t-1} = i | \mathbf{X}^{t-1}, M),$$

em que $p_{ij} = P(S_t = j | S_{t-1} = i, \mathbf{X}^{t-1}, M), j = 1, 2.$

[2] Probabilidades filtradas:

$$P(S_t = j | \mathbf{X}^t, M) = \frac{p(\mathbf{X}_t | S_t = j, \mathbf{X}^{t-1}, M) P(S_t = j | \mathbf{X}^{t-1}, M)}{p(\mathbf{X}_t | \mathbf{X}^{t-1}, M)},$$

CAPÍTULO 6. MODELOS NÃO LINEARES

em que $p(\mathbf{X}_t|S_t = j, \mathbf{X}^{t-1}, M)$ é a densidade de $\mathbf{X}_t$ condicional ao estado j e $\mathbf{X}^{t-1}$ e

$$p(\mathbf{X}_t|\mathbf{X}^{t-1}, M) = \sum_{i=1}^{2} p(\mathbf{X}_t|S_t = i, \mathbf{X}^{t-1}, M)P(S_t = i|\mathbf{X}^{t-1}, M).$$

No instante $t = 1$, o filtro começa com uma distribuição inicial, que pode ser a distribuição de estado invariante: $P(S_0 = i|\mathbf{P})$, $i = 1, 2$.

B.2 Probabilidades suavizadas

O algoritmo usa as probabilidades filtradas, $j = 1, 2$, $t = 1, 2, \ldots, N$, e é aplicado "para trás", para $t = N, N - 1, \ldots$. Os passos são:

[1] valores iniciais $P(S_t = j|\mathbf{X}^N, M)$, $j = 1, 2$.

[2] Probabilidades suavizadas, para $t = N, N - 1, \ldots$:

$$P(S_t = j|\mathbf{X}^N, M) = \sum_{i=1}^{2} \frac{p_{ji}P(S_t = j|\mathbf{X}^t, M)P(S_{t=1} = i|\mathbf{X}^N, M)}{\sum_{k=1}^{2} p_{ki}P(S_t = k|\mathbf{X}^t, M)},$$

em que $p_{ji} = P(S_{t+1} = i|S_t = j, \mathbf{X}^t, M)$, supondo-se que a matriz de transição $\mathbf{P} = [p_{ij}]$ seja invariante no tempo. Caso contrário, teremos $p_{ij}(t)$.

Quando $t = N - 1$, as probabilidades são as filtradas. Segue-se que as probabilidades suavizadas são obtidas por um algoritmo de filtragem para a frente e um de suavização para trás.

B.3 Estimação do MTM

Vamos supor, primeiramente, que os estados são observáveis e considere $\mathcal{S} = \{S_0, S_1, \ldots, S_N\}$. Suponhamos que X_t siga um MTM, com matriz de transição $\mathbf{P} = [p_{ij}]$ e seja $\mathbf{X}^N = (X_1, \ldots, X_N)'$. Chamemos $\boldsymbol{\phi}_j = (\phi_{o,j}, \phi_{1,j}, \ldots, \phi_{p,j})'$, $j = 1, \ldots, k$ com p, k dados e $\boldsymbol{\theta} = (\boldsymbol{\phi}_1, \ldots, \boldsymbol{\phi}_k, \sigma_1, \ldots, \sigma_k, \mathbf{P})'$.

Então, a verossimilhança é dada por

$$L(\mathbf{X}, \mathcal{S}|\boldsymbol{\theta}) = p(\mathbf{X}|\mathcal{S}, \boldsymbol{\theta})P(\mathcal{S}|\boldsymbol{\theta}), \tag{B.1}$$

em que $p(\cdot|\cdot, \cdot)$ é a densidade conjunta dos dados, dado $\mathcal{S}$ e $P(\cdot|\cdot)$ é a densidade conjunta dos estados.

Para o MTM, essa última depende somente de $\mathbf{P}$, de modo que

APÊNDICE 6.B

$$P(\mathcal{S}|\boldsymbol{\theta}) = P(\mathcal{S}|\mathbf{P}) = P(S_0|\mathbf{P}) \prod_{i=1}^{k} \prod_{j=1}^{k} p_{ij}^{n_{ij}}, \qquad (B.2)$$

sendo n_{ij} o número de transições de i para j em $\mathcal{S}$. Segue-se que

$$p(\mathbf{X}|\mathcal{S},\boldsymbol{\theta}) = \prod_{t=1}^{N} p(\mathbf{X}_t|S_t, \mathbf{X}^{t-1}, \boldsymbol{\theta}) =$$

$$\prod_{j=1}^{k} \prod_{t:S_t=j} \frac{1}{\sqrt{2\pi}\sigma_j} \exp\left[\frac{-1}{2\sigma_j^2} (X_t - \phi_{o,j} - \sum_{i=1}^{p} \phi_{ij} X_{t-i})^2 \right]. \qquad (B.3)$$

Usando (B.1)–(B.3), obtemos os estimadores. Por exemplo, $\hat{p}_{ij} = n_{ij}/N$, $\hat{\phi}_j, \hat{\sigma}_j^2$ são os estimadores usuais com dados de $S_t = j$ somente.

Estimadores bayesianos podem, também ser usados. Veja Tsay e Chen (2018).

Se os estados forem desconhecidos, teremos k^{N+12} possíveis configurações. Chamando $\mathcal{U}$ o número de configurações, a verossimilhança será uma mistura de (B.2), ou seja,

$$L(\mathbf{X}|\boldsymbol{\theta}) = \sum_{S \in \mathcal{U}} p(\mathbf{X}|S, \boldsymbol{\theta}) P(S|\mathbf{P}).$$

A maximização dessa verossimilhança é complicada, pois $\mathcal{U}$ pode ser muito grande. Hamilton (1990) sugere usar o algoritmo EM. Estimação via MCMC também é possível. Veja Tsay e Chen (2018) para detalhes.

CAPÍTULO 7

Análise Espectral Multivariada

7.1 Introdução

No Capítulo 14 do Volume 1, tratamos da análise espectral univariada, isto é, tínhamos um processo estacionário $X_t, t \in \mathbb{Z}$, e definimos o espectro de X_t.

Neste capítulo vamos considerar o caso em que temos um processo com d componentes reais, $\mathbf{X}_t = (X_{1,t}, \ldots, X_{d,t})'$.

Como exemplo, podemos ter temperaturas em várias localidades, traços de EEG em vários pontos do crânio de um indivíduo ou séries financeiras de várias companhias.

Embora possamos considerar o caso geral mencionado, vamos nos especializar no caso bivariado, ou seja, temos $\mathbf{X}_t = (X_{1,t}, X_{2,t})'$, ou seja $d = 2$. No Apêndice 8.A, consideraremos, brevemente, o caso geral.

Denotemos por $E(\mathbf{X}_t) = (E\{X_{1,t}\}, E\{X_{2,t}\})'$ o vetor de médias do processo, que em geral depende de t, e será designada por $\boldsymbol{\mu}_t$.

Definição 7.1. A função de covariância cruzada entre as séries X_{1t} e X_{2t} é definida por

$$\gamma_{12}(t + \tau, t) = \text{Cov}\{X_{1,t+\tau}, X_{2,t}\}, \tag{7.1}$$

que dependerá de t e τ.

Essa função dependerá somente de τ se o processo for estacionário de segunda ordem.

CAPÍTULO 7. ANÁLISE ESPECTRAL MULTIVARIADA

Definição 7.2. Dizemos que a série bivariada $\mathbf{X}_t$ é *estacionária* se a média $\boldsymbol{\mu}_t$ e a função de covariância cruzada $\gamma_{12}(t+\tau, t)$, $t, \tau \in \mathbb{Z}$, não dependerem do tempo t. Nessa situação, teremos

$$\boldsymbol{\mu} = E(\mathbf{X}_t) = (\mu_1, \mu_2)', \tag{7.2}$$

e

$$\gamma_{12}(\tau) = \mathrm{Cov}\{X_{1,t+\tau}, X_{2,t}\}, \tag{7.3}$$

$\tau \in \mathbb{Z}$. Vamos supor, em seguida, que $\boldsymbol{\mu} = \mathbf{0}$.

Note que, em geral, $\gamma_{12}(\tau) \neq \gamma_{12}(-\tau)$ e que $\gamma_{12}(\tau) \neq \gamma_{21}(\tau)$. De fato, quando $\tau > 0$, $\gamma_{12}(\tau)$ mede a dependência linear de X_{1t} sobre X_{2t}, que ocorreu antes do instante $t + \tau$. Então, se $\gamma_{12}(\tau) \neq 0, \tau > 0$, dizemos que X_{2t} é *antecedente* a X_{1t}, ou que X_{2t} *lidera* X_{1t} no lag τ. De modo similar, $\gamma_{21}(\tau)$ mede a dependência linear de X_{2t} sobre X_{1t}, para $\tau > 0$.

Para o que segue, suponhamos que

$$\sum_u |\gamma_{12}(u)| < \infty. \tag{7.4}$$

Definição 7.3. Sob a suposição (7.4), o espectro cruzado (de segunda ordem) de $X_{1,t}$ com $X_{2,t}$ é definido por

$$f_{12}(\lambda) = \frac{1}{2\pi} \sum_{\tau=-\infty}^{\infty} \gamma_{12}(\tau) e^{-i\lambda\tau}, \quad -\infty < \lambda < \infty. \tag{7.5}$$

Aqui, λ é chamada *frequência angular* e é dada em radianos. Sob a suposição (7.4), o espectro $f_{12}(\lambda)$ é limitado, uniformemente contínuo e de período 2π. Veja o Problema 1.

Como $f_{12}(\lambda)$ tem período 2π, em (7.5) podemos considerar λ variando no intervalo $[-\pi, \pi]$. Veja o Problema 3.

O espectro assim definido é uma quantidade complexa (diferente do espectro para o caso univariado, que é real, pois a função de autocovariância nesse caso é par). Supondo os dois processos reais, vale a propriedade

$$f_{12}(\lambda) = \overline{f}_{12}(-\lambda) = f_{21}(-\lambda) = \overline{f}_{21}(\lambda). \tag{7.6}$$

Ainda, sendo uma quantidade complexa, pode ser escrito como $f_{12}(\lambda) = c_{12}(\lambda) - iq_{12}(\lambda)$, na qual $c_{12}(\lambda) = \mathcal{R}(f_{12}(\lambda))$ é o *coespectro* e $q_{12}(\lambda) = \mathcal{I}(f_{12}(\lambda))$ é o *espectro de quadratura*.

Por outro lado, escrito na forma polar, temos

7.2. REPRESENTAÇÕES ESPECTRAIS

$$f_{12}(\lambda) = |f_{12}(\lambda)|e^{i\phi_{12}(\lambda)}, \tag{7.7}$$

em que $\phi_{12}(\lambda)$ é o *espectro de fases* e $A_{12}(\lambda) = |f_{12}(\lambda)|$ é o *espectro de amplitudes*.

A vantagem é que $c_{12}(\lambda), q_{12}(\lambda)$ e $A_{12}(\lambda)$ são reais e podemos fazer seus gráficos facilmente. Por outro lado, o gráfico de $\phi_{12}(\lambda)$ pode ser problemático de interpretar. Se $A_{12}(\lambda) > 0$, $\phi_{12}(\lambda)$ é definido a menos de um múltiplo inteiro de 2π.

A relação (7.5) nos diz que o espectro cruzado é a transformada de Fourier da covariância cruzada. O seguinte teorema, devido a Herglotz (1911), dá a transformada inversa.

Teorema 7.1. Se $\mathbf{X}_t$ for um processo estacionário de segunda ordem, com função de covariância finita, então existe uma função $F_{12}(\lambda)$, $-\pi \leq \lambda \leq \pi$, de variação limitada, com incrementos não negativos, tal que

$$\gamma_{12}(\tau) = \int_{-\pi}^{\pi} e^{i\tau\lambda}dF_{12}(\lambda), \quad , \tau \in \mathbb{Z}. \tag{7.8}$$

A função $F_{12}(\lambda)$ é chamada *função de distribuição (ou medida) espectral cruzada* e pode-se provar que

$$F_{12}(\lambda) = \lim_{T\to\infty} \frac{1}{2\pi} \sum_{\tau=-T}^{T} \gamma_{12}(\tau)\frac{e^{-i\lambda\tau} - 1}{-i\tau}, \quad -\pi \leq \lambda \leq \pi. \tag{7.9}$$

No caso dessa medida ser absolutamente contínua, sua derivada é igual a $f_{12}(\lambda)$ e obtemos

$$\gamma_{12}(\tau) = \int_{-\pi}^{\pi} f_{12}(\lambda)e^{i\tau\lambda}d\lambda. \tag{7.10}$$

Fazendo $\tau = 0$, obtemos

$$\gamma_{12}(0) = \int_{-\pi}^{\pi} f_{12}(\lambda)d\lambda = \int_{-\pi}^{\pi} c_{12}(\lambda)d\lambda, \tag{7.11}$$

pois a integral de $q_{12}(\lambda)$ é nula, dado que essa é uma função ímpar (veja o Problema 8). Essa relação nos diz que a covariância contemporânea entre X_{1t} e X_{2t} relaciona-se somente com as componentes cíclicas que estão em fase.

7.2 Representações espectrais

Vamos considerar o caso bivariado, no qual $\mathbf{X}_t = (X_{1t}, X_{2t})'$ é um processo estacionário de segunda ordem.

200 CAPÍTULO 7. ANÁLISE ESPECTRAL MULTIVARIADA

Considere

$$\boldsymbol{\gamma}_{XX}(\tau) = \begin{bmatrix} \gamma_{11}(\tau) & \gamma_{12}(\tau) \\ \gamma_{21}(\tau) & \gamma_{22}(\tau) \end{bmatrix}, \tag{7.12}$$

em que $\gamma_{ii}(\tau)$, é a função de autocovariância de $X_{it}, i = 1, 2$.

A matriz $\boldsymbol{\gamma}_{XX}(\tau)$ não é, em geral, simétrica.

Suponhamos que seja válida a condição

$$\sum_\tau |\boldsymbol{\gamma}_{XX}(\tau)| < \infty. \tag{7.13}$$

Então, vale o seguinte teorema, que generaliza o que vimos para o caso univariado.

Teorema 7.2. Se $\mathbf{X}_t$ for um processo estacionário de segunda ordem, com a condição (7.13) satisfeita, então

$$\mathbf{X}_t = \int_{-\pi}^{\pi} e^{i\lambda t} d\mathbf{Z}_X(\lambda), \tag{7.14}$$

em que $\mathbf{Z}_X(\lambda)$ é um processo com incrementos ortogonais, tal que

$$E\{|d\mathbf{Z}_X(\lambda)|^2\} = \mathbf{f}_{XX}(\lambda)d\lambda. \tag{7.15}$$

Aqui, $\mathbf{f}_{XX}(\lambda)$ é a matriz de ordem 2×2 dada por

$$\mathbf{f}_{XX}(\lambda) = \begin{bmatrix} f_{11}(\lambda) & f_{12}(\lambda) \\ f_{21}(\lambda) & f_{22}(\lambda) \end{bmatrix}, \tag{7.16}$$

com $f_{ii}(\lambda)$ sendo o espectro de $X_{it}, i = 1, 2$ e $f_{12}(\lambda)$, $f_{21}(\lambda)$ satisfazendo (7.6).

Por outro lado, o Teorema 7.1 fica

$$\boldsymbol{\gamma}_{XX}(\tau) = \int_{-\pi}^{\pi} e^{i\tau\lambda} d\mathbf{F}_{XX}(\lambda), \quad , \tau \in \mathbb{Z}, \tag{7.17}$$

com $d\mathbf{F}_{XX}(\lambda) = f_{XX}(\lambda)d\lambda$.

7.3 Coerência complexa e quadrática

Vamos definir uma medida de dependência que é a análoga do coeficiente de correlação no domínio da frequência.

7.4. ESTIMAÇÃO DO ESPECTRO CRUZADO

Definição 7.3. A coerência complexa é definida por

$$C_{12}(\lambda) = \frac{f_{12}(\lambda)}{\sqrt{f_{11}(\lambda)f_{22}(\lambda)}}. \tag{7.18}$$

Usando-se a representação espectral de X_{1t} e X_{2t} (veja (7.14))pode-se mostrar que

$$C_{12}(\lambda) = \frac{\text{Cov}(dZ_{11}(\lambda), dZ_{22}(\lambda))}{\sqrt{\text{Var}[dZ_{11}(\lambda)]\text{Var}[dZ_{22}(\lambda]}}, \tag{7.19}$$

ou seja, esta mede a correlação entre as amplitudes aleatórias nas representações espectrais de cada série.

Podemos definir, também, a coerência

$$\begin{aligned}
|C_{12}(\lambda)| &= \frac{|f_{12}(\lambda)|}{\sqrt{f_{11}(\lambda)f_{22}(\lambda)}} \\
&= \left[\frac{c_{12}^2(\lambda) + q_{12}^2(\lambda)}{f_{11}(\lambda)f_{22}(\lambda)}\right]^{1/2},
\end{aligned}$$

que varia no intervalo $[0, \pi]$. De modo equivalente, temos a

Definição 7.4. A coerência quadrática é definida como

$$|C_{12}(\lambda)|^2 = \frac{|f_{12}(\lambda)|^2}{f_{11}(\lambda)f_{22}(\lambda)} = \frac{A_{12}(\lambda)^2}{f_{11}(\lambda)f_{22}(\lambda)}. \tag{7.20}$$

Esta medida, como a anterior, agora é real e captura a parte da amplitude do espectro cruzado, ignorando sua fase. Donde, essa e o espectro de fases

$$\phi_{12}(\lambda) = tg^{-1}\left[\frac{q_{12}(\lambda)}{c_{12}(\lambda)}\right],$$

são duas medidas importantes da informação contida no espectro cruzado. O espectro de fases dá, para cada frequência, o quanto cada componente de X_{2t} está atrás (defasada) ou lidera cada componente de X_{1t}.

7.4 Estimação do espectro cruzado

Consideremos o processo estacionário bivariado $\mathbf{X}_t$, com média $\boldsymbol{\mu}_X$ e função de covariância $\boldsymbol{\gamma}_{XX}(\tau) = [\gamma_{jk}(\tau)]_{j,k=1}^2$. Consideremos N observações do processo bivariado (X_{1t}, X_{2t}). Supondo os processos de média zero, um estimador de $\gamma_{12}(\tau)$ será

$$\hat{\gamma}_{12}(\tau) = \frac{1}{N} \sum_t X_{1,t+\tau} X_{2,t}, \tag{7.21}$$

em que a soma em t vai de 1 até $N - \tau$, para $\tau \geq 0$ e de $1 - \tau$ a N, para $\tau < 0$. Então, um estimador de $f_{12}(\lambda)$ é dado por

$$\hat{f}_{12}(\lambda) = \frac{1}{2\pi} \sum_{\tau=-(N-1)}^{N-1} \hat{\gamma}_{12}(\tau) e^{-i\lambda\tau}. \tag{7.22}$$

Como veremos a seguir, esse estimador nada mais é do que aquilo que chamaremos de periodograma cruzado a seguir.

A estatística básica a considerar é a *transformada de Fourier finita*

$$\mathbf{d}_X^{(N)}(\lambda) = [d_j^{(N)}(\lambda)]_{j=1}^2 = \frac{1}{\sqrt{2\pi N}} \sum_{t=0}^{N-1} \mathbf{X}_t e^{-i\lambda t}, \tag{7.23}$$

com $d_j^{(N)}$ sendo a transformada finita de Fourier da série $X_{jt}, j = 1, 2$, que é calculada nas frequências de Fourier $\lambda_j = 2\pi j/N$, para $j = 0, 1, \ldots, [N/2]$, obtendo-se a chamada *transformada discreta de Fourier* (TDF). Para detalhes sobre essa transformada, consulte o Capítulo 14 do Volume 1.

Para essa estatística, temos o seguinte resultado.

Teorema 7.3. Se $\mathbf{X}_t$ for estacionário de segunda ordem, e sob condições de regularidade, teremos, assintoticamente, quando $N \to \infty$:

$$\mathbf{d}_X^{(N)} = [d_j^{(N)}(\lambda)] = [\frac{1}{\sqrt{2\pi N}} \sum_{t=0}^{N-1} X_{jt} e^{i\lambda t}]$$

$$\approx \mathcal{N}_2^C(\mathbf{0}, [f_{jk}(\lambda)]), \quad \lambda \not\equiv 0(\text{mod}\pi), \tag{7.24}$$

$$\approx \mathcal{N}_2(N[\mu_j], [f_{jk}(\lambda)]), \quad \lambda = 0, \pm 2\pi, \ldots, \tag{7.25}$$

$$\approx \mathcal{N}_2(\mathbf{0}, [f_{jk}(\lambda)]), \quad \lambda = \pm\pi, \pm 3\pi, \ldots. \tag{7.26}$$

Prova: Veja Brillinger (1981).

Aqui, N_2 denota a distribuição normal bivariada e N_2^C denota a distribuição normal complexa bivariada. Veja o Apêndice D do Volume 1. Também, $f_{jk}(\lambda)$ denota o espectro cruzado da série X_{jt} com a série X_{kt}, $j, k = 1, 2$. Se $j = k$, teremos o espectro de X_{jt}, $j = 1, 2$.

7.4. ESTIMAÇÃO DO ESPECTRO CRUZADO 203

Este teorema sugere que podemos tomar como estimador de $\mathbf{f}_{XX}(\lambda)$ a quantidade

$$\mathbf{I}_{XX}^{(N)}(\lambda) = [I_{jk}^{(N)}(\lambda)] = [\frac{1}{2\pi N} d_j^{(N)}(\lambda)\overline{d_k^{(N)}(\lambda)}]. \qquad (7.27)$$

Como estimador de $f_{12}(\lambda)$ teremos

$$I_{12}^{(N)}(\lambda) = \left[\frac{1}{2\pi N}\right] \sum_{t=0}^{N-1} X_{1t}e^{-i\lambda t} \sum_{s=0}^{N-1} X_{2s}e^{i\lambda s}, \qquad (7.28)$$

chamado de *periodograma cruzado*. É fácil ver que esse estimador coincide com (7.22). Veja o Problema 5.

Analogamente ao que se passa no caso univariado, temos o seguinte resultado. Para a prova, veja Brilliger (1981).

Proposição 7.1. (a) $\lim_{N\to\infty} E[\mathbf{I}_{XX}^{(N)}(\lambda)] = \mathbf{f}_{XX}(\lambda)$, para $\lambda \not\equiv 0(\text{mod}2\pi)$, ou se $\mu_X = 0$;

(b)
$$\text{Cov}[I_{j_1,k_1}(\lambda), I_{j_2,k_2}(\mu)] = \eta(\lambda - \mu)f_{j_1,j_2}(\lambda)f_{k_1,k_2}(-\lambda)$$

$$+\eta(\lambda + \mu)f_{j_1,k_2}(\lambda)f_{j_2,k_1}(-\lambda) + R_N,$$

em que R_N contém termos de ordens N^{-1}, N^{-2} e um termo adicional envolvendo $f_{j_1,k_1,j_2,k_2}(\lambda, -\lambda, -\mu)$, chamado espectro cumulante de ordem 3. Veja o Apêndice A.

Vimos, no caso do periodograma, que a distribuição assintótica envolve a distribuição qui-quadrado. Aqui, temos algo mais complicado. A distribuição assintótica da matriz (7.27) é uma distribuição mutivariada (no caso bivariada), chamada de Wishart.

O periodograma cruzado tem propriedades análogas ao periodograma univariado, em termos de viés e variância.

Para obtermos estimadores das demais quantidades de interesse ($c(\lambda), q(\lambda)$ etc.), baseados no periodograma cruzado, basta substituir esses estimadores nas respectivas quantidades.

Por exemplo, um estimador de $|C_{12}(\lambda)|^2$ é dado por

$$|\hat{C}_{12}(\lambda)|^2 = \frac{|I_{12}(\lambda)|^2}{I_{11}(\lambda)I_{22}(\lambda)}, \qquad (7.29)$$

em que $I_{ii}(\lambda)$ é o periodograma da série X_{it}, $i = 1, 2$. Usando (7.27)–(7.28) é fácil ver que este estimador é igual a um, para toda frequência. Veja o

CAPÍTULO 7. ANÁLISE ESPECTRAL MULTIVARIADA

Problema 6. A explicação (Priestley, 1981) é que o estimador da coerência quadrática é obtido usando uma única realização do processo bivariado no domínio da frequência. Para contornar esse problema, temos que usar estimadores suavizados em diversas frequências.

7.5 Estimadores suavizados

Considere um inteiro $j(N)$ de tal modo que $2\pi j(N)/N \approx \lambda \not\equiv 0(\mathrm{mod}\pi)$. Podemos considerar o estimador suavizado

$$\hat{\mathbf{f}}_{XX}(\lambda) = \frac{1}{2m+1} \sum_{j=-m}^{m} \mathbf{I}_{XX}^{(N)}\left(\frac{2\pi j(N)+j}{N}\right), \quad \text{se } \lambda \not\equiv 0(\mathrm{mod}\pi). \qquad (7.30)$$

Para outros valores de λ podemos definir estimadores similares. Veja Brillinger (1981, seção 7.3) para detalhes.

Pode-se provar que este estimador é assintoticamente não viesado e que as covariâncias tendem a zero, para $m \to \infty$. Também assintoticamente, a distribuição do estimador é uma distribuição complexa de Wishart.

Estimadores consistentes e com distribuição assintótica normal complexa podem ser definidos como segue. Sejam $W_{jk}(\lambda)$ funções pesos, satisfazendo $\int_{-\infty}^{\infty} W_{jk}(\lambda)d\lambda = 1$, e considere

$$\tilde{\mathbf{f}}_{XX}(\lambda) = \frac{2\pi}{N} \sum_{j\not\equiv 0(modN)} W_{jk}\left(B_N^{-1}(\lambda - \frac{2\pi j}{M})\right) I_{jk}^{(N)}(\frac{2\pi j}{N}). \qquad (7.31)$$

Aqui, B_N é uma largura de faixa (*bandwidth*), tal que $B_N \to 0$, quando $N \to \infty$.

Com os estimadores suavizados podemos obter estimadores das quantidades de interesse, como co-espectro, espectro de quadratura, coerência complexa e coerência quadrática.

Outra possibilidade é primeiro suavizar no domínio do tempo, usando janelas de dados (ou *data tapers*). O estimador terá a forma

$$\tilde{f}_{12}(\lambda) = \frac{1}{M} \sum_{j=0}^{M-1} \left(\sum_{t=1}^{N} w_{t,j} X_{1,t} e^{-i\lambda t}\right) \left(\sum_{t=1}^{N} w_{t,j} X_{2,t} e^{-i\lambda t}\right), \qquad (7.32)$$

em que $w_{t,j}$ são janelas de dados. Veja Percival e Walden (1993).

7.6 Aplicações

Nesta seção, faremos duas aplicações usando os conceitos vistos no capítulo.

Exemplo 7.1. Vamos considerar as séries temporais que fornecem o número de morte mensais causadas por bronquite, enfisema e asma, no Reino Unido, para homens (X_{1t}, mdeaths) e mulheres (X_{2t}, fdeaths), de janeiro de 1974 a dezembro de 1980, total de $N = 72$ observações. Veja Diggle (1990, Table A.3). Vamos usar as funções acf, ccf2 e mvspec do pacote astsa do R. Os comandos apropriados para as figuras seguintes são:

```
> library(astsa)
> par(mfrow=c(2,1))
> tsplot(mdeaths)
> tsplot(fdeaths)
> acf(mdeaths)
> acf(fdeaths)
> ccf2(mdeaths,fdeaths, max.lag = NULL, main=NULL, ylab="CCF")
> mdeaths.per=spec.pgram(mdeaths,taper=0,log="no")
> fdetahs.per=spec.pgram(fdeaths,taper=0,log="no")
> mvspec(mdeaths, spans=c(5,5), taper=.5)
> mvspec(fdeaths, spans=c(5,5), taper=.5)
> cross = mvspec(cbind(mdeaths,fdeaths), spans=c(3,3), taper=.1)
> plot(cross, plot.type="coherency") # plot of squared coherency
> plot(cross, plot.type="phase") # plot of phase spectrum
```

Na Figura 7.1, apresentamos as duas séries e, na Figura 7.2, as respectivas autocorrelações amostrais. Notamos que as séries possuem uma sazonalidade de aproximadamente 10 meses, o que é confirmado pela f.c.c. (função de correlação cruzada) amostral da Figura 7.3 e pelos periodogramas da Figura 7.4.

Na Figura 7.5, temos os periodogramas suavizados. Os gráficos da coerência quadrática e do espectro de fase estão na Figura 7.6, mostrando altos valores da coerência e fase aproximadamente linear e próxima de zero, o que mostra que as séries estão em fase.

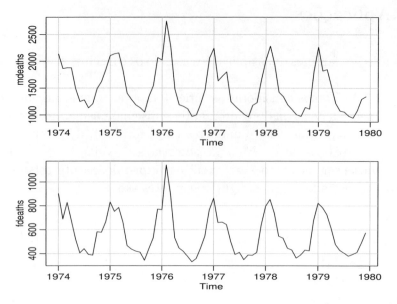

Figura 7.1: Séries de mortes no Reino Unido, homens e mulheres.

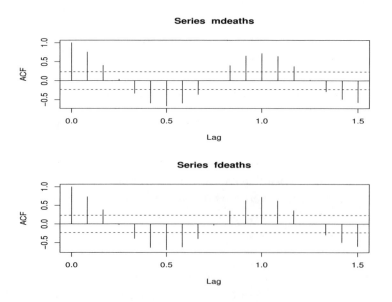

Figura 7.2: Autocorrelações amostrais para as séries de mortes no Reino Unido, homens e mulheres.

7.6. APLICAÇÕES

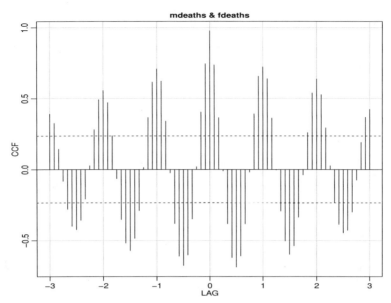

Figura 7.3: F.c.c. amostral das séries de mortes no Reino Unido, homens e mulheres.

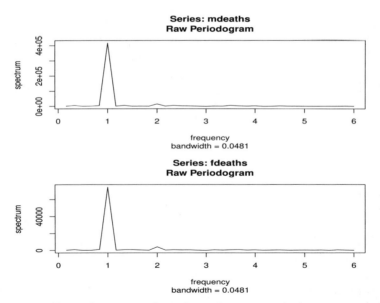

Figura 7.4: Periodogramas das séries de mortes de homens e mulheres.

A seguir, consideramos um exemplo de Percival (1994). Os dados podem ser encontrados em lib.stat.cmu.edu/datasets/saubts.

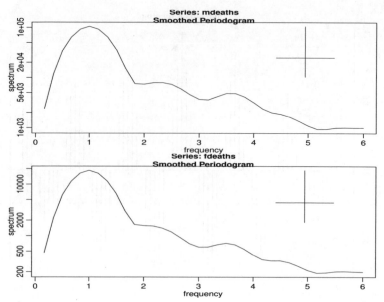

Figura 7.5: Periodogramas suavizados das séries de mortes de homens e mulheres.

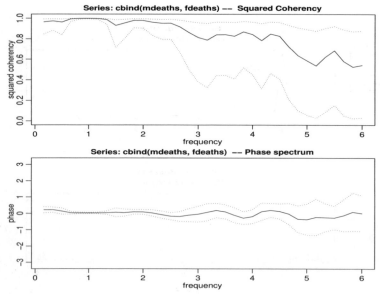

Figura 7.6: Coerência quadrática e espectro de fases estimados das séries de mortes de homens e mulheres.

Exemplo 7.2. As duas séries são registros de alturas de ondas oceânicas em função do tempo, medidas por dois instrumentos, ondógrafo de fio (brevemente, WIRE) e ondógrafo de infravermelho (brevemente, IR), colocados

PROBLEMAS

209

a uma distância de 6 metros um do outro, sobre uma mesma plataforma no Cape Henry, Virginia Beach, Virginia.

A frequência de amostragem para ambos os instrumentos foi de 30 Hz (30 amostras por segundo), de modo que o intervalo de amostragem foi $\Delta t = 1/30$ segundos e a frequência de Nyquist é $f_N = 15$ Hz. Observa-se que o IR aumenta a potência do espectro de uma ordem de magnitude em frequências 0.8 a 4 Hz. Dada a distância entre os dois instrumentos, há uma relação defasada entre as duas séries.

As séries foram analisadas por Jessup et al. (1991) e o interesse residia no espectro de ondas oceânicas em frequências de $0,4$ a 4 Hz.

Os comandos necessários para produzir as figuras seguintes são similares àqueles do Exemplo 7.1.

Na Figura 7.7, temos os gráficos das duas séries, mostrando a série IR à frente da série WIRE. Nas Figuras 7.8 e 7.9, temos as autocorrelações e correlações cruzadas amostrais, mostrando uma periodicidade aparente.

Na Figura 7.10, temos os periodogramas e, na Figura 7.11, os periodogramas suavizados. A Figura 7.12, com os dois periodogramas suavizados superpostos, mostra que a série IR tem energia maior em várias frequências, como mencionado anteriormente. Se fizermos o gráfico equivalente à Figura 7.12, para frequências entre 0 e 15 (frequência de Nyquist), veremos que os dois estimadores praticamente coincidem para frequências entre $0,34$ e $0,5$.

Finalmente, a Figura 7.13 traz a coerência quadrática e o espectro de fases. A primeira tem valores grandes em diversas frequências, com valores às vezes próximos de um, e o espectro de fases varia entre $-\pi$ e π, de maneira não muito clara. Considerando o intervalo de frequências $[0,1]$ e obtendo-se a reta de mínimos quadrados de $\hat{\phi}_{12}(\nu)$ *versus* ν obteremos a inclinação da reta (no Problema 9, pode-se deduzir que a fase varia de uma maneira linear). Percival (1994) mostra que a série IR lidera a série WIRE de cerca de 1/6 segundos (correspondentes a $\ell \approx 5$ unidades).

7.7 Problemas

1. Prove que o espectro cruzado, definido por (7.5), é limitado, uniformemente contínuo e periódico de período 2π.

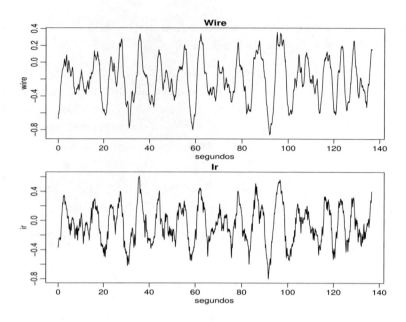

Figura 7.7: Séries de alturas de ondas registradas nos dois ondógrafos.

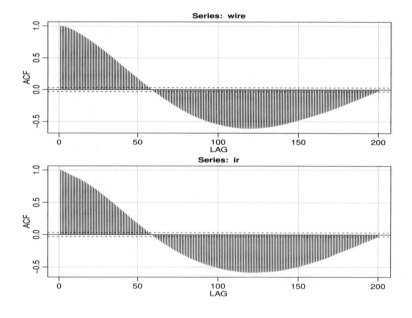

Figura 7.8: Autocorrelações estimadas para as séries de alturas de ondas.

7.7. PROBLEMAS

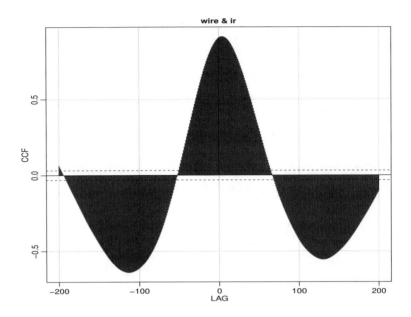

Figura 7.9: Correlações cruzadas amostrais entre as duas séries de alturas de ondas.

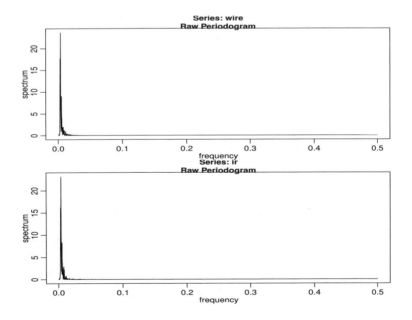

Figura 7.10: Periodogramas para as séries de alturas de ondas.

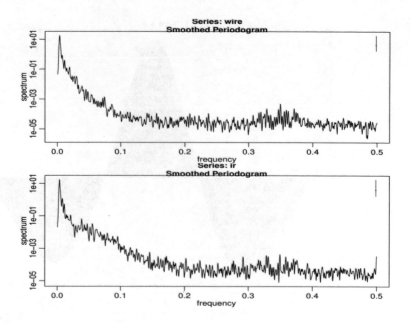

Figura 7.11: Periodogramas suavizados das séries de alturas de ondas.

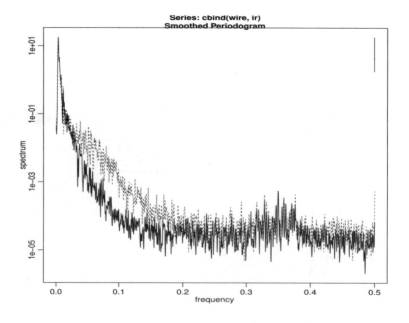

Figura 7.12: Os dois periodogramas suavizados superpostos.

7.7. PROBLEMAS

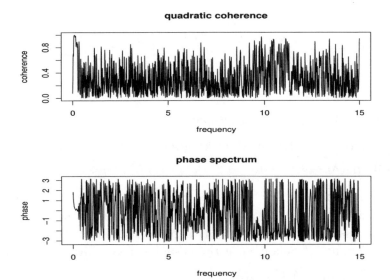

Figura 7.13: Coerência quadrática e espectro de fases amostrais para as séries de alturas de ondas.

2. A frequência ν, tal que $\lambda = 2\pi\nu$, é chamada frequência em ciclos por unidade de tempo. Se a unidade for segundos, por exemplo, teremos ciclos por segundo (ou Hertz, Hz). Escreva (7.5) em função de ν.

3. As séries X_{1t} e X_{2t} podem ser observadas em instantes $j\Delta t$, $j \in \mathbb{Z}$. Como (7.5) pode ser escrita nesse caso?

   Em termos de ν, o intervalo de variação será $-\frac{1}{2\Delta t} \leq \nu \leq \frac{1}{2\Delta t}$. No caso $\Delta t = 1$, $-1/2 \leq \nu \leq 1/2$. Se Δt for um dia, a frequência ν será dada em ciclos por dia. A frequência $f_N = 1/(2\Delta t)$ é chamada frequência de Nyquist.

4. Prove (7.19).

5. Prove que os estimadores (7.22) e (7.28) coincidem.

6. Prove que o estimador dado em (7.29) é igual a um, para qualquer frequência.

7. Prove que:

$$c_{12}(\lambda) = \frac{1}{2\pi} \sum_\tau \frac{\gamma_{12}(\tau) + \gamma_{12}(-\tau)}{2} e^{-i\lambda\tau} = \frac{1}{2\pi} \sum_\tau \gamma_{12}(\tau) \cos(\lambda\tau),$$

$$iq_{12}(\lambda) = \frac{1}{2\pi} \sum_{\tau} \frac{\gamma_{12}(\tau) - \gamma_{12}(-\tau)}{2} e^{-i\lambda\tau} = \frac{1}{2\pi} \sum_{\tau} \gamma_{12}(\tau)\, \mathrm{sen}(\lambda\tau).$$

8. Prove que:

(i) $c_{12}(\lambda) = c_{12}(-\lambda)$ (função par);

(ii) $q_{12}(\lambda) = -q_{12}(-\lambda)$ (função ímpar);

(iii) $q_{12}(\lambda) = q_{21}(-\lambda)$.

9. Suponhamos que duas séries X_{1t} e X_{2t} (com espectro cruzado $f_{12}(\lambda)$) são passadas por dois filtros lineares $\mathcal{F}_1$ e $\mathcal{F}_2$, respectivamente, com funções de transferências $A_1(\lambda)$ e $A_2(\lambda)$, respectivamente (veja o Capítulo 14, do Volume 1). Sejam Y_{1t} e Y_{2t} as saídas desses filtros. Prove que:

(i) $f_{Y_1 Y_2}(\lambda) = \overline{A_1}(\lambda) A_2(\lambda) f_{12}(\lambda)$;

(ii) $|C_{Y_1 Y_2}(\lambda)| = |C_{12}(\lambda)|$, ou seja, a coerência entre as séries de entrada e as de saída são iguais.

10. Suponhamos que no Exemplo 7.2, $\mathcal{O}_t$ represente a verdadeira altura de ondas, com densidade espectral $f_\mathcal{O}(\lambda)$. No ondógrafo de fio, observa-se a série

$$X_t = \mathcal{O}_t + u_t,$$

sendo que u_t é o ruído ao registrar a altura nesse ondógrafo, e vamos supor que ele seja um processo estacionário com média zero e densidade espectral $f_u(\lambda)$. Suponhamos, também, que $\mathcal{O}_t$ e u_t sejam não correlacionados.

De modo similar, no ondógrafo IR, observamos a série

$$Y_t = \mathcal{O}_{t+\ell} + v_t,$$

sendo ℓ a defasagem devida à distância entre os equipamentos, v_t o ruído do instrumento IR, de média zero e não correlacionado com $\mathcal{O}_t$, e espectro $f_v(\lambda)$. Finalmente, supõe-se que u_t e v_t sejam não correlacionados.

Se $\ell < 0$, Y_t está atrás de X_t de $-\ell\Delta$ segundos e se $\ell > 0$, Y_t lidera X_t de $\ell\Delta t$ segundos.

Aqui, estamos supondo $\Delta t = 1$; as expressões abaixo devem ser convenientemente modificadas se esse não for o caso, como no Exemplo 7.2, e

7.7. PROBLEMAS 215

se a frequência ν for usada. Por exemplo, no caso (b) abaixo, teríamos: $f_{XY}(\nu) = e^{i2\pi\nu\Delta t\ell} f_{\mathcal{O}}(\lambda)$. Prove que:

(a) $\gamma_{XY}(\tau) = \gamma_{\mathcal{O}\mathcal{O}}(\ell + \tau)$.

(b) $f_{XY}(\lambda) = e^{i\lambda\ell} f_{\mathcal{O}}(\lambda)$ e não depende de u_t e v_t.

(c) $c_{XY}(\lambda) = \cos(\lambda\ell) f_{\mathcal{O}}(\lambda)$ e $q_{XY}(\lambda) = -\operatorname{sen}(\lambda\ell) f_{\mathcal{O}}(\lambda)$.

(d) $A_{XY}(\lambda) = f_{\mathcal{O}}(\lambda)$ e se este for positivo, $\phi_{XX}(\lambda) = \lambda\ell$. Ou seja, a fase é uma reta, com inclinação proporcional a ℓ.

(e) $f_{XX}(\lambda) = f_{\mathcal{O}}(\lambda) + f_u(\lambda)$, $f_{YY}(\lambda) = f_{\mathcal{O}}(\lambda) + f_v(\lambda)$.

(f) $|C_{XY}(\lambda)|^2 = \dfrac{f_{\mathcal{O}}(\lambda)}{[1+f_u(\lambda)/f_{\mathcal{O}}(\lambda)][1+f_v(\lambda)/f_{\mathcal{O}}(\lambda)]}$.

Essa relação mostra que $|C_{XY}(\lambda)|^2$ é:

(i) Igual a 1, se, por exemplo, $u_t = v_t = 0$, para todo t, ou seja, Y_t é uma versão transladada de X_t.

(ii) Igual a 0, se $f_{\mathcal{O}}(\lambda) = 0$, mas ou $f_u(\lambda) > 0$ ou $f_v(\lambda) > 0$. Ou seja, a variabilidade em X_t e Y_t deve-se ao ruído instrumental.

(iii) Aproximadamente igual a 0, se $f_u(\lambda)$ ou $f_v(\lambda)$ é grande comparado com $f_{\mathcal{O}}(\lambda)$. A variabilidade na frequência λ cm pelo menos uma das séries deve-se principalmente ao ruído instrumental.

(iv) Aproximadamente igual a 1 se ambos $f_u(\lambda)$ e $f_v(\lambda)$ são pequenos comparados a $f_{\mathcal{O}}(\lambda)$. A variabilidade em ambas as séries é principalmente explicada pela variabilidade em $\mathcal{O}_t$.

11. Baseado no problema anterior, interprete a coerência quadrática e o espectro de fases mostrados na Figura 7.13, e determine ℓ, aproximadamente, por meio de uma regressão linear simples.

12. Considere as séries SOI (Southern Oscillation Index) e Recruitment (number of new fish population), dadas no pacote **astsa** do R. Obtenha periodogramas, periodogramas suavizados e quantidades associadas ao espectro cruzado entre as duas séries.

13. Considere os dados de poluição de Los Angeles (1970–1979), arquivo **lap**, constantes do pacote **astsa** do R. Faça a análise espectral bivariada das séries:

(a) **rmort** e **part**;

(b) **rmort** e **o3**;

(c) tmort e tempr.

[rmort= mortalidade por doenças respiratórias, part=material particulado, o3=ozônio, tempr=temperaura, tmort=mortalidade total.]

Apêndice 7.A. Cumulantes

A.1 Preliminares

Podemos definir cumulantes usando funções geradoras de momentos ou funções características. Vamos usar funções características.

Seja X uma v.a. com $E(|X|) < \infty$ e seja $\varphi(\xi)$ a sua função característica (f.c.),

$$\varphi(\xi) = E\left[e^{i\xi X}\right]. \tag{A.1}$$

Expandindo o logaritmo da f.c. ao redor do zero, obtemos

$$\ln \varphi(\xi) = \sum_{r=1}^{n} (i\xi)^r \kappa_r / r! + o(|\xi|^n), \tag{A.2}$$

em que κ_r são constantes, chamadas *cumulantes de ordem r* de X, e indicamos por $\kappa_r = \operatorname{cum}_r(X)$.

Em particular, para o caso de $E(X) = 0$, teremos $\kappa_1 = E(X) = 0$, $\kappa_2 = E(X^2)$ e $\kappa_3 = E(X^3)$.

Para uma v.a. com média não nula, e sendo $\mu_r = E(X^r)$, teremos:

$$
\begin{aligned}
\kappa_1 &= \mu_1, \\
\kappa_2 &= \mu_2 - \mu_1^2, \\
\kappa_3 &= \mu_3 - 3\mu_2\mu_1 + 2\mu_1^3, \\
\kappa_4 &= \mu_4 - 4\mu_3\mu_1 - 3\mu_2^2 + 12\mu_2\mu_1^2 - 6\mu_1^4.
\end{aligned}
$$

Suponha, agora, que temos um vetor aleatório, $\mathbf{X} = (X_1, \ldots, X_d)'$ e seja $\varphi(\boldsymbol{\xi}) = \varphi(\xi_1, \ldots, \xi_d)$ a correspondente f.c. conjunta

$$\varphi(\boldsymbol{\xi}) = E\left[e^{i\sum_{j=1}^{d} \xi_j X_j}\right]. \tag{A.3}$$

Suponha $\mathbf{r} = (r_1, \ldots, r_d)$ e que os momentos $\mu_r = E[X_1^{r_1} \cdots X_d^{r_d}]$ existam até a ordem $|r| = \sum_{j=1}^{d} r_j \le n$.

APÊNDICE 7.A   217

Então, os cumulantes conjuntos $\kappa_r = \text{cum}[X_1^{r_1} \cdots X_d^{r_d}]$ são os coeficientes na expansão da *função geradora de cumulantes*, definida como o logaritmo da f.c. conjunta

$$\ln \varphi(\boldsymbol{\xi}) = \sum_{|r| \leq n} (i\xi)^r \kappa_r / r! + o(|\xi|^n). \qquad (A.4)$$

Por exemplo, se $X \sim \mathcal{N}(\mu, \sigma^2)$, então $\ln \varphi(\xi) = i\mu\xi - (1/2)\sigma^2\xi^2$, de modo que $\kappa_1 = \mu$, $\kappa_2 = \sigma^2$ e $\kappa_r = 0$, para $r > 2$. Na realidade, a distribuição normal é a única distribuição que tem essa propriedade, ou seja, tem um número finito de cumulantes não nulos. Se $X \sim \text{Poisson}(\lambda)$, é fácil ver que $\kappa_r = \lambda$, para todo r.

A.2 Propriedades dos cumulantes

A seguir, mencionamos algumas propriedades dos cumulantes.

1) $\text{cum}(a_1 X_1, \ldots, a_d X_d) = a_1 \cdots a_d \text{cum}(X_1, \ldots, X_d)$, para todo $(a_1, \ldots, a_d) \in \mathbb{R}^d$.

2) Cumulantes são invariantes com respeito a uma permutação σ dos índices $1, 2, \ldots, d$, ou seja,

$$\text{cum}(X_{\sigma(1)}, \ldots, X_{\sigma(d)}) = \text{cum}(X_1, \ldots, X_d).$$

3) Se qualquer grupo dos $X's$ são independentes dos $X's$ restantes, então $\text{cum}(X_1, \ldots, X_d) = 0$.

4) Se $X_1, \ldots, X_d)$ e $(Y_1, \ldots, Y_d)$ são independentes, então

$$\text{cum}(X_1 + Y_1, \ldots, X_d + Y_d) = \text{cum}(X_1, \ldots, X_d) + \text{cum}(Y_1, \ldots, Y_d).$$

5) $\text{cum}(X_1, \ldots, X_d)$ é simétrico em seus argumentos.

6) O cumulante é multilinear:

$$\text{cum}(X_1 + Y_1, X_2, \ldots, X_d) = \text{cum}(X_1, X_2, \ldots, X_d) + \text{cum}(Y_1, X_2, \ldots, X_d).$$

7) $\text{cum}(X_j) = E(X_j)$, $j = 1, 2, \ldots, d$.

8) $\text{cum}(X_j, \overline{X}_j) = \text{Var}(X_j)$, $j = 1, \ldots, d$.

9) $\text{cum}(X_j, \overline{X}_k) = \text{Cov}(X_j, X_k)$, $j, k = 1, \ldots, d$.

CAPÍTULO 7. ANÁLISE ESPECTRAL MULTIVARIADA

O seguinte resultado é de interesse (Isserlis, 1918). Se $(X_1, \ldots, X_4)$ tem distribuição normal 4-variada, então

$$
\begin{aligned}
\text{Cov}\{X_1 X_2, X_3 X_4\} \;=\; & \text{Cov}\{X_1, X_3\}\text{Cov}\{X_2, X_4\} \\
& + \text{Cov}\{X_1, X_4\}\text{Cov}\{X_2, X_3\}
\end{aligned}
$$

Para outros detalhes, veja Brillinger (1981) e Rosenblatt (1983).

A.3 Cumulante espectral

Suponha que temos o vetor multivariado $\mathbf{X}_t$, $t \in \mathbb{Z}$, com d componentes $X_{j,t}$, $j = 1, \ldots, d$ e satisfazendo $E\{|X_{j,t}|^k\} < \infty$, para algum $k \geq 1$.

Definamos a *função cumulante conjunta de ordem* k (da série $\mathbf{X}_t$) como sendo

$$
c_{j_1, \ldots, j_k}(t_1, \ldots, t_k) = \text{cum}\{X_{j_1, t_1}, \ldots, X_{j_k, t_k}\}, \tag{A.5}
$$

para $j_1, \ldots, j_k = 1, \ldots, d$ e $t_j \in \mathbb{Z}$.

Se o vetor $\mathbf{X}_t$, $t \in \mathbb{Z}$, for estritamente estacionário, então

$$
c_{j_1, \ldots, j_k}(t_1 + \tau, \ldots, t_k + \tau) = c_{j_1, \ldots, j_k}(t_1, \ldots, t_k), \tag{A.6}
$$

e nesse caso usamos a notação assimétrica

$$
c_{j_1, \ldots, j_k}(t_1, \ldots, t_{k-1}) = c_{j_1, \ldots, j_k}(t_1, \ldots, t_{k-1}, 0). \tag{A.7}
$$

Supondo-se

$$
\sum_{\tau_1, \ldots, \tau_{k-1} = -\infty}^{\infty} |c_{j_1, \ldots, j_k}(\tau_1, \ldots, \tau_{k-1})| < \infty, \tag{A.8}
$$

que significa que a dependência torna-se pequena, definimos o *cumulante espectral de ordem* k por

$$
f_{j_1, \ldots, j_k}(\lambda_1, \ldots, \lambda_{k-1}) = (2\pi)^{-k+1} \sum_{\tau_1, \ldots, \tau_{k-1} = -\infty}^{\infty} c_{j_1, \ldots, j_k}(\tau_1, \ldots, \tau_{k-1}) e^{-i \sum_{j=1}^{k-1} \tau_j \lambda_j},
$$
$$\tag{A.9}$$

para $-\infty < \lambda_j < \infty$, $j_1, \ldots, j_k = 1, \ldots, d$ e $k \geq 2$. No caso $k = 1$, definimos $f_j = c_j = E[X_{j,t}]$.

APÊNDICE 7.A   219

Suponhamos que $\{X_t, t \in \mathbb{Z}\}$ seja um processo estacionário de média zero. Suponhamos, também, que o cumulante $\kappa_X(\tau_1, \tau_2) = \text{cum}(X_{t+\tau_1}, X_{t+\tau_2}, X_t) = E[X_{t+\tau_1} X_{t+\tau_2} X_t]$ exista e não dependa de t. Então, podemos escrever

$$\kappa_X(\tau_1, \tau_2) = \int\int_{-\pi}^{\pi}\int e^{i(t+\tau_1)\lambda_1} e^{i(t+\tau_2)\lambda_2} e^{it\lambda} E[dZ(\lambda_1) dZ(\lambda_2) dZ(\lambda)]$$

$$= \int\int_{-\pi}^{\pi}\int e^{it(\lambda_1+\lambda_2+\lambda)} e^{i\tau_1\lambda_1} e^{i\tau_2\lambda_2} E[dZ(\lambda_1) dZ(\lambda_2) dZ(\lambda)]. \qquad (A.10)$$

Como $\kappa_X(\tau_1, \tau_2)$ não depende de t, devemos ter $E[dZ(\lambda_1) dZ(\lambda_2) dZ(\lambda)] = 0$, a menos que $\lambda_1 + \lambda_2 + \lambda = 0$, donde

$$\kappa_X(\tau_1, \tau_2) = \int_{-\pi}^{\pi}\int_{-\pi}^{\pi} e^{i\tau_1\lambda_1} e^{i\tau_2\lambda_2} E[dZ(\lambda_1) dZ(\lambda_2) dZ(-[\lambda_1 + \lambda_2])]. \qquad (A.11)$$

Podemos, então, definir a *distribuição biespectral*

$$dF(\lambda_1, \lambda_2) = E[dZ(\lambda_1) dZ(\lambda_2) dZ(-[\lambda_1 + \lambda_2])]. \qquad (A.12)$$

O *biespectro* é definido por

$$\kappa_X(\tau_1, \tau_2) = \int_{-\pi}^{\pi}\int_{-\pi}^{\pi} e^{i\tau_1\lambda_1} e^{i\tau_2\lambda_2} f(\lambda_1, \lambda_2) d\lambda_1 d\lambda_2, \qquad (A.13)$$

com

$$f(\lambda_1, \lambda_2) = (2\pi)^{-2} \sum_{\tau_1}\sum_{\tau_2} \kappa_X(\tau_1, \tau_2) e^{-i\tau_1\lambda_1} e^{-i\tau_2\lambda_2}. \qquad (A.14)$$

Se o processo X_t for gaussiano, então $\kappa_X(\tau_1, \tau_2) = 0$, para todo par $(\tau_1, \tau_2) \in \mathbb{Z}^2$ e, portanto, o biespectro $f(\lambda_1, \lambda_2) = 0$, para $(\lambda_1, \lambda_2) \in [-\pi, \pi]^2$. Testes de linearidade e normalidade podem, então, ser baseados no biespectro.

CAPÍTULO 8

Processos Não Estacionários

8.1 Introdução

Neste capítulo estudaremos dois tipos de não estacionariedade: uma, no domínio do tempo, na qual trataremos do tópico de cointegração e, outra, no domínio da frequência, na qual estudaremos a análise espectral de algumas classes de processos não estacionários.

No Volume 1, estudamos a classe dos processos $ARIMA(p, d, q)$, que são processos integrados de ordem d, brevemente $I(d)$. Isso significa que após tomarmos d diferenças, o processo estacionário resultante é representado por um modelo $ARMA(p, q)$. Essa definição pode ser estendida para um processo integrado qualquer. Um processo estacionário é, então, $I(0)$.

Granger e Newbold (1974) verificaram, através de simulações, que dadas duas séries completamente não correlacionadas, mas $I(1)$, a regressão de uma sobre a outra tenderá a produzir uma relação aparentemente significativa. Esse problema é conhecido como *regressão espúria*. Veja também Phillips (1986). Neste capítulo vamos estudar uma técnica para analisar relações entre séries não estacionárias chamada de cointegração.

Preços de ativos financeiros e taxas (de câmbio, de juros) em geral são $I(1)$ e é usual analisar os logaritmos dessas séries, para investigar cointegração. Estabelecida uma relação de equilíbrio de longo prazo entre log-preços, por exemplo, ajusta-se um modelo que corrige desvios de curto prazo da relação de equilíbrio. Este modelo é chamado *modelo de correção de erros* (MCE).

Também no Volume 1 estudamos modelos lineares estacionários univariados (por exemplo, modelos da família ARMA, modelos de regressão) e no Capítulo 3 desse volume estudamos modelos lineares multivariados (modelos VAR). No Volume 1 estudamos os modelos ARIMA, não estacionários.

221

CAPÍTULO 8. PROCESSOS NÃO ESTACIONÁRIOS

Todavia, há áreas nas quais modelos não estacionários e não lineares são necessários, como em economia, oceanografia, engenharia, medicina etc. No Capítulo 6 estudamos alguns modelos não lineares.

No que se refere a processos não estacionários, várias tentativas foram feitas para tratar formas especiais de não estacionariedade no domínio da frequência, definindo-se o que chamamos de *espectro dependente do tempo*. Ou seja, teremos um espectro $f(t, \lambda)$, no caso não estacionário, dependendo do tempo e da frequência. Veja Page (1952), Silverman (1957), Priestley (1981) e Toloi e Morettin (1993), para algumas definições.

8.2 Processos cointegrados

Se X_t e Y_t forem processos I(d), então a combinação linear $Z_t = Y_t - \alpha X_t$ será, em geral, também I(d). Mas é possível que Z_t seja integrado de ordem menor, digamos I($d - b$), $b > 0$. Nesse caso, dizemos que X_t e Y_t são cointegrados. Todavia, não é geralmente verdade que exista α tal que $Z_t \sim$ I($d - b$).

Definição 8.1. As componentes do vetor $\mathbf{X}_t$ são *cointegradas de ordem* (d, b), e escrevemos, $\mathbf{X}_t \sim$ C.I.(d, b), se:

(a) todas as componentes de $\mathbf{X}_t$ são I(d);

(b) existe um vetor $\boldsymbol{\beta} = (\beta_1, \ldots, \beta_n)'$, não nulo, tal que

$$\boldsymbol{\beta}' \mathbf{X}_t = \beta_1 X_{1t} + \ldots + \beta_n X_{nt} \sim \text{ I}(d - b), \ d \geq b > 0. \qquad (8.1)$$

O vetor $\boldsymbol{\beta}$, de ordem $n \times 1$, é chamado *vetor cointegrante* (ou vetor de cointegração).

Observações: (i) O vetor de cointegração $\boldsymbol{\beta}$ não é único, pois se $\lambda \neq 0$, então $\lambda \boldsymbol{\beta}$ é também um vetor de cointegração. Tipicamente, uma das variáveis é usada para normalizar $\boldsymbol{\beta}$, fixando-se seu coeficiente igual a um; usualmente toma-se $\boldsymbol{\beta} = (1, -\beta_2, \ldots, -\beta_n)'$, de modo que

$$\boldsymbol{\beta}' \mathbf{X}_t = X_{1t} - \beta_2 X_{2t} - \ldots - \beta_n X_{nt}.$$

Por exemplo, se $\boldsymbol{\beta}' \mathbf{X}_t \sim I(0)$, temos que

$$X_{1t} = \beta_2 X_{2t} + \ldots + \beta_n X_{nt} + u_t,$$

8.2. PROCESSOS COINTEGRADOS

com $u_t \sim I(0)$. Dizemos que u_t é o *resíduo de cointegração* ou *erro de desequilíbrio*. No longo prazo, $u_t = 0$ e a *relação de equilíbrio de longo prazo* é

$$X_{1t} = \beta_2 X_{2t} + \ldots + \beta_n X_{nt}.$$

(ii) Todas as variáveis devem ser integradas de mesma ordem. Se elas forem integradas de ordens diferentes, não podem ser cointegradas. Veja o Problema 2.

(iii) Se $\mathbf{X}_t$ tiver $n > 2$ componentes, podem existir vários vetores de cointegração. Se existirem exatamente r vetores de cointegração linearmente independentes, com $0 < r \leq n - 1$, então eles podem ser reunidos numa matriz $\boldsymbol{B}$, de ordem $n \times r$, com posto r, chamado o *posto de cointegração*. Nesse caso,

$$\mathbf{B}'\mathbf{X}_t = \begin{bmatrix} \boldsymbol{\beta}_1'\mathbf{X}_t \\ \vdots \\ \boldsymbol{\beta}_r'\mathbf{X}_t \end{bmatrix} = \begin{bmatrix} u_{1t} \\ \vdots \\ u_{rt} \end{bmatrix}$$

é estacionária, isto é, I(0). Por exemplo, se $n = 3$ e $r = 2$, com $\boldsymbol{\beta}_1 = (\beta_{11}, \beta_{12}, \beta_{13})'$ e $\boldsymbol{\beta}_2 = (\beta_{21}, \beta_{22}, \beta_{23})'$, então

$$\mathbf{B}'\mathbf{X}_t = \begin{bmatrix} \beta_{11} & \beta_{12} & \beta_{13} \\ \beta_{21} & \beta_{22} & \beta_{23} \end{bmatrix} \begin{bmatrix} X_{1t} \\ X_{2t} \\ X_{3t} \end{bmatrix} = \begin{bmatrix} \boldsymbol{\beta}_1'\mathbf{X}_t \\ \boldsymbol{\beta}_2'\mathbf{X}_t \end{bmatrix},$$

de modo que obtemos $\boldsymbol{\beta}_1'\mathbf{X}_t \sim I(0)$ e $\boldsymbol{\beta}_2'\mathbf{X}_t \sim I(0)$. Note que se $\boldsymbol{\beta}_3 = c_1\boldsymbol{\beta}_1 + c_2\boldsymbol{\beta}_2$, então $\boldsymbol{\beta}_3$ é também um vetor cointegrante.

(iv) O caso usual é que as séries sejam $I(1)$, de modo que $\boldsymbol{\beta}'\mathbf{X}_t \sim I(0)$.

8.2.1 Tendências comuns

Já vimos que log-preços de ativos podem ser modelados por um passeio aleatório, ou seja, na notação do exemplo,

$$\Delta p_t = \mu + \varepsilon_t,$$

em que $\varepsilon_t \sim$ i.i.d. $\mathcal{N}(0, \sigma^2)$. Logo, a melhor previsão de qualquer valor futuro é o valor de hoje mais um "drift". Mas, se existe uma relação de cointegração entre dois ou mais log-preços, um modelo multivariado pode dar informação sobre o equilíbrio de longo prazo entre as séries.

224 CAPÍTULO 8. PROCESSOS NÃO ESTACIONÁRIOS

Preços cointegrados têm uma tendência estocástica comum, um fato apontado por Stock e Watson (1988). Ou seja, eles caminharão juntos no longo prazo porque uma combinação linear deles é reversível à média (estacionária).

Exemplo 8.1. Suponha que

$$X_{1t} = \mu_{1t} + \varepsilon_{1t}, \tag{8.2}$$
$$X_{2t} = \mu_{2t} + \varepsilon_{2t}, \tag{8.3}$$

em que μ_{it} é um passeio aleatório representando a tendência estocástica da variável $X_{it}, i = 1, 2$ e $\varepsilon_{it}, i = 1, 2$ é estacionário. Suponha que X_{1t} e X_{2t} sejam I(1) e que existam constantes β_1 e β_2 tais que $\beta_1 X_{1t} + \beta_2 X_{2t}$ seja I(0), ou seja,

$$\beta_1 X_{1t} + \beta_2 X_{2t} = (\beta_1 \mu_{1t} + \beta_2 \mu_{2t}) + (\beta_1 \varepsilon_{1t} + \beta_2 \varepsilon_{2t})$$

seja estacionário. Então, devemos ter o primeiro termo do segundo membro nulo, ou seja, $\mu_{1t} = -(\beta_2/\beta_1)\mu_{2t}$, o que mostra que as tendências são as mesmas, a menos de um escalar.

De modo geral, se o vetor $\mathbf{X}_t$ for cointegrado, com r vetores de cointegração, $0 < r < n$, então existirão $n - r$ tendências estocásticas comuns.

O fato de duas séries serem cointegradas não significa que elas apresentem alta correlação. Veja Alexander (2001) para um exemplo.

Exemplo 8.2. Considere as séries

$$X_{1t} = \beta_2 X_{2t} + u_t, \tag{8.4}$$
$$X_{2t} = X_{2,t-1} + v_t, \tag{8.5}$$

onde u_t e v_t são ambas I(0). Segue-se que X_{2t} é um passeio casual e representa a tendência estocástica comum, ao passo que (8.4) representa a relação de equilíbrio de longo prazo. O vetor de cointegração é $\boldsymbol{\beta} = (1, -\beta_2)'$. Na Figura 8.1 temos as séries simuladas, com $\beta_2 = 1$, $u_t = 0,6u_{t-1} + a_t$, a_t e v_t independentes $\mathcal{N}(0, 1)$, independentes entre si. Veja os Problemas 4 e 5 para outros exemplos de sistemas cointegrados. As equações (8.4) e (8.5) constituem a *representação triangular* de Phillips (1991a).

8.2.2 Modelo de correção de erro

Esta seção é baseada em Lütkepohl (1991), Hendry e Juselius (2000, 2001) e Johansen (1988). Muitas variáveis econômicas apresentam relações

8.2. PROCESSOS COINTEGRADOS

de equilíbrio de longo prazo, como preços de um mesmo produto em diferentes mercados. Suponha, por exemplo, que P_{1t} e P_{2t} sejam tais preços em dois mercados distintos e que a relação (normalizada) de equilíbrio entre eles seja $P_{1t} - \beta P_{2t} = 0$. Suponha, ainda, que variações em P_{1t} dependam de desvios deste equilíbrio no instante $t - 1$, ou seja,

$$\Delta P_{1t} = \alpha_1(P_{1,t-1} - \beta P_{2,t-1}) + a_{1t}, \tag{8.6}$$

e uma relação similar valha para P_{2t}:

$$\Delta P_{2t} = \alpha_2(P_{1,t-1} - \beta P_{2,t-1}) + a_{2t}. \tag{8.7}$$

Suponha que P_{1t} e P_{2t} sejam I(1); como $\Delta P_{it} \sim$I(0), os segundos membros devem ser I(0). Supondo os erros a_{it} ruídos brancos, e portanto estacionários, segue-se que $\alpha_i(P_{1,t-1} - \beta P_{2,t-1}) \sim$I(0). Logo, se $\alpha_1 \neq 0$ e $\alpha_2 \neq 0$, segue que $P_{1t} - \beta P_{2t} \sim$ I(0) e representa uma relação de cointegração entre P_{1t} e P_{2t}.

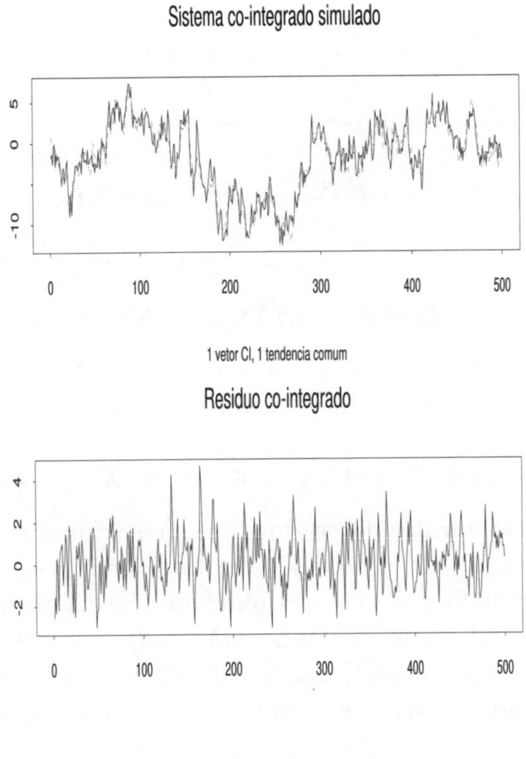

Figura 8.1: Sistema bivariado cointegrado: X_{1t} (linha cheia) e X_{2t} (linha tracejada).

CAPÍTULO 8. PROCESSOS NÃO ESTACIONÁRIOS

O mesmo vale para um mecanismo de correção de erro mais geral. Suponha que X_{1t} e X_{2t} sejam duas séries I(1), $u_t = X_{1t} - \beta X_{2t} = 0$ seja a relação de equilíbrio e

$$\Delta X_{1t} = \alpha_1(X_{1,t-1} - \beta X_{2,t-1}) + a_{11}(1)\Delta X_{1,t-1} + a_{12}(1)\Delta X_{2,t-1} + a_{1t}, \quad (8.8)$$

$$\Delta X_{2t} = \alpha_2(X_{1,t-1} - \beta X_{2,t-1}) + a_{21}(1)\Delta X_{1,t-1} + a_{22}(1)\Delta X_{2,t-1} + a_{2t}. \quad (8.9)$$

Esse é um modelo VAR(1) nas primeiras diferenças com um termo de correção de erro adicionado. Os parâmetros α_1 e α_2 são relacionados à velocidade de ajustamento. Se ambos forem nulos, não há relação de longo prazo e não temos um modelo como em (8.8)–(8.9).

Se $\mathbf{X}_t = (X_{1t}, X_{2t})'$, podemos escrever (8.8)–(8.9) como

$$\Delta \mathbf{X}_t = \boldsymbol{\alpha}\boldsymbol{\beta}'\mathbf{X}_{t-1} + \mathbf{A}\Delta\mathbf{X}_{t-1} + \mathbf{a}_t, \quad (8.10)$$

com

$$\boldsymbol{\alpha} = \begin{bmatrix} \alpha_1 \\ \alpha_2 \end{bmatrix}, \quad \boldsymbol{\beta} = \begin{bmatrix} 1 \\ -\beta \end{bmatrix}, \quad \mathbf{A} = \begin{bmatrix} a_{11}(1) & a_{12}(1) \\ a_{21}(1) & a_{22}(1) \end{bmatrix}.$$

Vemos que (8.10) também pode ser escrita

$$\mathbf{X}_t - \mathbf{X}_{t-1} = \boldsymbol{\alpha}\boldsymbol{\beta}'\mathbf{X}_{t-1} + \mathbf{A}(\mathbf{X}_{t-1} - \mathbf{X}_{t-2}) + \mathbf{a}_t,$$

ou

$$\mathbf{X}_t = (\mathbf{I}_n + \mathbf{A} + \boldsymbol{\alpha}\boldsymbol{\beta}')\mathbf{X}_{t-1} - \mathbf{A}\mathbf{X}_{t-2} + \mathbf{a}_t, \quad (8.11)$$

logo séries que são cointegradas podem ser geradas por um modelo VAR.

Consideremos o modelo VAR (p), dado em (3.16), escrito na forma

$$\mathbf{X}_t = \boldsymbol{\Phi}_0\mathbf{D}_t + \boldsymbol{\Phi}_1\mathbf{X}_{t-1} + \ldots + \boldsymbol{\Phi}_p\mathbf{X}_{t-p} + \mathbf{a}_t, \quad (8.12)$$

sendo que $\mathbf{D}_t$ contém termos determinísticos, (constante, tendência, *dummies* etc.). Pela Proposição 3.2, o modelo será estacionário se as raízes de $|\mathbf{I}_n - \boldsymbol{\Phi}(z)| = 0$ estiverem fora do círculo unitário. Se algumas estiverem sobre o círculo, todas ou algumas variáveis serão $I(d)$, para algum d, e poderão ser cointegradas. Nesse caso, o modelo (8.12) não é adequado e devemos considerar o chamado *modelo de correção de erro* (de equilíbrio), VECM (p-1), dado por

$$\Delta\mathbf{X}_t = \boldsymbol{\Phi}_0\mathbf{D}_t + \boldsymbol{\Pi}\mathbf{X}_{t-1} + \mathbf{F}_1\Delta\mathbf{X}_{t-1} + \ldots + \mathbf{F}_{p-1}\Delta\mathbf{X}_{t-p+1} + \mathbf{a}_t, \quad (8.13)$$

8.2. PROCESSOS COINTEGRADOS

onde agora $\mathbf{\Pi} = \mathbf{\Phi}_1 + \ldots + \mathbf{\Phi}_p - \mathbf{I}_n$ e $\mathbf{F}_i = -(\mathbf{\Phi}_{i+1} + \ldots + \mathbf{\Phi}_p)$, $i = 1, 2, \ldots, p-1$.

A matriz $\mathbf{\Pi}$ é chamada *matriz de impacto de longo prazo* e as matrizes $\mathbf{F}_i$ são chamadas matrizes de *impacto de curto prazo*.

A matriz $\mathbf{\Pi}$ pode ser escrita como

$$\mathbf{\Pi} = \boldsymbol{\alpha}\boldsymbol{\beta}',$$

em que $\boldsymbol{\alpha}$ e $\boldsymbol{\beta}$ são matrizes $n \times r$, ambas com posto r. Dizemos que $\boldsymbol{\beta}$ é a *matriz de cointegração* ou *vetores cointegrantes* e $\boldsymbol{\alpha}$ é a *matriz de cargas* ou *matriz de coeficientes da velocidade de ajustamento*.

Podemos, então, escrever (8.13) na forma

$$\Delta\mathbf{X}_t = \mathbf{\Phi}_0\mathbf{D}_t + \boldsymbol{\alpha}\boldsymbol{\beta}'\mathbf{X}_{t-1} + \mathbf{F}_1\Delta\mathbf{X}_{t-1} + \ldots + \mathbf{F}_{p-1}\Delta\mathbf{X}_{t-p+1} + \mathbf{a}_t,$$

com $\boldsymbol{\beta}'\mathbf{X}_t \sim I(0)$.

No modelo (8.13), $\Delta\mathbf{X}_t$ e seus valores defasados são $I(0)$ e, portanto, o termo $\mathbf{\Pi}\mathbf{X}_{t-1}$ é também $I(0)$ e contém as relações de cointegração.

Suponha que as componentes de $\mathbf{X}_t$ sejam $I(1)$. Se o posto de $\mathbf{\Pi} = r = 0$, então $\mathbf{X}_t \sim I(1)$, mas não cointegradas, e $\Delta\mathbf{X}_t$ tem uma representação VAR($p-1$). Se $0 < r < n$, teremos $\mathbf{X}_t \sim I(1)$, com r vetores cointegrantes e $n - r$ tendências estocásticas comuns.

Podemos obter estimadores de máxima verossimilhança para os parâmetros $\boldsymbol{\alpha}, \boldsymbol{\beta}, \mathbf{F}$ e $\mathbf{\Sigma}$ do modelo VAR(p) cointegrado, em que $\mathbf{\Sigma}$ é a matriz de covariâncias de $\mathbf{a}_t$. Veja Lütkepohl (1991) para detalhes.

Exemplo 8.3. (Hendry e Juselius, 2001). Sejam P_{1t} e P_{2t} os preços de gasolina em dois locais e P_{3t}, o preço do petróleo. Uma relação de cointegração entre preços de gasolina existiria se, por exemplo, diferenciais de preços entre dois locais quaisquer fossem estacionários. Considere o modelo VAR(1)

$$\Delta\mathbf{P}_t = \mathbf{\Phi}_0\mathbf{D}_t + \mathbf{\Phi}_1\Delta\mathbf{P}_{t-1} + \boldsymbol{\alpha}\boldsymbol{\beta}'\mathbf{P}_{t-1} + \mathbf{a}_t,$$

em que $\mathbf{P}_t = (P_{1t}, P_{2t}, P_{3t})'$, $\mathbf{a}_t = (a_{1t}, a_{2t}, a_{3t})' \sim$ i.i.d $\mathcal{N}(\mathbf{0}, \mathbf{\Omega})$, $\mathbf{\Phi}_1 = [\phi_{ij}]$, $i, j = 1, 2, 3$,

$$\boldsymbol{\alpha} = \begin{bmatrix} \alpha_{11} & \alpha_{12} \\ \alpha_{21} & \alpha_{22} \\ \alpha_{31} & \alpha_{32} \end{bmatrix}, \quad \boldsymbol{\beta} = \begin{bmatrix} 1 & 0 \\ -1 & 1 \\ 0 & -1 \end{bmatrix}.$$

Segue-se que podemos explicar variações de preços entre dois períodos consecutivos como resultados de:

(a) um termo contendo constantes e variáveis "dummies", como alguma intervenção no mercado global;

228 **CAPÍTULO 8. PROCESSOS NÃO ESTACIONÁRIOS**

(b) um ajustamento a variações de preços no instante anterior, com impactos dados pelos ϕ_{ij};

(c) um ajustamento ao desequilíbrio anterior entre preços em diferentes locais $(P_{1t} - P_{2t})$ e entre o preço no local 2 e o preço do petróleo $(P_{2t} - P_{3t})$, com impactos $\alpha_{i,1}$ e α_{i2};

(d) choques aleatórios a_{it}.

Neste exemplo, teremos duas relações de cointegração, dadas por $u_{1t} = P_{1t} - P_{2t}$, $u_{2t} = P_{2t} - P_{3t}$, se $P_{it} \sim I(1)$ e $u_{it} \sim I(0)$. Essas relações significam que os três preços seguem relações de equilíbrio de longo prazo. Veja Hendry e Juselius (2001) para a análise de um exemplo de preços de gasolina nos Estados Unidos.

8.2.3 Testes para cointegração

Suponha o vetor $\mathbf{X}_t$, de ordem $n \times 1$, com todas as componentes I(1). Podemos destacar duas situações:

(a) há, no máximo, um vetor de cointegração; esse caso foi tratado por Engle e Granger (1987);

(b) há r, $0 \le r < n$, vetores de cointegração, caso considerado por Johansen (1988).

Além dessas referências, veja Zivot e Wang (2006).

Aqui, trataremos somente o procedimento de Johansen, sem entrar em detalhes, que poderão ser vistos em Morettin (2017) e Johansen (1988).

Procedimento de Johansen

O procedimento de Johansen é uma generalização multivariada do teste de DF. Considere o modelo (8.13) reescrito na forma

$$\Delta \mathbf{X}_t = \mathbf{\Phi_0} \mathbf{D}_t + \alpha \beta' \mathbf{X}_{t-1} + \mathbf{F}_1 \Delta \mathbf{X}_{t-1} + \ldots + \mathbf{F}_{p-1} \Delta \mathbf{X}_{t-p+1} + \mathbf{a}_t. \quad (8.14)$$

O procedimento de Johansen (1988, 1995) para testar a existência de cointegração é baseado nos seguintes passos:

(i) verificar a ordem de integração das séries envolvidas; verificar a existência de tendências lineares;

(ii) especificar e estimar um modelo VAR(p) para $\mathbf{X}_t$, que supomos I(1);

8.2. PROCESSOS COINTEGRADOS

(iii) construir testes da razão de verossimilhanças (RV) para determinar o número de vetores de cointegração, que sabemos ser igual ao posto de $\mathbf{\Pi}$;
(iv) dados os vetores de cointegração (normalizados apropriadamente), estimar o MCE (via EMV).

Segundo Johansen (1994, 1995), os termos determinísticos em (8.14) são restritos à forma

$$\mathbf{\Phi}_0 \mathbf{D}_t = \boldsymbol{\mu}_t = \boldsymbol{\mu}_0 + \boldsymbol{\mu}_1 t. \tag{8.15}$$

Para verificarmos os efeitos dos termos determinísticos no modelo VAR, consideremos um caso especial:

$$\Delta \mathbf{X}_t = \boldsymbol{\mu}_0 + \boldsymbol{\mu}_1 t + \boldsymbol{\alpha} \boldsymbol{\beta}' \mathbf{X}_{t-1} + \mathbf{a}_t, \tag{8.16}$$

em que $\boldsymbol{\mu}_0$ e $\boldsymbol{\mu}_1$ são ambos vetores $n \times 1$. Vamos decompor esses dois vetores em relação à média das relações de cointegração e em relação à média das taxas de crescimento,

$$\begin{aligned}
\boldsymbol{\mu}_0 &= \boldsymbol{\alpha}\boldsymbol{\rho}_0 + \mathbf{c}_0, \\
\boldsymbol{\mu}_1 &= \boldsymbol{\alpha}\boldsymbol{\rho}_1 + \mathbf{c}_1.
\end{aligned} \tag{8.17}$$

Então, podemos escrever

$$\Delta \mathbf{X}_t = \boldsymbol{\alpha}\boldsymbol{\rho}_0 + \mathbf{c}_0 + \boldsymbol{\alpha}\boldsymbol{\rho}_1 t + \mathbf{c}_1 t + \boldsymbol{\alpha}\boldsymbol{\beta}' \mathbf{X}_{t-1} + \mathbf{a}_t$$

$$= \boldsymbol{\alpha}(\boldsymbol{\rho}_0, \boldsymbol{\rho}_1, \boldsymbol{\beta}') \begin{pmatrix} 1 \\ t \\ X_{t-1} \end{pmatrix} + (\mathbf{c}_0 + \mathbf{c}_1 t) + \mathbf{a}_t,$$

ou ainda,

$$\Delta \mathbf{X}_t = \boldsymbol{\alpha} \begin{pmatrix} \boldsymbol{\rho}_0' \\ \boldsymbol{\rho}_1' \\ \boldsymbol{\beta} \end{pmatrix} \mathbf{X}_{t-1}^* + (\mathbf{c}_0 + \mathbf{c}_1 t) + \mathbf{a}_t, \tag{8.18}$$

com $\mathbf{X}_{t-1}^* = (1, t, \mathbf{X}_{t-1}')'$.

Podemos sempre escolher $\boldsymbol{\rho}_0$ e $\boldsymbol{\rho}_1$ tais que o erro de equilíbrio $(\boldsymbol{\beta}^*)' \mathbf{X}_t^* = \mathbf{v}_t$ tenha média zero, logo

$$E(\Delta \mathbf{X}_t) = \mathbf{c}_0 + \mathbf{c}_1 t. \tag{8.19}$$

230   CAPÍTULO 8. PROCESSOS NÃO ESTACIONÁRIOS

Note que, se $\mathbf{c}_0 \neq \mathbf{0}$, temos um crescimento constante nos dados e se $\mathbf{c}_1 \neq \mathbf{0}$ temos uma tendência linear nas diferenças ou tendência quadrática nos níveis das variáveis.

Há cinco casos a considerar.

Caso 1. constante nula, $\boldsymbol{\mu}_t = \mathbf{0}$; neste caso, $\boldsymbol{\rho}_0 = \boldsymbol{\rho}_1 = \mathbf{0}$ e o modelo não possui nenhuma componente determinística, com $\mathbf{X}_t \sim I(1)$ sem "drift" (não há crescimento dos dados) e as relações de cointegração têm média zero. A menos que $\mathbf{X}_0 = \mathbf{0}$, este caso tem pouco interesse nas aplicações práticas.

Caso 2. constante restrita, $\boldsymbol{\mu}_t = \boldsymbol{\mu}_0 = \boldsymbol{\alpha}\boldsymbol{\rho}_0$; neste caso, $\boldsymbol{\rho}_1 = \mathbf{0}, \mathbf{c}_0 = \mathbf{0}$, mas $\boldsymbol{\rho}_0 \neq \mathbf{0}$ e portanto não há tendência linear nos dados e as relações de cointegração têm média $\boldsymbol{\rho}_0$.

Caso 3. constante irrestrita, $\boldsymbol{\mu}_t = \boldsymbol{\mu}_0$; aqui, $\boldsymbol{\rho}_1 = \mathbf{0}$, as séries de $\mathbf{X}_t$ são $I(1)$ sem "drift" e as relações de cointegração podem ter médias diferentes de zero.

Caso 4. tendência restrita, $\boldsymbol{\mu}_t = \boldsymbol{\mu}_0 + \boldsymbol{\alpha}\boldsymbol{\rho}_1 t$; neste caso, $\mathbf{c}_1 = \mathbf{0}$, mas $\mathbf{c}_0, \boldsymbol{\rho}_0, \boldsymbol{\rho}_1$ são irrestritos. As séries são $I(1)$ com "drift" e as relações de cointegração têm uma tendência linear.

Caso 5. tendência irrestrita, $\boldsymbol{\mu}_t = \boldsymbol{\mu}_0 + \boldsymbol{\mu}_1 t$; não há henhuma restrição sobre $\boldsymbol{\mu}_0$ e $\boldsymbol{\mu}_1$, as séries são $I(1)$ com tendência linear (logo, tendência quadrática nos níveis) e as relações de cointegração têm tendência linear. Previsões podem ser ruins, logo deve-se ter certo cuidado ao adotar essa opção.

Veja Hendry e Juselius (2001) e Zivot e Wang (2006) para detalhes.

Sabemos que o posto de $\boldsymbol{\Pi}$ fornece também o número de autovalores não nulos de $\boldsymbol{\Pi}$; suponha que os ordenemos $\lambda_1 > \lambda_2 > \cdots > \lambda_n$. Se as séries são *não* cointegradas, $\rho(\boldsymbol{\Pi}) = 0$ e todos os autovalores serão nulos, ou ainda $\ell n(1 - \lambda_i) = 0$, para todo i. Um teste da RV para testar o posto de $\boldsymbol{\Pi}$ é baseado na *estatística traço*

$$\lambda_{\text{traço}}(r_0) = -N \sum_{i=r_0+1}^{n} \ell n(1 - \hat{\lambda}_i), \qquad (8.20)$$

em que $\hat{\lambda}_i$ são os autovalores estimados de $\boldsymbol{\Pi}$ e (8.20) testa

$$
\begin{aligned}
H_0 &: \quad r \leq r_0, \\
H_1 &: \quad r > r_0,
\end{aligned}
\qquad (8.21)
$$

sendo r o posto de $\boldsymbol{\Pi}$. Se $\rho(\boldsymbol{\Pi}) = r_0$, então $\hat{\lambda}_{r_0+1}, \ldots, \hat{\lambda}_n$ são aproximadamente nulas e a estatística (8.20) será pequena; caso contrário, será grande. Como

8.2. PROCESSOS COINTEGRADOS

dissemos, a distribuição assintótica de (8.20) é uma generalização multivariada da distribuição ADF e depende da dimensão $n - r_0$ e da especificação dos termos determinísticos. Os valores críticos podem ser encontrados em Osterwald-Lenum (1992) para os casos (a)-(e) acima e $n - r_0 = 1, \ldots, 10$.

Johansen também usa a *estatística do máximo autovalor*

$$\lambda_{\max}(r_0) = -N\ell n(1 - \hat{\lambda}_{r_0+1}), \tag{8.22}$$

para testar

$$\begin{aligned} H_0 &: \quad r = r_0, \\ H_1 &: \quad r = r_0 + 1. \end{aligned} \tag{8.23}$$

A distribuição assintótica de (8.22) também depende de $n - r_0$ e da especificação de termos determinísticos. Valores críticos podem ser encontrados na referência citada.

Supondo-se que o posto de $\mathbf{\Pi}$ é r, Johansen (1988) prova que o estimador de máxima verossimilhança de $\boldsymbol{\beta}$ é dado por $\hat{\boldsymbol{\beta}}_{\text{MV}} = (\hat{v}_1, \ldots, \hat{v}_r)$, onde $\hat{v}_i$ é o autovetor associado ao autovalor $\hat{\lambda}_i$ e os estimadores de máxima verossimilhança dos parâmetros restantes são obtidos por meio de uma regressão multivariada com $\boldsymbol{\beta}$ substituído pelo EMV. Johansen (1995) mostra a normalidade assintótica dos estimadores de $\boldsymbol{\beta}$, com taxa de convergência N^{-1}.

Exemplo 8.4. Considere $N = 250$ valores do sistema dado no Problema 6, sendo o vetor de cointegração $\boldsymbol{\beta} = (1; -0,5; -0,5)'$, u_t gerado por um modelo AR(1) com parâmetro $0,75$ e erro $\mathcal{N}(0, (0,5)^2)$, v_t, w_t ambos normais independentes, com média zero e desvio padrão $0,5$. Veja a Figura 8.2. A função ca.jo do pacote urca do R será usada para fazer o teste.

No Quadro 8.1, temos os valores das estatísticas $\lambda_{\text{traço}} = 35,76$ e $\lambda_{\max} = 30,88$. Notamos que ambas são significativas com o nível 0,01 para testar a hipótese H_0 de que não há cointegração contra a alternativa que há mais que uma (uma, respectivamente) relações de integração. Por outro lado, a hipótese nula de uma relação de cointegração contra a alternativa de mais que uma (duas, respectivamente) é aceita, com o nível 0,05, sendo $\lambda_{\text{traço}} = 4,88$ e $\lambda_{\max} = 3,99$. Concluímos, então, que há somente um vetor de cointegração. O quadro apresenta, também, o vetor não normalizado e o vetor normalizado, além do intercepto, supondo o Caso 2 citado anteriormente. O vetor de cointegração estimado é $\hat{\boldsymbol{\beta}} = (1; -0,524; -0,510)'$, sendo que o vetor verdadeiro tem $\beta_2 = \beta_3 = 0,5$.

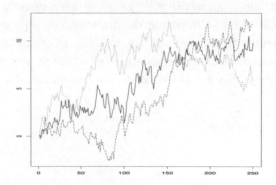

Figura 8.2: Sistema trivariado cointegrado: X_{1t} (linha cheia), X_{2t} (linha pontilhada) e X_{3t} (linha tracejada).

Para a construção do Quadro 8.1, foram utilizados o pacote urca do R e a função ca.jo. Foi utilizada a ordem $p = 2$ para o VAR (p), que é a ordem mínima para fazer o teste de cointegração no R.

No Quadro 8.2, temos o resultado da estimação do MCE. Estimadores de máxima verossimilhança são obtidos usando a função VECM do pacote S+FinMetrics. O modelo completo, incluindo coeficientes não significativos, seria dado por

$$\begin{aligned}
\Delta X_{1t} &= 0,0134 - 0,2795(X_{1,t-1} - 0,5234 X_{2,t-1} - 0,5102 X_{3,t-1}) + \\
&\quad + 0,0789 \Delta_{1,t-1} + 0,1525 \Delta X_{2,t-1} + 0,0481 \Delta X_{3,t-1} + a_{1t}, \\
\Delta X_{2t} &= 0,0090 + 0,0159(X_{1,t-1} - 0,5234 X_{2,t-1} - 0,5102 X_{3,t-1}) + \\
&\quad + 0,0403 \Delta X_{1,t-1} - 0,0914 \Delta X_{2,t-1} - 0,0733 \Delta X_{3,t-1} + a_{2t}, \\
\Delta X_{3t} &= 0,0302 - 0,0495(X_{1,t-1} - 0,5234 X_{2,t-1} - 0,5102 X_{3,t-1}) - \\
&\quad - 0,0574 \Delta X_{1,t-1} - 0,0717 \Delta X_{2,t-1} + 0,0213 \Delta X_{3,t-1} + a_{3t}.
\end{aligned}$$

Todavia, vários coeficientes não são significativos e poderão ser eliminados do modelo.

Exemplo 8.5. Como um último exemplo, consideremos as séries do Ibovespa e dos preços das ações da Petrobras, no período de 1998 a 2010, com 2999 observações diárias. Os resultados dos testes de cointegração de Johansen estão no Quadro 8.3. Os valores das estatísticas $\lambda_{\text{traço}}$ e $\lambda_{\max}$ são iguais a 7,65 e não rejeitam a hipótese de não cointegração.

8.3 Espectros dependentes do tempo

Dado um processo $\{X(t), t \in \mathbb{R}\}$, estacionário, de média zero, um resultado fundamental é a representação espectral dada por

$$X(t) = \int_{-\infty}^{\infty} e^{i\lambda t} dZ(\lambda), \tag{8.24}$$

tal que

$$\int_{-\infty}^{\infty} e^{i(\lambda_1 - \lambda_2)t} dt = \delta(\lambda_1 - \lambda_2) \tag{8.25}$$

e $\{Z(\lambda), \lambda \in \mathbb{R}\}$ é um processo com incrementos ortogonais, no sentido que

$$E\{dZ(\lambda_1)\overline{dZ(\lambda_2)}\} = 0, \tag{8.26}$$

se $\lambda_1 \neq \lambda_2$ e $E\{|dZ(\lambda)|^2\} = dF(\lambda)$.

Por outro lado, a função de autocovariância de $X(t)$ pode ser escrita como

$$\gamma(\tau) = \int_{-\infty}^{\infty} e^{i\lambda \tau} dF(\lambda), \tag{8.27}$$

sendo F a função de distribuição espectral do processo. Se essa for absolutamente contínua (com relação à medida de Lebesgue), então $dF(\lambda) = f(\lambda)d\lambda$ e $f(\lambda)$ é a função de densidade espectral.

Há duas abordagens possíveis (Flandrin, 1989):

1) Preservar (8.25)–(8.26), mas abandonar senos e cossenos e perder o conceito de frequência.

2) Preservar o conceito clássico (estacionário) de frequência e aceitar alguma correlação em (8.26).

Para processos não estacionários, as relações (8.24)-(8.27) não são válidas.

Como requisito básico, gostaríamos que o conceito de frequência fosse preservado, quando definíssemos espectro dependente do tempo, $f(t, \lambda)$, digamos.

Quadro 8.1: Teste de Johansen para o Exemplo 8.4

Test type: trace statistic , without linear trend
and constant in cointegration. Eigenvalues (lambda):

0.117055 0.01594582 0.003591213 -6.377601e-19
Values of test statistic and critical values of test:

	test	10pct	5pct	1pct
$r \leq 2$	0.89	7.52	9.24	12.97
$r \leq 1$	4.88	17.85	19.96	24.60
$r = 0$	35.76	32.00	34.91	41.07

Eigenvectors, normalised to first column:

(These are the cointegration relations)

	X1.l2	X2.l2	X3.l2	constant
X1.l2	1.0000000	1.000000	1.000000	1.000000
X2.l2	-0.52350460	-7.213563	-5.865234	-2.810770
X3.l2	-0.51033357	-3.570991	2.552731	-6.148604
constant	0.02219551	26.909100	-16.302447	-7.284973

Weights W (This is the loading matrix)

	X1.12	X2.12	X3.12	constant
X1.d	-0.27908637	0.002391219	7.248983e-05	8.291786e-18
X2.d	0.01607866	0.00219800	7.053103e-04	-1.835445e-19
X3.d	-0.04893186	0.002456679	-7.104167e-04	8.844435e-19

Test type: maximal eigenvalue statistic (lambda max) ,
without linear trend and constant in cointegration
Eigenvalues (lambda):
0.1170755 0.01594582 0.003591213 -6.377601e-19
Values of test statistic and critical values of test:

	test	10pct	5pct	1pct
$r \leq 2$	0.89	7.52	9.24	11.65
$r \leq 1$	3.99	13.75	15.67	20.20
$r = 0$	30.88	19.77	22.00	26.81

8.3. ESPECTROS DEPENDENTES DO TEMPO

> **Quadro 8.2: MCE estimado para o Exemplo 8.4**
>
> Call:
> VECM(test = sim.coint)
> Cointegrating Vectors:
> coint.1
> x1 1.0000
> x2 -0.5234
> x3 -0.5102
> VECM Coefficients:
>
> | | x1 | x2 | x3 |
> | --------- | -------- | -------- | -------- |
> | coint.1 | -0.2795 | 0.0159 | -0.0495 |
> | x1.lag1 | 0.0789 | 0.1525 | 0.0481 |
> | x2.lag1 | 0.0403 | -0.0914 | -0.0733 |
> | x3.lag1 | -0.0574 | -0.0717 | 0.0213 |
> | Intercept | 0.0134 | 0.0090 | 0.0302 |
>
> Std. Errors of Residuals:
>
> | x1 | x2 | x3 |
> | ------ | ------ | ------ |
> | 0.6710 | 0.4935 | 0.5326 |
>
> Information Criteria:
>
> | logL | AIC | BIC | HQ |
> | --------- | --------- | --------- | --------- |
> | -549.8131 | 1109.6262 | 1127.1933 | 1116.6980 |
>
> | | total | residual |
> | ---------------- | ----- | -------- |
> | Degree of freedom | 248 | 243 |

Apresentamos, a seguir, breves comentários sobre os dois casos. Para mais informações, o leitor deve consultar Flandrin (1989) e Loynes (1968).

8.3.1 Soluções que preservam a ortogonalidade

Nesta abordagem, podemos considerar decomposições de Karhunen, espectros evolucionários de Priestley, espectros evolutivos de Tjøstheim e Mélard, espectros evolucionários racionais de Grenier, dentre outras sugestões.

CAPÍTULO 8. PROCESSOS NÃO ESTACIONÁRIOS

Quadro 8.3: Teste de Johansen para o Exemplo 8.5

Test type: trace statistic , with linear trend
Eigenvalues (lambda):

2.548193e-03 1.879168e-06
Values of teststatistic and critical values of test:

	test	10pct	5pct	1pct
r <= 1	0.01	6.50	8.18	11.65
r = 0	7.65	15.66	17.95	23.52

Eigenvectors, normalised to first column:

(These are the cointegration relations)

	Petro.l2	Ibv.l2
Petro.l2	1.0000000000	1.000000000
Ibv.l2	-0.0005716223	-0.001338565

Test type: maximal eigenvalue statistic (lambda max) , with linear trend
Eigenvalues (lambda):
2.548193e-03 1.879168e-06
Values of teststatistic and critical values of test:

	test	10pct	5pct	1pct
r <= 1	0.01	6.50	8.18	11.65
r = 0	7.65	12.91	14.90	19.19

Eigenvectors, normalised to first column:

(These are the cointegration relations)

	Petro.l2	Ibv.l2
Petro.l2	1.0000000000	1.000000000
Ibv.l2	-0.0005716223	-0.001338565

Se no lugar das exponenciais complexas considerarmos outra base de funções $\varphi(t, \lambda)$, com

$$X(t) = \int_{-\infty}^{\infty} \varphi(t, \lambda) dZ(\lambda), \tag{8.28}$$

de modo que $X(t)$ seja um processo estocástico de segunda ordem e

$$\int_{-\infty}^{\infty} \varphi(t, \lambda_1) \overline{\varphi(t, \lambda_2)} dt = \delta(\lambda_1 - \lambda_2),$$

8.3. ESPECTROS DEPENDENTES DO TEMPO 237

obtemos a chamada *decomposição de Karhunen*. Nessa representação, temos ortogonalidade, mas λ não tem interpretação como frequência.

Segue-se que a função de covariância é dada por

$$\gamma(t_1, t_2) = \int_{-\infty}^{\infty} \varphi(t_1, \lambda)\overline{\varphi(t_2, \lambda)}dF(\lambda), \tag{8.29}$$

na qual $dF(\lambda) = E\{|dZ(\lambda)|^2\}$ e

$$\text{Var}\{X(t)\} = \int_{-\infty}^{\infty} |\varphi(t, \lambda)|^2 dF(\lambda). \tag{8.30}$$

Dessa relação, parece natural definir o espectro dependente do tempo como

$$dI_t(\lambda) = |\varphi(t, \lambda)|^2 dF(\lambda), \tag{8.31}$$

que no caso de termos continuidade absoluta em relação à medida de Lebesgue, com $dI_t(\lambda) = k(t, \lambda)d\omega$, $dF(\lambda) = f(\lambda)d\omega$, resulta

$$k(t, \lambda) = |\varphi(t, \lambda)|^2 f(\lambda). \tag{8.32}$$

Esse espectro é não negativo e reduz-se ao espectro usual no caso estacionário.

Priestley (1965, 1981) considerou uma representação de $X(t)$ que é caso particular de (8.28), a saber

$$X(t) = \int_{-\infty}^{\infty} A(t, \lambda)e^{i\lambda t}dZ(\lambda), \tag{8.33}$$

na qual $Z(\lambda)$ é um processo ortogonal tal que $E\{|dZ(\lambda)|^2\} = d\mu(\lambda)$, para alguma medida μ. Ou seja, $\varphi(t, \lambda) = A(t, \lambda)e^{i\lambda t}$. Processos que admitem a representação (8.33) são chamados *oscilatórios*. A função $A(t, \lambda)$ é suposta variar lentamente na vizinhança de t e admitir a representação

$$A(t, \lambda) = \int_{-\infty}^{\infty} e^{it\theta}dK_\lambda(\theta), \tag{8.34}$$

sendo que $|K_\lambda(\theta)|$ tem um máximo absoluto em $\theta = 0$.

A função de covariância pode ser escrita na forma

$$\gamma(s, t) = \int_{-\infty}^{\infty} \overline{A(s, \lambda)}A(t, \lambda)e^{i\lambda(t-s)}d\mu(\lambda), \tag{8.35}$$

da qual se obtém

$$\text{Var}\{X(t)\} = \int_{-\infty}^{\infty} |A(t, \lambda)|^2 d\mu(\lambda). \tag{8.36}$$

238 CAPÍTULO 8. PROCESSOS NÃO ESTACIONÁRIOS

Analogamente ao que acontece no caso estacionário, como a variância é uma medida da potência total da série no instante t, definimos o *espectro evolucionário no tempo t e frequência λ* como

$$dH(t, \lambda) = |A(t, \lambda)|^2 d\mu(\lambda). \tag{8.37}$$

No caso de continuidade absoluta em relação à medida de Lebesgue, isto é, $dH(t, \lambda) = f(t, \lambda)d\lambda$ e $d\mu(\lambda) = f(\lambda)d\lambda$, obtemos

$$f(t, \lambda) = |A(t, \lambda)|^2 f(\lambda). \tag{8.38}$$

Observamos que a definição (8.37) depende da escolha da família de funções oscilatórias $\mathcal{F} = \{A(t, \lambda)e^{i\lambda t}\}$. Para processos estacionários, $A(t, \lambda) = 1$. Uma dificuldade encontrada é saber se dado processo pertence ou não à classe $\mathcal{F}$.

A estimação do espectro evolucionário e outros aspectos foram considerados por Priestley (1965). Veja a Seção 8.3.4.

8.3.2 Soluções que preservam a frequência

Aqui, (8.26) é substituída por

$$E\{dZ(\lambda_1)\overline{dZ(\lambda_2)}\} = \Phi(\lambda_1, \lambda_2)d\lambda_1 d\lambda_2, \tag{8.39}$$

ou seja, temos uma função de distribuição bidimensional, que não é concentrada na diagonal $\lambda_1 = \lambda_2$, como no caso estacionário.

Um processo não estacionário diz-se *harmonizável* se

$$\int_{-\infty}^{\infty} \int_{-\infty}^{\infty} |\Phi(\lambda_1, \lambda_2)|d\lambda_1 d\lambda_2 < \infty. \tag{8.40}$$

Neste caso,

$$\gamma(s, t) = \int_{-\infty}^{\infty} \int_{-\infty}^{\infty} e^{i(\lambda_1 s - \lambda_2 t)} \Phi(\lambda_1, \lambda_2)d\lambda_1 d\lambda_2, \tag{8.41}$$

que é a correspondente de (8.27). Vemos que $\gamma(s, t)$ e $\Phi(\lambda_1, \lambda_2)$ constituem um par bidimensional de Fourier.

O natural seria considerar uma descrição na qual a f.a.c.v. e o espectro dependente do tempo, $f(t, \lambda)$, fossem um par de Fourier. Tal descrição conduz ao espectro generalizado de Wigner-Ville, que tem como caso particular o *espectro de Wigner-Ville*, definido como

$$\begin{aligned} W(t, \lambda) &= \int_{-\infty}^{\infty} \gamma(t - \tau/2, t + \tau/2)e^{-i\lambda\tau} d\tau \\ &= \int_{-\infty}^{\infty} \Phi(\lambda - \theta/2, \lambda + \theta/2)e^{-it\theta} d\theta. \end{aligned} \tag{8.42}$$

8.3. ESPECTROS DEPENDENTES DO TEMPO

Para sinais determinísticos, Wigner (1932) introduziu em mecânica quântica a função

$$W(t, \lambda) = \int_{-\infty}^{\infty} x(t + \tau/2)\bar{x}(t - \tau/2)e^{-i\lambda\tau}d\tau, \tag{8.43}$$

chamada *distribuição de Wigner-Ville*, pois Ville (1948) a usou em teoria dos sinais. Note que (8.42) reduz-se à definição clássica de espectro no caso estacionário, mas ela carece de uma interpretação física adequada e, ainda, pode tomar valores negativos.

No caso de um processo não estacionário discreto $\{X_t, t \in \mathbb{Z}\}$, o espectro de Wigner-Ville é definido por

$$W(t, \lambda) = \frac{1}{2\pi} \sum_\tau \gamma(t - \tau/2, t + \tau/2)e^{-i\lambda\tau}, \ t \in \mathbb{Z}, \ |\lambda| < \pi. \tag{8.44}$$

O exemplo a seguir é baseado em Bruscato e Toloi (2004).

Exemplo 8.6. Vamos considerar o processo uniformemente modulado

$$Y(t) = c(t)X(t),$$

no qual $c(t) = \exp\{-(t - 500)^2/(2(200)^2)\}$ e $X(t)$ é um processo estacionário, dado por $X(t) = 0,8X(t-1) - 0,4X(t-2) + \varepsilon(t)$, com $\varepsilon(t) \sim \mathrm{RB}(0,1)$, $l = 1, 2, \ldots, 1000$.

Na Figura 8.3 apresentamos, no painel superior, o espectro e log-espectro de tal processo e três estimadores, que serão discutidos nas Seções 8.3.4, 8.3.5 e 8.3.6. A figura foi construída usando a linguagem R. Veja o *script* no site do livro.

8.3.3 Processos localmente estacionários

Os enfoques tratados na seção anterior apresentam uma dificuldade ao estudo de processos não estacionários: não se pode estabelecer uma teoria assintótica adequada que permita obter vieses, variâncias e distribuições assintóticas, na eventualidade quase sempre presente de não se poder obter essas propriedades para amostras finitas.

No caso de processos estacionários, o aumento do tamanho da amostra, N, conduz a mais informações do mesmo tipo sobre o processo, dado que a estrutura probabilística não se altera por translações do tempo. Mas, se o processo for não estacionário, observado para $t = 1, \ldots, N$, para $N \to \infty$, não vamos obter informação sobre o processo no intervalo inicial.

Considere o seguinte exemplo, devido a Dahlhaus (1996). Seja

$$X_t = g(t)X_{t-1} + \varepsilon_t, \quad t = 1, \ldots, N$$

onde $\varepsilon_t \sim$ i.i.d. $\mathcal{N}(0,\sigma^2)$ e $g(t) = a + bt + ct^2$. Então, podemos ter, por exemplo, $|g(t)| < 1$ em $[1, N]$, mas $g(t) \to \infty$, quando $N \to \infty$.

Essa dificuldade levou Dahlhaus (1997) a introduzir a classe dos processos localmente estacionários. A ideia é considerar uma teoria assintótica, tal que $N \to \infty$ não significa "olhar o futuro", mas "observamos" $g(t)$ numa grade mais fina, mas no mesmo intervalo.

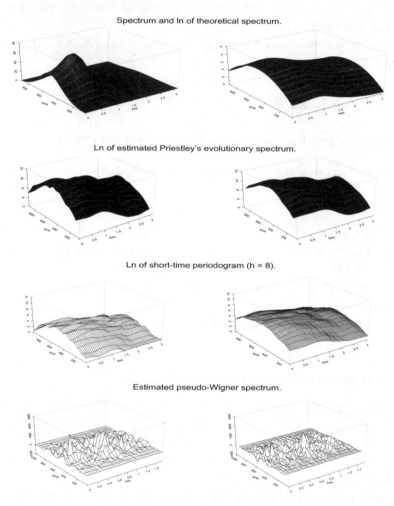

Figura 8.3: Espectros de um processo uniformemente modulado.

Ou seja, consideramos

$$X_{t,N} = g(\frac{t}{N})X_{t-1,N} + \varepsilon_t, \quad t = 1, \ldots, N,$$

8.3. ESPECTROS DEPENDENTES DO TEMPO

de modo que $u = \frac{t}{N}$ pertence ao intervalo $[0,1]$. Logo para N crescendo, temos mais e mais observações na amostra $X_{1,N}, \ldots, X_{N,N}$ para estimar a estrutura local de g em cada ponto do tempo. Obtemos, então, um reescalamento do tempo: $t \in \{1, 2, \ldots, N\}$ e $u = t/N \in [0,1]$.

Definição 8.2. *Uma sequência de processos estocásticos* $\{X_{t,N}, t = 1, \ldots, N\}$ *é chamada* localmente estacionária, *com função de transferência* $A(t/N, \lambda)$ *e tendência* μ, *se existe uma representação da forma*

$$X_{t,N} = \mu(\frac{t}{N}) + \int_{-\pi}^{\pi} A(t/N, \lambda) e^{i\lambda t} d\xi(\lambda), \tag{8.45}$$

tal que $\xi(\lambda)$ *é um processo estocástico sobre* $[-\pi, \pi]$, *com* $\overline{\xi(\lambda)} = \xi(-\lambda)$, $E\{\xi(\lambda)\} = 0$, *e com incrementos ortogonais, isto é,* $Cov\{d\xi(\lambda), d\xi(\lambda')\} = \delta(\lambda - \lambda')d\lambda$.

As funções $A(u, \lambda)$ e $\mu(u)$ são supostas contínuas em u. A regularidade da função $A(u, \lambda)$ em u controla a variação local do processo $X_{t,N}$.

Para uma definição mais geral, veja Dahlhaus (1997).

Definição 8.3. *O espectro evolucionário do processo localmente estacionário* $X_{t,N}$ *é definido por*

$$f(u, \lambda) = |A(u, \lambda)|^2. \tag{8.46}$$

Pode-se demonstrar (Neumann e Von Sachs, 1997) que $f(u, \lambda)$ é o limite em média quadrática de

$$f_N(u, \lambda) = \frac{1}{2\pi} \sum_s Cov\{X_{[uN-s/2],N}, X_{[uN+s/2],N}\} e^{-i\lambda s},$$

que é similar ao espectro de Wigner-Ville, definido em (8.44).

Vejamos alguns exemplos de processos localmente estacionários (*PLE*).

Exemplo 8.7. (i) Seja Y_t um processo estacionário, com densidade espectral $f_Y(\lambda)$ e μ, σ funções reais, definidas em $[0,1]$.

Considere o processo modulado

$$X_{t,N} = \mu(t/N) + \sigma(t/N)Y_t. \tag{8.47}$$

Então, $X_{t,N}$ é um *PLE* com $A(u, \lambda) = \sigma(u)\sqrt{f_Y(\lambda)}$ e $f(u, \lambda) = \sigma^2(u)f_Y(\lambda)$.

(ii) Considere $\varepsilon_t \sim RB(0, \sigma^2)$ e

$$X_{t,N} = \sum_{j=0}^{\infty} a_j(t/N)\varepsilon_{t-j}, \quad a_0(u) = 1. \tag{8.48}$$

242   CAPÍTULO 8. PROCESSOS NÃO ESTACIONÁRIOS

Segue-se que esse é um *PLE* com

$$A(t/N, \lambda) = \{\sum_{j=0}^{\infty} a_j(t/N)e^{-i\lambda j}\} \frac{\sigma(t/N)}{\sqrt{2\pi}}$$

e $f(u, \lambda) = |A(u, \lambda)|^2$.

Um caso particular desse modelo linear geral com coeficientes variando no tempo é um modelo de médias móveis, supondo-se que $a_j(u) = 0$, $j > q$.

(iii) O processo autorregressivo

$$\sum_{j=0}^{p} b_j(t/N)X_{t-j,N} = \sigma(t/N)\varepsilon_t, \quad b_0(u) = 1, \tag{8.49}$$

sendo $\varepsilon_t \sim RB(0,1)$, é também um *PLE* com função de transferência

$$A(u, \lambda) = \frac{\sigma(u)}{\sqrt{2\pi}}(1 + \sum_{j=1}^{p} b_j(u)e^{-i\lambda j})^{-1}$$

e $f(u, \lambda) = |A(u, \lambda)|^2$.

Veja Dahlhaus et al. (1999) para detalhes sobre esse processo.

(iv) O processo autorregressivo e de médias móveis

$$\sum_{j=0}^{p} b_j(t/N)X_{t-j,N} = \sum_{j=0}^{q} a_j(t/N)\varepsilon_{t-j}, \tag{8.50}$$

com $a_0(u) = b_0(u) = 1$ e $\varepsilon_t \sim$ i.i.d. $(0, \sigma^2(u))$, é um *PLE* com espectro dado por

$$f(u, \lambda) = \frac{\sigma^2(u)}{2\pi} \frac{\left|\sum_{j=0}^{q} a_j(u)e^{i\lambda j}\right|^2}{\left|\sum_{j=0}^{p} b_j(u)e^{i\lambda j}\right|^2}. \tag{8.51}$$

Por analogia com (8.27), a *covariância local de lag k e tempo u* é definida por

$$c(u, k) = \int_{-\pi}^{\pi} f(u, \lambda)e^{i\lambda k}d\lambda. \tag{8.52}$$

Não é difícil mostrar que

$$\text{Cov}\{X_{[uN],N}, X_{[uN]+k,N}\} = c(u, k) + O(N^{-1}), \tag{8.53}$$

uniformemente em u e k.

8.3. ESPECTROS DEPENDENTES DO TEMPO

O exemplo a seguir foi considerado por Dahlhaus et al. (1999).

Exemplo 8.8. Vamos considerar o modelo AR(2) dado por

$$X_{t,N} + b_1(t/N)X_{t-1,N} + b_2(t/N)X_{t-2,N} = \varepsilon_t,$$

onde ε_t são v.a.'s i.i.d. normais, com média zero e variância um, para $t = 1, 2, \cdots, N$, e coeficientes dados por

$$b_1(u) = \left\{ \begin{array}{ll} -1,69, & 0 < u \le 0,6 \\ -1,38, & 0,6 < u \le 1 \end{array} \right.$$

e

$$b_2(u) = 0,81 \qquad 0 < u \le 1.$$

Na Figura 8.4 temos o processo localmente estacionário simulado, com $N = 2048$ observações.

O espectro do processo $\{X_{t,N}\}$ é dado por

$$
\begin{aligned}
f(u, \lambda) &= \frac{1}{2\pi} \frac{1}{4,52 - 6,12\cos(\lambda) + 1,62\cos(2\lambda)}, \quad 0 \le u < 0,6, \ -\pi < \lambda < \pi, \\
&= \frac{1}{2\pi} \frac{1}{3,56 - 5,0\cos(\lambda) + 1,62\cos(2\lambda)}, \quad 0,6 \le u < 1, \ -\pi < \lambda < \pi.
\end{aligned}
$$

Esse espectro está mostrado na Figura 8.5 de duas maneiras: um gráfico tri-dimensional e um gráfico tempo-frequência. Vemos que o espectro tem um pico, para $t \le 0,6N$ e outro, para $t > 0,6N$. Veja Dahlhaus et al. (1999) e Dahlhaus (2012).

8.3.4 Estimação do espectro de Priestley

Nesta seção, vamos nos basear em Priestley (1965) e Bruscato e Toloi (2004). Trataremos do caso em que $\mu(\lambda)$ seja absolutamente contínua com respeito à medida de Lebesgue. Seja

$$U(t, \lambda_0) = \int_{1-N}^{t} g(u)X(t - u)e^{-i\lambda_0(t-u)}du,$$

na qual $g(u)$ é um filtro com largura de faixa B_g satisfazendo

$$2\pi \int_{-\infty}^{\infty} |g(u)|^2 du = \int_{-\infty}^{\infty} |G(\lambda)|^2 d\lambda = 1,$$

com $B_g = \int_{-\infty}^{\infty} |u||g(u)|du$, e $G(\lambda)$ sendo a função de transferência (generalizada) do filtro $g(u)$, com respeito à família $\mathcal{F}$.

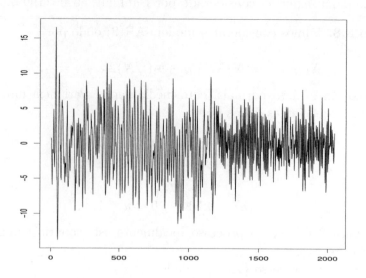

Figura 8.4: Processo LE do Exemplo 8.8.

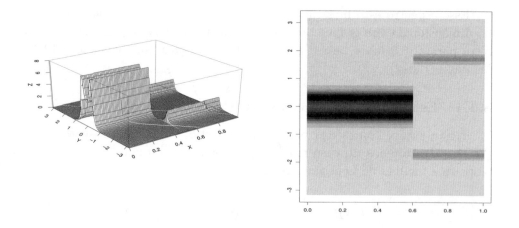

Figura 8.5: Espectro do Exemplo 8.8: gráfico tridimensional e imagem tempo-frequência.

Consideremos o estimador

8.3. ESPECTROS DEPENDENTES DO TEMPO

$$\hat{f}(t, \lambda_0) = \sum_{v=-\infty}^{\infty} w_{M,t} |U_{t-v}(\lambda_0)|^2, \qquad (8.54)$$

no qual

$$U_t(\lambda_0) = \sum_{u=-\infty}^{\infty} g_u X_{t-u} e^{-i\lambda_0(t-u)},$$

substituindo-se $g(u)$ pela sequência g_u e $w_{M,t}$ é uma janela no domínio do tempo.

Pode-se provar que

(a) $E(\hat{f}(t, \lambda_0)) \approx \int_{-\pi}^{\pi} \overline{f}(t, \lambda + \lambda_0) |G(\lambda)|^2 d\lambda,$

em que $\overline{f}(t, \lambda + \lambda_0) = \sum_v w_{M,t} f(t - v, \lambda + \lambda_0)$ e $G(\lambda)$ como definida acima.

(b) $\mathrm{Var}(\hat{f}(t, \lambda_0)) \approx [\tilde{f}(t, \lambda_0)]^2 [\int_{-\pi}^{\pi} |W_M(\lambda)|^2 d\lambda][\int_{-\pi}^{\pi} |G(\lambda)|^4 d\lambda](1 + \delta_{0, \pm\pi, \lambda_0}),$

em que

$$\tilde{f}^2(t, \lambda_0) = \frac{\sum_v f^2(t - v, \lambda_0)(w_{M,v})^2}{\sum_v (w_{M,v})^2}, \quad W_M(\lambda) = \sum_v w_{M,v} e^{-iv\lambda}.$$

Para mais detalhes, veja Priestley (1988).

O estimador do exemplo a seguir foi calculado usando-se uma janela triangular, com ponto de truncamento igual $h = 7$, no domínio da frequência. Essa largura de faixa é aproximadamente igual à largura de faixa do pico do processo estacionário $X_0(t)$, no caso do processo uniformemente modulado. No domínio do tempo foi usada uma janela retangular, com ponto de truncamento $M = 128$. As frequências utilizadas foram as de Fourier, e os cálculos usaram vários valores de t. Os *scripts* para o cálculo dos estimadores dessa seção e das próximas encontram-se no site do livro.

Exemplo 8.6 (continuação) Para o processo uniformemente modulado apresentado no Exemplo 8.6, a Figura 8.3 apresenta, na segunda linha, o estimador (8.54). Vemos que o pico do espectro é suavizado no estimador.

8.3.5 Estimação do espectro de Wigner-Ville

O espectro de Wigner-Ville é a transformada da função de autocovariância, como dado em (8.44). Para estimar esse espectro, consideramos o estimador

$$\hat{\gamma}(t+k, t-k) = \sum_{m=-\infty}^{\infty} \Psi(m, 2k) X(t+m+k) X(t+m-k), \qquad (8.55)$$

em que $\Psi(m, 2k)$ é uma janela de dados a escolher. Supondo que essa janela tenha uma transformada de Fourier inversa, ψ, uma classe de estimadores do espectro de Wigner-Ville é dada por

$$\hat{f}_{WV}(t, \lambda; \psi) = \frac{1}{\pi} \sum_{k=-\infty}^{\infty} \sum_{m=-\infty}^{\infty} \int_{-\pi}^{\pi} e^{inm} \psi(n, 2k) X(t+m+k) X(t+m-k) e^{-2i\lambda k} dn.$$
$$(8.56)$$

Como o espectro de Wigner-Ville de processos estacionários reduz-se ao espectro usual, essa classe de estimadores aplica-se tanto a processos estacionários como a processos não estacionários.

O *pseudo estimador de Wigner* é definido por

$$\hat{f}_{FWS}(t, \lambda) = 2 \sum_{k=-\infty}^{\infty} e^{-2i\lambda k} |h_L(k)|^2 \sum_m g_M(m) X(t+m+k) X(t+m-k),$$
$$(8.57)$$

onde $h_L(k)$ e $g_M(m)$ denotam janelas com $2L-1$ e $2M-1$ valores não nulos, respectivamente. Esse estimador é comumente chamado de *pseudo estimador suavizado de Wigner*, se $M > 1$.

Os momentos do pseudo estimador suavizado de Wigner são

$$E[\hat{f}_{FWS}(t, \lambda)] = \frac{1}{2\pi} \sum_{m=-\infty}^{\infty} g_M(m-t) \int_{-\frac{\pi}{2}}^{\frac{\pi}{2}} W_h(0, \lambda - \xi) f_{WV}(m, \xi) d\xi, \quad (8.58)$$

$$\text{Cov}[\hat{f}_{FWS}(t, \lambda_1), \hat{f}_{FWS}(t, \lambda_2)] \sim \begin{cases} 0 & , \text{ se } |\lambda_1 - \lambda_2| \geq \pi \frac{M}{L} \\ 2W_{f_{t_0}}(\tau, \lambda, \Psi_2) & , \text{ se } \lambda_1 = \lambda_2 = \lambda , \end{cases} (8.59)$$

$$\text{Var}[\hat{f}_{FWS}(t, \lambda)] \sim 2W_{f_t}(0, \omega; \Psi_2), \qquad (8.60)$$

8.3. ESPECTROS DEPENDENTES DO TEMPO 247

com $\Psi_2(\mu, k) =| \sum_{k=-\infty}^{\infty} g_M(k) \exp(-ik\mu) |^2$ e W_h denota a distribuição de Wigner da janela de dados h_L,

$$H_L(\eta) := \sum_{k=-\infty}^{\infty} h_L(k) \exp(-ik\eta).$$

Para detalhes, veja Martin e Flandrin (1983).

Aproximações de (8.60) e (8.59), válidas se M for suficientemente grande, são dadas por

$$\mathrm{Var}[\hat{f}_{FWS}(t, \lambda)] \sim \frac{2}{2M-1} f_t^2(\lambda),$$

$$\mathrm{Cov}[\hat{f}_{FWS}(t, \lambda_1), \hat{f}_{FWS}(t, \lambda_2) \sim 0, \ \ se \left\{ \begin{array}{l} \mid \lambda_1 - \lambda_2 \mid > \frac{1}{2L-1}, \\ \mid t_1 - t_2 \mid > 2M-1 \ . \end{array} \right.$$

Logo, a variância decresce com a ordem $(2M-1)^{-1}$.

O algoritmo para calcular o pseudo estimador de Wigner começa com (8.57) e coloca-se $M = 1$. Tendo em vista usar a FFT, colocamos $\lambda_n := \pi \frac{n}{L}$ e obtemos

$$\hat{f}_{FW}(t, \lambda_n) - 2 \sum_{k=-L+1}^{L-1} \exp(-2ik\pi \frac{n}{L}) \mid h_L(k) \mid^2 X(t+k)X(t-k),$$

com $n = 0, 1, \dots, L-1$.

Separando a soma em duas somas, temos

$$\hat{f}_{FWS}(t, \lambda_n) = 2\left[2\mathcal{R}\left(\sum_{k=0}^{L-1} \exp\left(-2ik\pi \frac{n}{L}\right) \mid h_L(k) \mid^2 X(t+k)X(t-k) \right) \right.$$
$$\left. - \mid X(t) \mid^2 \right].$$

Se quisermos calcular o estimador suavizado $(M > 1)$ temos que adicionar uma suavização sobre estimadores de Wigner,

$$\hat{f}_{FWS}(t, \lambda) = 2 \sum_{m=-M+1}^{M-1} g_M(m) \sum_{k=-L+1}^{L-1} \exp(-2ik\pi \frac{n}{L}) \mid h_L(k) \mid^2$$
$$X(t+m+k) \ X(t+m-k).$$

Veja Martin e Flandrin (1985) para detalhes.

Exemplo 8.6. (continuação) Na quarta linha da Figura 8.3 apresentamos o pseudo estimador suavizado de Wigner para o processo uniformemente modulado do Exemplo 8.6. Uma janela retangular em ambos os domínios foi usada, com 121 observações ($L = 60$) para o domínio da frequência e 41 observações ($M = 20$) para o domínio do tempo, com pesos diferentes de zero. Também foram usados $L = 100$ e $M = 25$, a fim de verificar o efeito de pontos de truncamento diferentes no comportamento do estimador. As frequências usadas foram as frequências da forma $\lambda_j = \pi j/L$, $j = 0, 1, \ldots, [L/2]$, e $\sigma = 10$. O estimador apresenta picos entre os tempos 200 e 800, os outros valores são próximos de zero. Enquanto o pico para o espectro verdadeiro do processo modulado situa-se ao redor da frequência $\pi/4 = 0,78$ radianos, os dois picos do estimador situam-se ao redor das frequências $0,35$ e $0,80$ radianos.

8.3.6 Estimação do espectro de PLE

Nesta seção, trataremos da estimação do espectro dependente do tempo $f(u, \lambda)$, de um processo localmente estacionário no sentido de Dahlhaus.

O que segue é baseado em Dahlhaus (1996). Primeiramente, podemos estimar a covariância local por

$$\hat{c}_N(u, k) = \frac{1}{b_N N} \sum_t K\left(\frac{u - (t + k/2)N}{b_N}\right) X_{t,N} X_{t+k,N}. \tag{8.61}$$

Aqui, K é um núcleo não negativo, par, $\int K(x)dx = 1$ e $K(x) = 0$, para $x \notin [-1/2, 1/2]$; b_T é uma largura de faixa no tempo.

Se $X_{t,N}$ for um PLE, com média zero e se $A(u, \lambda)$ for duas vezes derivável em u, com derivadas uniformemente limitadas, então, pode-se provar que

$$E\{\hat{c}_N(u, k)\} = c(u, k) + \frac{b_N^2}{2} \int x^2 K(x)dx \left[\frac{\partial^2 c(u, k)}{\partial u^2}\right] + \\ + o(b_N^2) + O(b_N^{-1} N^{-1}). \tag{8.62}$$

No lado direito de (8.62), o segundo termo representa o viés devido à não estacionariedade e anula-se se o processo for estacionário (a segunda derivada é zero, neste caso). Note, também, que $b_N N$ fornece o intervalo efetivo para a estimação de $c(u, k)$.

Sob as mesmas condições, pode-se mostrar que a variância do estimador é dada por

$$\text{Var}\{\hat{c}_N(u, k)\} = \frac{1}{b_N N} \sum_{\ell=-\infty}^{\infty} c(u, \ell)[c(u, \ell) + c(u, \ell + 2k)]. \tag{8.63}$$

8.3. ESPECTROS DEPENDENTES DO TEMPO

Para u fixo, essa fórmula é similar àquela do caso de processos estacionários. Veja Fuller (1996, Theorem 6.2.2).

Vamos passar, agora, à estimação de $f(u, \lambda)$. Considere o periodograma modificado (*tapered*)

$$I_L(u, \lambda) = \frac{1}{2\pi H_L} \left| \sum_{s=1}^{L} h(s/L) X_{[uN] - L/2 + s, N} e^{-i\lambda s} \right|^2, \qquad (8.64)$$

onde $h : [0, 1] \to \mathbb{R}$ é uma janela de dados (*taper*), com $h(x) = h(1 - x)$. Esse estimador é também chamado periodograma segmentado, pois estima $f(u, \lambda)$ sobre o segmento $\{[uN] - L/2 + 1, [uN] + L/2\}$.

Considere a função

$$K_t(x) = [\int_0^1 h^2(x)dx]^{-1} h^2(x + 1/2), \quad -1/2 \le x \le 1/2.$$

O teorema a seguir mostra que essa função faz o papel de uma janela no domínio do tempo, com $b_T = L/N$ fazendo o papel da largura de faixa.

Considere o estimador suavizado

$$\hat{f}(u, \lambda) = \frac{1}{b_f} \int K_f \left(\frac{\lambda - \alpha}{b_f} \right) I_L(u, \alpha) d\alpha, \qquad (8.65)$$

onde $K_f : \mathbb{R} \to [0, \infty]$ é um núcleo com as propriedades do núcleo K de (8.61); b_f é a largura de faixa na direção da frequência.

Então, temos o seguinte resultado (Dahlhaus, 1996).

Teorema 8.1. *Suponha que $X_{t,N}$ seja um PLE, com média zero e função de transferência A com derivadas segundas com relação a u e λ contínuas. Então:*

(i) $E\{I_L(u, \lambda)\} = f(u, \lambda) + \frac{b_N^2}{2} \int_{-1/2}^{1/2} x^2 K_t(x) dx [\frac{\partial^2 f(u, \lambda)}{\partial u^2}]$

$$+ o(b_N^2) + O(\frac{\log(b_N N)}{b_N N});$$

(ii) $E\{\hat{f}(u, \lambda)\} = f(u, \lambda) + \frac{b_t^2}{2} \int_{-1/2}^{1/2} x^2 K_t(x) dx [\frac{\partial^2 f(u, \lambda)}{\partial \lambda^2}]$

$$+ \frac{b_f^2}{2} \int_{-1/2}^{1/2} x^2 K_f(x) dx [\frac{\partial^2 f(u, \lambda)}{\partial \lambda^2}] + o(b_t^2 + \frac{\log(b_t N)}{b_t N} + b_f^2);$$

(iii) $\mathrm{Var}\{\hat{f}(u, \lambda)\} = (b_N b_f N)^{-1} f(u, \lambda)^2 \int_{-1/2}^{1/2} K_t(x)^2 dx \cdot$

$$\cdot \int_{-1/2}^{1/2} K_f(x)^2 dx (2\pi + 2\pi \{\lambda \equiv 0 (\mathrm{mod} \pi)\}).$$

250 CAPÍTULO 8. PROCESSOS NÃO ESTACIONÁRIOS

O periodograma (8.64) é também chamado *short-time periodogram* (Martin e Flandrin, 1985). Esses autores também consideram estimadores para o espectro de Wigner-Ville, e pseudo-estimadores de Wigner-Ville. Veja também Martin e Flandrin (1983).

Exemplo 8.6. (continuação) Na Figura 8.3, terceira linha, encontramos o periodograma segmentado para o processo uniformemente modulado do Exemplo 8.6. Assim como o estimador de Priestley, o periodograma suaviza demais o pico contido no espectro verdadeiro.

8.3.7 Comentários adicionais

Encerramos este capítulo com algumas observações sobre processos cointegrados e PLE.

1) Os Casos (1)-(5) considerados na Seção 8.2.3 são usualmente referidos como $H_2(r)$, $H_1^*(r)$, $H_1(r)$, $H^*(r)$ e $H(r)$, respectivamente. Essa nomenclatura é também adotada nos programas computacionais, veja o Quadro 8.1, por exemplo.

O MCE irrestrito é denotado $H(r)$, significando que $\rho(\mathbf{\Pi}) \leq r$. Obtemos, então, uma sequência de modelos hierárquicos $H(0) \subset \cdots \subset H(r) \subset \cdots \subset H(n)$, onde $H(0)$ indica o modelo VAR não cointegrado, com $\mathbf{\Pi} = \mathbf{0}$ e $H(n)$ indica o modelo VAR(p) irrestrito estacionário.

2) **Processos localmente estacionários lineares**

Uma definição essencialmente equivalente à Definição 8.2 é apresentada agora. Considere uma sequência de processos com representação

$$X_{t,N} = \mu(t/N) + \sum_{j=-\infty}^{\infty} a_{t,N}(j)\varepsilon_{t-j}, \tag{8.66}$$

onde $a_{t,N}(j) \approx a(t/N, j)$, com os coeficientes $a(\cdot, j)$ satisfazendo certas condições de regularidade. Em (8.66), temos que:

(i) μ é de variação limitada;

(ii) $\varepsilon_t \sim$ i.i.d. $(0, 1)$, $E(\varepsilon_t \varepsilon_s) = 0$, $s \neq t$;

(iii)

$$\ell(j) = \begin{cases} 1, & |j| \leq 1, \\ |j| \log^{1+\kappa} |j|, & |j| > 1, \end{cases} \tag{8.67}$$

para algum $\kappa > 0$;

8.3. ESPECTROS DEPENDENTES DO TEMPO

(iv)

$$\sup_t |a_{t,N}(j)| \le \frac{K}{\ell(j)}, \tag{8.68}$$

com K independente de N;

(v) existe $a(\cdot, j) : (0,1] \to \mathbb{R}$, tal que

$$\sup_u |a(u,j)| \le \frac{K}{\ell(j)}; \tag{8.69}$$

(vi)

$$\sup_j \sum_{t=1}^N |a_{t,N}(j) - a(t/N, j)| \le K; \tag{8.70}$$

(vii) a variação total de $a(\cdot, j)$ satisfaz

$$V(a(\cdot, j)) \le \frac{K}{\ell(j)}. \tag{8.71}$$

Para se obter resultados locais, são necessárias outras suposições de regularidade. Veja Dahlhaus e Polonik (2006, 2009).

A densidade espectral variando no tempo de tal processo é definida por

$$f(u, \lambda) = |A(u, \lambda)|^2, \tag{8.72}$$

onde $A(u, \lambda) = \sum_j a(u,j)e^{-i\lambda j}$.

Se ao invés de (8.70) supusermos

$$\sup_{t,N} |a_{t,N}(j) - a(t/N, j)| \le \frac{K}{N\ell(j)}, \tag{8.73}$$

então

$$\sup_{t,\lambda} |A_{t,N}(\lambda) - A(t/N, \lambda)| \le KN^{-1},$$

onde $A_{t,N}(\lambda) = \sum_j a_{t,N}(j)e^{-i\lambda j}$. Ou seja, temos as condições estabelecidas antes para um PLE.

3) Outros tópicos relacionados a processos localmente estacionários

(i) Processos espectrais empíricos, veja Dahlhaus e Polonik (2006, 2009).

252 CAPÍTULO 8. PROCESSOS NÃO ESTACIONÁRIOS

(ii) PLE multivariados, veja Dahlhaus (2000), Chiann e Morettin (1999, 2005), Ombao et al. (2001).

(iii) Teste para PLE, veja von Sachs e Neumann (2000), Paparoditis (2009), Sakiyama e Taniguchi (2003).

(iv) Métodos bootstrap para PLE, veja Paparoditis e Politis (2002), Kreiss e Paparoditis (2011).

(v) Processos com memória longa, veja Beran (2009), Palma e Olea (2010).

(vi) PLE em finanças, veja Van Bellegem (2011), Guegan (2007), Fryzlewicz et al. (2006).

Para uma resenha mais abrangente sobre esses tópicos, veja Dahlhaus (2012).

8.4 Problemas

8.4.1 Cointegração

1. Mostre que, se uma relação de equilíbrio $X_t + \alpha Y_t \sim I(0)$ existe, ela é única.

2. Sejam $X(t) \sim I(d_1)$ e $Y_t \sim I(d_2), d_2 > d_1$. Mostre que qualquer combinação linear de X_t e Y_t é $I(d_2)$.

3. Sejam

$$X_{1t} = \beta X_{2t} + \gamma \Delta X_{2,t} + \varepsilon_{1t},$$
$$\Delta^2 X_{2t} = \varepsilon_{2t},$$

em que ε_{it} são como no Exemplo 8.1.

(a) Mostre que ambas as séries são I(2).

(b) Mostre que X_{1t}, X_{2t} e ΔX_{2t} são cointegradas. Qual é o vetor cointegrado?

(c) Mostre que X_{1t} e X_{2t} são C.I.(2,1).

8.4. PROBLEMAS

4. Simule o sistema cointegrado (trivariado):

$$
\begin{aligned}
X_{1t} &= \beta_2 X_{2t} + \beta_3 X_{3t} + u_t, \\
X_{2t} &= X_{2,t-1} + v_t, \\
X_{3t} &= X_{3,t-1} + w_t,
\end{aligned}
$$

em que u_t, v_t e w_t são todas I(0). O vetor de cointegração é $\beta = (1, -\beta_2, -\beta_3)'$, a primeira equação representa a relação de equilíbrio de L.P. e as duas outras constituem as tendências estocásticas comuns. Os u_t são os resíduos de cointegração.

5. Simule o sistema cointegrado (trivariado):

$$
\begin{aligned}
X_{1t} &= \alpha_1 X_{3t} + u_t, \\
X_{2t} &= \alpha_2 X_{3t} + v_t, \\
X_{3t} &= X_{3,t-1} + w_t,
\end{aligned}
$$

em que u_t, v_t e w_t são todas I(0). Nesse caso, as duas primeiras equações descrevem relações de equilíbrio de L.P. e a terceira descreve a tendência estocástica comum. Há dois vetores de cointegração, $\beta_1 = (1, 0, -\alpha_1)'$, $\beta_2 = (1, 0, -\alpha_2)'$, e u_t, v_t são os resíduos de cointegração.

6. O modelo de demanda por moeda especifica que (em logaritmos, exceto para r_t)

$$
m_t = \beta_0 + \beta_1 p_t + \beta_2 y_t + \beta_3 r_t + e_t,
$$

em que:

m_t: demanda por moeda a longo prazo;

p_t: nível de preço;

y_t: renda real (PIB);

r_t: taxa de juros (de curto prazo);

e_t: erro estacionário.

(a) Supondo as quatro séries I(1), mostre que as séries são cointegradas e obtenha o vetor de cointegração normalizado.

(b) Suponha que exista a seguinte relação entre m_t e y_t:

$$m_t = \gamma_0 + \gamma_1(y_t + p_t) + e_{1t},$$

em que o erro e_{1t} é estacionário. Mostre que nesse caso existem dois vetores de cointegração. Especifique a matriz $\mathbf{B}$, de posto 2, que contém esses dois vetores.

7. Considere o processo linear $\mathbf{Y}_t = \sum_{j=0}^{\infty} \boldsymbol{\Psi}_j \boldsymbol{\varepsilon}_{t-j}$, onde as matrizes $\boldsymbol{\Psi}_j$ decrescem para zero exponencialmente, de tal sorte que $\boldsymbol{\Psi}(z) = \sum_{j=0}^{\infty} \boldsymbol{\Psi}_j z^j$ seja convergente. Dizemos que $\mathbf{Y}_t$ é I(0) se $\boldsymbol{\Psi}(1) = \sum_{j=0}^{\infty} \boldsymbol{\Psi}_j \neq 0$. Um processo I(1) é aquele que se torna I(0) após uma diferença.

Seja $\mathbf{X}_t = (X_{1t}, X_{2t}, X_{3t})'$, com

$$
\begin{aligned}
X_{1t} &= \sum_{s=1}^{t} \varepsilon_{1s} + \varepsilon_{2t}, \\
X_{2t} &= \frac{1}{2} \sum_{s=1}^{t} \varepsilon_{1s} + \varepsilon_{3t}, \\
X_{3t} &= \varepsilon_{2t}.
\end{aligned}
$$

Aqui $\varepsilon_{1t}, \varepsilon_{2t}, \varepsilon_{3t}$ são processos estacionários.

(a) Prove que $\mathbf{X}_t$ é I(1) (para isso, mostre que $Y_t = \Delta \mathbf{X}_t$ é I(0), usando a definição acima).

(b) Mostre que $(1, -2, 0)'$ e $(0, 0, 1)'$ são vetores de co-integração.

8. Use o teste de Johansen para testar se as séries simuladas nos Problemas 4 e 5 são cointegradas.

9. Use o teste de Johansen para testar se as séries diárias do Ibovespa (d-ibv94.10.dat), preços diários de ações da Vale (d-vale98.10.dat) e preços diários de ações da Petrobras (d-petro98.10.dat) são cointegradas, considerando o período de 31/08/1998 a 29/09/2010.

10. Mesmo problema para as séries mensais do Ibovespa (m-ibv94.01.dat) e C-Bond (m-cbond94.01.dat).

11. Mesmo problema para as séries diárias dos índices Ibovespa e IPC (d-indices.95.04.dat).

8.4. PROBLEMAS

12. Mesmo problema para as séries Petrobras3 e Petrobras4, no período de 02/01/2006 a 29/09/2010 (arquivos d-petro3.06.10 e d-petro4.06.10, respectivamente).

13. (Engle e Granger, 1987). Considere $n = 2$ e as séries X_{1t} e X_{2t}, dadas por

$$X_{1t} + \beta X_{2t} = u_t, \tag{8.74}$$

$$u_t = \phi_1 u_{t-1} + \varepsilon_{1t}, \tag{8.75}$$

$$X_{1t} + \alpha X_{2t} = v_t, \tag{8.76}$$

$$v_t = \phi_2 v_{t-1} + \varepsilon_{2t}, \tag{8.77}$$

em que supomos os ε_{it} independentes e normais, com média zero e com $E(\varepsilon_{it}\varepsilon_{js}) = 0, i, j = 1, 2$. Suponha $\phi_i \neq 0, i = 1, 2$. Então, temos os seguintes casos a analisar:

(i) $\phi_i < 1, i = 1, 2$.

Nesse caso, como são as séries X_{1t} e X_{2t}? Os parâmetros α e β são identificados? Explique.

(ii) $\phi_1 = 1$, $\phi_2 < 1$.

Como são séries nesse caso? Qual é o vetor cointegrado? A equação (8.76) é identificada?

(iii) $\phi_1 < 1$, $\phi_2 = 1$.

Como são as séries nesse caso? Qual é o vetor cointegrado? A equação (8.74) é identificada?

8.4.2 Espectros dependentes do tempo

1. Mostre que um processo AR(1) com coeficientes variando no tempo é localmente estacionário, conforme a Definição 8.2. Obtenha o correspondente espectro evolucionário.

2. Idem, para um processo MA(1) com coeficientes variando no tempo.

256   *CAPÍTULO 8. PROCESSOS NÃO ESTACIONÁRIOS*

3. Obtenha a expressão analítica do espectro evolucionário dada no Exemplo 8.8.

4. Obtenha o espectro do processo da Figura 8.5.

5. Suponha que $X_{t,N} = \mu(t/N) + \phi(t/N)Y_t$, com $Y_t = \sum_j a(j)\varepsilon_{t-j}$ sendo um processo estacionário com $|a(j)| \le \frac{K}{\ell(j)}$, e μ e ϕ funções de variação limitada. Escreva $\varepsilon_t = \int_{-\pi}^{\pi} e^{i\lambda t} d\xi(\lambda)$, onde ξ é um processo com incrementos ortogonais de média zero. Mostre que $X_{t,N}$ pode ser escrito como em (8.66), com $A_{(}u, \lambda)$ dada depois de (8.72).

6. Obter $A(u, \lambda)$ e $f(u, \lambda)$ para os processos do Exemplo 8.7.

7. Considere o processo localmente estacionário do Exemplo 8.8, mas agora com $b_1(u)$ substituído por

$$b_1(u) = \begin{cases} -1,8\cos(1,5 - \cos(4\pi u + \pi)), & u < 0,25 \text{ ou } u > 0,75, \\ -1,8\cos(3,0 - \cos 4\pi u + \pi/2), & 0,25 \le u \le 0,75. \end{cases}$$

(i) Obtenha o gráfico de $b_1(u)$;

(ii) Faça o gráfico da série simulada;

(iii) Obtenha o espectro da série.

Referências

Alexander, C. O. (1998). Volatility and correlation: Methods, models and applications. In *Risk Management and Analysis: Measuring and Modeling Financial Risk* (C. O. Alexander, Ed.). New York: Wiley.

Alexander, C. O. (2001). *Market Models*. New York: Wiley.

Alexander, C. O. and Chibumba, A. M. (1996). Multivariate orthogonal factor GARCH. University of Sussex Discussion Papers in Mathematics.

Anderson, B. D. O. and Moore, J. B. (1979). *Optimal Filtering*. Englewood Cliffs–Prentice Hall.

Ansley, C. F. and Kohn, R. (1985). Estimation, filtering and smoothing in state space models with incomplete initial conditions. *Annals of Statistics*, **13**, 1286–1316.

Attanasio, O. (1991). Risk, time-varying second moments and market efficiency. *Review of Economic Studies*, **58**, 479–494.

Bauwens, L., Laurent, S. and Rombouts, J. V. K. (2006). Multivariate GARCH models: A survey. *Journal of Applied Econometrics*, **21**, 79–109.

Beran, J. (2009). On parameter estimation for locally stationary long-memory processes. *Journal of Statistical Planning and Inference*, **139**, 900–915.

Bollerslev, T. (1986). Generalized autoregressive conditional heteroskedasticity. *Journal of Econometrics*, **31**, 307–327.

Bollerslev, T. (1990). Modeling the coherence in short-run nominal exchange rates: A multivariate ARCH model. *Review of Economics and Statistics*, **72**, 498–505.

Bollerslev, T., Engle, R. F. and Wooldridge, J. M. (1988). A capital asset pricing model with time varying covariances. *Journal of Political Economy*, **96**, 116–131.

Bollerslev, T., Engle, R. F. and Nelson, D. B. (1994). Arch Models. In *Handbook of Econometrics*, vol. IV (eds. R. F. Engle and D. L. McFadden), 2959–3038. New York: North Holland.

Boudjellaba, H., Dufour, J.-M. and Roy, R. (1992). Testing causality between two vectors in multivariate autoregressive moving average models. *Journal of the American Statistical Association*, **87**, 1082–1090.

Breidt, F. J. and Carriquiry, A. L. (1996). Improved quasi-maximum likelihood estimation for stochastic volatility models. In *Modelling and Prediction: Honoring Seymour Geisser* (J. C. Lee and A. Zellner, eds.), 228–247. New York: Springer.

Brillinger, D. R. (1981). *Time Series: Data Analysis and Theory*. Expanded edition. New York: Holt, Rinehart and Winston, Inc.

Brockwell, P. J. and Davis, R. A. (1991). *Time Series: Theory and Methods*. Second Edition. New York: Springer.

Brockwell, P. J., Liu, J. and Tweedie, R. L. (1992). On the existence of stationary threshold autoregressive moving average processes. *Journal of Time Series Analysis*, **13**, 95–107.

Bruscato, A. and Toloi, C. M. C. (2004). Spectral analysis of non-stationary processes using the Fourier transform. *Brazilian Journal of Probability and Statistics*, **18**, 69–102.

Cai, T. T., Fan, J. and Yao, Q. (2000). Functional-coefficient regression models for nonlinear time series. *Journal of the American Statistical Association*, **95**, 941–956.

Caines, P. E. (1988). *Linear Stochastic Systems*. New York: Wiley.

Campbell, J. Y., Lo, A. W. and MacKinlay, A. C. (1997). *The Econometrics of Financial Markets*. Princeton: Princeton University Press.

Carlin, B. P., Polson, N. G. and Stoffer, D. S. (1993). A Monte Carlo approach to nonnormal and nonlinear state–space modeling. *Journal of the American Statistical Association*, **87**, 493–500.

Casella, G. and George, E. I. (1992). Explaining the Gibbs sampler. *The American Statistician*, **46**, 167–174.

Chan, K.S. (1991). Percentage points of likelihood ratio tests for threshold autoregression. *Journal of the Royal Statistical Society*, Series B, **53**, 691–696.

Chan, K.S. (1993). Consistency and limiting distribution of the least squares estimator of a threshold autoregressive model. *The Annals of Statistics*, **21**, 520–533.

Chan, K.S. and Tong, H. (1986). On estimating thresholds in autoregressive models. *Journal of Time Series Analysis*, **7**, 179–190.

REFERÊNCIAS

Chan, K.S. and Tong, H. (1990). On likelihood ratio tests for threshold autoregression. *Journal of the Royal Statistical Society*, Series B, **52**, 469–476.

Chan, K.S. and Tsay, R. (1998). Limiting properties of the conditional least squares estimator of a continuous TAR model. *Biometrika*, **85**, 413–426.

Chang, J., Yao, Q. and Zhou, W. (2017). Testing for high-dimensional white noise using maximum cross correlations. *Biometrika*, **104**, 111–127.

Chang, J., Guo, B. and Yao, Q. (2018). Principal component analysis for second-order stationary vector time series. *The Annals of Statistics*, **46**, 2094–2124.

Chen, R. and Tsay, R. S. (1991). On the ergodicity of TAR (1) processes. *The Annals of Applied Probability*,**1**, 613 –634.

Chen, R. and Tsay, R. S. (1993). Nonlinear additive ARX models. *Journal of the American Statistical Association*, **88**, 955–967.

Chiann, C. and Morettin, P. A. (1999). Estimation of time-varying linear systems. *Statistical Inference for Stochastic Processes*, **2**, 253–285.

Chiann, C. and Morettin, P.A. (2005). Time domain nonlinear estimation of time-varying linear systems. *Journal of Nonparametric Statistics*, **17**, 365–383.

Chib, S. and Greenberg, E. (1995). Understanding the Metropolis-hastings algorithm. *The American Statistician*, **49**, 327–335.

Cunha, D. M. S. (1997). *Causalidade entre Séries Temporais*. Dissertação de Mestrado, IME-USP.

Dahlhaus, R. (1996). Asymptotic statistical inference for nonstationary processes with evolutionary spectra. In *Robinson P. M. and Rosenblatt M.* (eds.). *Athens Conference on Applied Probability and Time Series Analysis*. New York, Springer-Verlag, vol. II.

Dahlhaus, R.(1997). Fitting time series models to nonstationary processes. *The Annals of Statistics*, **25**, 1–37.

Dahlhaus, R. (2000). A likelihood approximation for locally stationary processes. *The Annals of Statistics*, **28**, 1762–1794.

Dahlhaus, R. and Polonik, W. (2006). Nonparametric quasi maximum likelihood estimation for Gaussian locally stationary processes. *The Annals of Statistics*, **34**, 2790–2824.

Dahlhaus, R. and Polonik, W. (2009). Empirical spectral processes for locally stationary time series. *Bernoulli*, **15**, 1–39.

Dahlhaus, R. (2012). Locally stationary processes. In *Handbook of Statistics*, **30**, S. Subba Rao and C.R. Rao (editors). Elsevier.

Dahlhaus, R.; Neumann, M. H. and von Sachs, R. (1999). Nonlinear wavelet estimation of time-varying autoregressive processes. *Bernoulli*, **5**, 873-906.

Dempster, A. P., Laird, N. M. and Rubin, D. B. (1977). Maximum likelihood from incomplete data via the EM algorithm. *Journal of the Royal Statistical Society*, Series B, **39**, 1–38.

Diaz, J. (1990). Bayesian forecasting for AR(1) models with normal coefficients. *Communications in Statistics–Theory and Methods*, **19**, 2229–2246.

Diggle, P. J. (1990). *Time Series, a Biostatistical Introduction*. Oxford: Clarendon Press.

Ding, Z. (1994). Time Series Analysis of Speculative Returns. Ph.D. Thesis, Department of Economics, University of California, San Diego.

Douc, R., Moulines, E. and Stoffer, D. S. (2014). *Nonlinear Time Series*. Boca Raton: CRC Press.

Durbin, J. and Koopman, S. J. (1997a). Monte Carlo maximum likelihood estimation for non-Gaussian state space models. *Biometrika*, **84**, 669–684.

Durbin, J. and Koopman, S. J. (1997b). Time series analysis of non-Gaussian observations based on state space models. Preprint. London School of Economics.

Durbin, J. and Koopman, S. J. (2000). Time series analysis of non-Gaussian observations based on state space models from both classical and Bayesian perspectives. *Journal of The Royal Statistical Society*, Series B, **62**, 3–56.

Durbin, J. and Koopman, S. J. (2001). *Time Series Analysis by State Space methods*. Second edition. Oxford: Oxford University Press.

Engle, R. F. (1982). Autoregressive conditional heteroskedasticity with estimates of the variance of U. K. inflation. *Econometrica*, **50**, 987–1008.

Engle, R. F. (2002). Dynamic conditional correlation - a simple class of multivariate GARCH models. *Journal of Business and Economic Statistics*, **20**, 339–350.

Engle, R. F. and Granger, C. W. J. (1987). Cointegration and error correction: Representation, estimation and testing. *Econometrica*, **55**, 251–276.

Engle, R. F. and Kroner, K. F. (1995). Multivariate simultaneous GARCH. *Econometric Theory*, **11**, 122–150.

Engle, R. F. and Sheppard, K. (2001). Theoretical and empirical properties of dynamic conditional correlation multivariate GARCH. NBER Working papers.

Fan, J. and Yao, Q. (2003). *Nonlinear Time Series: Nonparametric and Parametric Models*. New York: Springer Verlag.

REFERÊNCIAS

Flandrin, P. (1989). Time dependent spectra for nonstationary stochastic processes. In *Longo, G.* and *Picinbono, B.* (eds.). *Time and Frequency Representations of Signals and Systems*. New York, Springer-Verlag, pp. 69-124.

Francq, C. and Zakoian, J.-M. (2001). Stationarity of multivariate Markov-switching ARMA models. *Journal of Econometrics*, **102**, 339–364.

Frühwirth-Schnatter, S. (2006). *Finite Mixture and Markov Switching Modls*. New York: Springer.

Fryzlewicz, P., Sapatinas, T. and Subba Rao, S. (2006). A Haar-Fisz technique for locally stationary volatility estimation. *Biometrika*, **93**, 687–704.

Fuller, W. A. (1996). *Introduction to Statistical Time Series*. Second Edition. New York: Wiley.

Glosten, L. R., Jagannathan, R. and Runkle, D. (1993). Relationship between the expected value and volatility of the nominal excess return on stocks. *Journal of Finance*, **48**, 1779–1801.

Gouriéroux, C. (1997). *ARCH Models and Financial Applications*. New York: Springer-Verlag.

Granger, C. W. J. (1969). Investigating causal relationships by econometric models and cross-spectral methods. *Econometrica*, **37**, 424–438.

Granger, C. W. J. and Newbold, P. E. (1974). Spurious regression in economctrics. *Journal of Economctrics*, **2**, 111-120.

Granger, C. W. J. and Andersen, A. P. (1978a). *An Introduction to Bilinear Time Series Models*. Gottingen: Vandenhoeck an Ruprecht.

Granger, C. W. J. and Andersen, A. P. (1978b). *On the invertibility of time series models. Stochastic Processes and their Applications*, **8**, 87–92.

Guegan, D. (2007). Global and local stationary modelling in finance: Theory and empirical evidence. Preprint, Centre d' Économie de la Sorbonne.

Gupta, N. K. and Mehra, R. K. (1974). Computational aspects of maximum likelihood estimation and reduction in sensitivity function calculations. *IEEE Transactions on Automatic Control*, AC-19, 774–783.

Hamilton, J. D. (1990). Analysis of time series subject to changes in regime. *Journal of Economerics*, **45**, 39–70.

Hamilton, J. D. (1994). *Time Series Analysis*. Princeton: Princeton University Press.

Hannan, E. J. and Deistler, M. (1988). *The Statistical Theory of Linear Systems*. New York: Wiley.

Harrison, P. J. and Stevens, C. F. (1976). Bayesian forecasting (with discussion). *Journal of the Royal Statistical Society*, Series B, **38**, 205–247.

Harvey, A. C. (1989). *Forecasting, Structural Time Series Models and the Kalman Filter*. Cambridge: Cambridge University Press.

Harvey, A. C. and Todd, P. H. J. (1983). Forecasting economic time series with structural and Box-Jenkins models: A case study. *Journal of Business and Economic Statistics*, **1**, 299–307.

Harvey, A. C. and Jaeger, A. (1993). Detrending stylised facts and the business cycle. *Journal of Applied Econometrics*, **8**, 231–247.

Harvey, A. C. and Pierse, R. G. (1984). Estimating missing observations in economic time series. *Journal of the American Statistical Association*, **79**, 125–131.

Harvey, A. C. and Streibel, M. (1998). Test for deterministic versus indeterministic cycles. *Journal of Time Series Analysis*, **19**, 505–529.

Hastie, T. J. and Tibshirani, R. J. (1990). *Generalized Additive Models*. London: Chapman & Hall.

Hendry, D. F. and Juselius, K. (2000). Explaining cointegration analysis: Part I. *The Energy Journal*, **21**, 1–42.

Hendry, D. F. and Juselius, K. (2001). Explaining cointegration analysis: Part II. *The Energy Journal*, **22**, 75–120.

Herglotz, G. (1911). Über Potenzreihen mit positivem, reellen Teil im Einheitskreis.*Ber. Verh. Sachs. Akad. Wiss. Leipzig*, **63**, 501–511.

Hsiao, C. (1979). Autoregressive modelling of Canadian money and income data. *Journal of the American Statistical Association*, **74**, 553–560.

Huang, J. Z. and Shen, H. (2004). Functional coefficient regression models for non-linear time series: A polynomial spline approach. *Scandinavian Journal of Statistics*, **31**, 515–534.

Isserlis, L. (1918). On a formula for the product moment coefficient of any orde of a normal frequency distribution in any number of variables. *Biometrika*, **12**, 134–139.

Jaquier, E., Polson, N. G. and Rossi, P. E. (1994). Bayesian analysis of stochastic volatility models (with discussion). *Journal of Business and Economic Statistics*, **12**, 371–417.

Jazwinski, A. H. (1970). *Stochastic Processes and Filtering Theory*. Cambridge: Academic Press.

Jessup, A. T., Melville, N. K. and Keller, W. C. (1991). Breaking waves affecting microwave backscatter: 1. Detection and verification. *Journal of Geophysical Research*, **96**, 547–59.

Johansen, S. (1988). Statistical analysis of cointegration vectors. *Journal of Economic Dynamics and Control*, **12**, 231–254.

REFERÊNCIAS

Johansen, S. (1994). The role of the constant and linear terms in cointegration analysis of nonstationary variables. *Econometric Reviews*, **13**, 205–229.

Johansen, S. (1995). *Likelihood Based Inference in Cointegrated Vector Error Correction Models*. Oxford: Oxford University Press.

Jones, R. H. (1980). Maximum likelihood fitting of ARMA models to time series with missing observations. *Technometrics*, **22**, 389–395.

Jones, R. H. (1984). Fitting multivariate models to unequally spaced data. In *Time Series Analysis of Irregularly Observed Data* (E. Parzen, ed.), 158–188. Lecture Notes in Statistics, **25**, New York: Springer.

Kalman, R. E. (1960). A new approach to linear filtering and prediction problems. *Trans. ASME J. Basic Eng.*, **82**, 35–45.

Kalman, R. E. and Bucy, R. S. (1961). New results in filtering and prediction theory. *Trans. ASME J. Basic Eng.*, **83**, 95–108.

Kim, C. J. and Nelson, C. R. (1999). *State Space Models With Regime Switching*. Cambridge: The MIT Press.

Kim, S., Shephard, N. and Chib, S. (1998). Stochastic volatility: Likelihood inference and comparison with ARCH models. *Review of Economic Studies*, **85**, 361–393.

Kitagawa, G. and Gersch, W. (1984). A smoothness priors modeling of time series with trend and seasonality. *Journal of the American Statistical Association*, **79**, 378–389.

Koopman, S. J., Harvey, A. C., Doornik, J. A. and Shephard, N. (2000). *STAMP 6.0: Structural Time Series Analyser, Modeller and Predictor*. London: Timberlake Consultants Ltd.

Kreiss, J.-P., and Paparoditis, E. (2011). Bootstrapping locally stationary processes. Technical Report.

Layton, A. P. (1984). A further note on the detection of Granger instantaneous causality. *Journal of Time Series Analysis*, **5**, 15–18.

Ling, S., Tong, H. and Li, D. (2007). Ergodicity and invertibility of threshold moving-average models. *Bernoulli*, **13**, 161–168.

Liu, L.-M. (1981). Estimation of random coefficient regression models, *Journal of Statistical Computation and Simulation*, **13**, 27–39.

Loynes, R. M. (1968). On the concept of the spectrum for nonstationary processes. *Journal of the Royal Statistical Society,* Series B, **30**, 1–20.

Lütkepohl, H. (1991). *Introduction to Multiple Time Series Analysis*. Heidelberg: Springer Verlag.

Martin, W. and Flandrin, P. (1983). Pseudo-Wigner spectral analysis of nonstationary processes. *Proceedings IEEEE ASSP Spectrum Estimation Workshop II*, 181–185. Florida, Tampa.

Martin, W. and Flandrin, P. (1985). Wigner-Ville spectral analysis of nonstationary processes. *IEEE Transactions on Acoustics, Speech, and Signal Processing*, vol. ASSP-33, pp. 1461-1470.

Meinhold, R. J. and Singpurwalla, N. D. (1983). Understanding the Kalman Filter. *The Statistician*, **37**, 123–127.

Mills, T. C. (1999). *The Econometric Modelling of Financial Time Series*. Second Edition. Cambridge: Cambridge University Press.

Mohler, R. R. (1973). *Bilinear Control Processes: With Applications to Engineering, Ecology and Medicine*. Orlando: Academic Press.

Montoril, M. H., Morettin, P. A. and Chiann, C. (2014). Spline estimation of functional coefficient regression models for time series with correlated errors. *Statistics and Probability Letters*,**92**, 226–231.

Montoril, M. H., Morettin, P. A. and Chiann, C. (2018). Wavelet estimation of functional coefficient regression models. *Wavelets, Multiresolution and Information processing*,**16**, 1850004-1–1850004-29.

Morettin, P. A. (2014). *Ondas e Ondaletas*. 2.ed. São Paulo: EDUSP.

Morettin, P.A. (2017). *Econometria Financeira*. 3.ed. São Paulo: Blucher.

Morettin, P. A. and Toloi, C. M. C. (2018). *Análise de Séries Temporais*. Volume 1. 3.ed. São Paulo: Blucher.

Motta, A. C. O. (2001). *Modelos de Espaço de Estados Não-Gaussianos e o Modelo de Volatilidade Estocástica*. Dissertação de Mestrado. IMECC-UNICAMP.

Muth, J. F. (1960). Optimal properties of exponentially weighted forecasts. *Journal of the American Statistical Association*, **55**, 299–305.

Nelson, D. B. (1991). Conditional heteroskedasticity in asset returns. *Econometrica*, **59**, 347–370.

Neumann, M.H. and von Sachs, R. (1997). Wavelet thresholding in anisotropic function classes and application to adaptive estimation of evolutionary spectra. *The Annals of Statistics*, **25**, 38–76.

Nicholls, D. F. and Quinn, B. G. (1980). The estimation of random coefficient autoregressive models. I. *Journal of Time Series Analysis*, **1**, 37–46.

REFERÊNCIAS

Nieto, F. H. (2005). Modeling bivariate threshold autoregressive processes in the presence of missing data. *Communications in Statistics–Theory and Methods*, **34**, 905–930.

Nieto, F. H. (2008). Forecasting with univariate TAR models. *Statistical Methodology*, **5**, 263–276.

Ombao, H. C., Raz, J. A., von Sachs, R. and Malow, B. A. (2001). Automatic statistical analysis of bivariate nonstationary time series. *Journal of the American Statistical Association*, **96**, 543–560.

Osterwald-Lenum, M. (1992). A note with quantiles of the asymptotic distribution of maximum likelihood cointegration rank statistics. *Oxford Bulletin of Economies and Statistics*, **54**, 461–472.

Pagan, A. R. and Schwert, G. W. (1990). Alternative models for conditional stochastic volatility. *Journal of Econometrics*, **45**, 267–290.

Page, C. H. (1952). Instantaneous power spectra. *Journal of Applied Physics*, **23**, 103–106.

Palma, W. and Olea, R. (2010). An efficient estimator for locally stationary Gaussian long-memory processes. *The Annals of Statistics*, **38**, 2958–2997.

Paparoditis, E. (2009). Testing temporal constancy of the spectral structure of a time series. *Bernoulli*, **15**, 1190–1221.

Paparoditis, E. and Politis, D. N. (2002). Local block bootstrap. *Comptes Rendus de l' Académie des Sciences de Paris*, Ser. I, **335**, 959–962.

Peña, D., Tiao, G. C. and Tsay, R. S. (2001). *A Course in Time Series Analysis*. New York: John Wiley and Sons.

Percival, D. B. (1994). Spectral analysis of univariate and bivariate time series. In *Statistical Methods for Physical Science*, edited by J. L. Stanford and S. B. Vardeman, a volume in the series Methods of Experimental Physics. New York: Academic Press, pp. 313–48.

Percival, D.B. and Walden, A.T. (1993). *Spectral Analysis for Physical Applications*. Cambridge: Cambridge University Press.

Petris, G. (2011). An R package for Dynamic Linear Models. *Journal of Statistical Software*, **36**, Issue 12, 1–16.

Petris, G., Petrone, S. and Campagnoli, P. (2009). *Dynamic Linear Models with R*. Springer.

Petris, G. and Petrone, S. (2011). State space models in R. *Journal of Statistical Software*, **41**, Issue 4, 1–25.

Pham, D. T. and Tran, L.T. (1981). On the first order bilinear time series model. *Journal of Applied Probability*, **18**, 617–627.

Pham, D. T. (1985). Bilinear Markovian representation and bilinear models. *Stochastic processes and their Applications*, **20**, 295-306.

Phillips, P. C. B. (1986). Understanding spurious regression in econometrics. *Journal of Econometrics*, **33**, 311–340.

Phillips, P. C. B. (1991a). Optimal inference in cointegrated systems. *Econometrica*, **59**, 283–306.

Phillips, P. C. B. (1991b). To criticize the critics: An objective Bayesian analysis of stochastic trends. *Journal of Applied Econometrics*, **6**, 333–364.

Pierce, D. A. and Haugh, L. D. (1977). Causality in temporal systems: Characterizations and a survey. *Journal of Econometrics*, **5**, 265–293.

Priestley, M. B. (1965). Evolutionary spectra and nonstationary processes. *Journal of the Royal Statistical Society,* Series B, **27**, 204–237.

Priestley, M. B. (1980). State-dependent models: A general approach to nonlinear time series analysis. *Journal of Time Series Analysis*, **1**, 47–71.

Priestley, M. B. (1981). *Spectral Analysis and Time Series.* London: Academic Press, volumes 1, 2.

Priestley, M. B. (1988). *Non-linear and Non-stationary Time Series.* London: Academic Press.

Rosenblatt, M. (1983). Cumulants and cumulant spectra. In Brillinger, D. R. and Krishnaiah, P. R., editors, Handbook of Statistics Volume 3: Time Series in the Frequency Domain, pages 369–382. Elsevier Science Publishing Co., New York; North-Holland Publishing Co., Amsterdam.

Ruberti, A., Isidori, A. and D'Alessandro, P. (1972). *Theory of Bilinear Dynamical Systems.* CISM International Center for mechanical Sciences.

Sáfadi, T. and Morettin, P. A. (2000). A Bayesian analysis of threshold autoregressive moving average models. *Sankhya*, Series B, **62**, 353–371.

Sáfadi, T. and Morettin, P. A. (2003). A Bayesian analysis of autoregressive models with random normal coefficients. *Journal of Statistical Computation and Simulation*, **73**, 563–573.

Sakiyama, K. and Tanigushi, M. (2003). Testing composite hypotheses for locally stationary processes. *Journal of Time Series Analysis*, **24**, 483–504.

Sanchez-Espigares, J.A. and Lopez-Moreno, A. (2018). *Package MSwM.* Repository CRAN.

Shephard, N. and Pitt, M. K. (1997). Likelihood analysis of non-Gaussian measurement time series. *Biometrika*, **84**, 653–667.

Silverman, R. A. (1957). Locally stationary random processes. *IRE Transaction Information Theory,* IT-3,182-187.

REFERÊNCIAS

Shumway, R. H. (1985). Time series in the soil sciences: Is there life after kriging? *Soil Spatial Variability* (J. Bouma and D. R. Nielson, eds), 35–60. Pudoc Wageningen,The Netherlands.

Shumway, R. H. and Stoffer, D. S. (1982). An approach to time series smoothing and forecasting using the EM algorithm. *Journal of Time Series Analysis*, **3**, 253–264.

Shumway, R. H. and Stoffer, D. S. (2015). *Time Series Analysis and Its Applications.* Third Edition. New York: Springer.

Stock, J. H. and Watson, M. W. (1988). Testing for common trends. *Journal of The American Statistical Association*, **83**, 1097–1107.

Subba Rao, T. (1981). On the theory of bilinear time series models. *Journal of the Royal Statistical Society*, Series B, **43**, 244–255.

Subba Rao, T. and Gabr, M. M. (1984). *An Introduction to Bispectral Analysis and Bilinear Time Series Models.* Berlin: Springer.

Taylor, S. J. (1980). Conjectured models for trend in financial prices tests as forecasts. *Journal of the Royal Statistical Society*, Series B, **42**, 338–362.

Taylor, S. J. (1986). *Modeling Financial Time Series.* New York: Wiley.

Teetor, P. (2015). *Recipes for State Space Models in R.* https://github.com/pteetor.

Toloi, C. M. C. and Morettin, P. A. (1993). Spectral analysis for amplitude modulated time series. *Journal of Time Series Analysis*, **14**, 409–432.

Tong, H. (1978). On a threshold model. In: Chen, C.H. (Ed.), Pattern Recognition and Signal Processing. Sijthoff and Noordhoff, Amsterdam.

Tong, H. (1983). *Threshold Models in Non-Linear Time Series Analysis.* Lecture Notes in Statistics, **21**, Heidelberg: Springer.

Tong, H. (1990). *Non-Linear Time Series Models.* Oxford: Oxford University Press.

Tong, H. and Lim, K. S. (1980). Threshold autoregression, limit cycles and cyclical data. *Journal of the Royal Statistical Society*, Series B, **42**, 245–292.

Tsay, R. S. (1989). Testing and modeling threshold autoregressive processes.*Journal of the American Statistical Association*, **84**, 231–240.

Tsay, R. S. (2005). *Analysis of Financial Time Series.* Second edition. New York: Wiley.

Tsay, R. S. and Chen, R.(2018). *Nonlinear Time Series Analysis.* New York: Wiley.

Van Bellegem, S. (2011). Locally stationary volatility models. In L. Bawens, C. Hafner and S. Lauren (eds), Wiley Handbook in Financial Engineering and Econometrics: Volatility Models and Their Applications. New York, Wiley.

van der Weide, R. (2002). GO-GARCH: a multivariate generalized orthogonal GARCH model. *Journal of Applied Econometrics*, **17**, 549–564.

Ville, J. (1948). Théorie et applications de la notion de signal analytique. *Cables et Transm.*, 2ème A:61–74.

Volterra, V. (1930). *Theory of Functionals and of Integral and Integro-differential Equations*. Blackie & Son.

Von Sachs, R. and Neumann, M. H. (2000). A Wavelet-Based test for stationarity. *Journal of Time Series Analysis*, **21**, 597–613.

West, M. (1997). Time series decomposition. *Biometrika*, **84**, 489–494.

West, M. and Harrison, J. (1997). *Bayesian Forecasting and Dynamic Models*. Second Edition. New York: Springer.

Wiener, N. (1958). *Nonlinear Problems in Random Theory*. Boston: MIT Press.

Wigner, E. P. (1932). On the quantum correction for thermodynamic equilibrium. *Physical Review*, **40**, 749–759.

Wold, H. (1938).*A Study in the Analysis of Stationary Time Series*. Uppsala: Almqvist und Wiksell.

Yao, J. and Attali, J.-G. (2000). On stability of nonlinear AR processes with Markovian switching. *Advances in Applied probability*, **32**, 394–407.

Yao, Q. (2007). *Nonlinear Time Series: A Short Course*. 12ª Escola de Séries Temporais e Econometria, 2007.

Zakoian, J. M. (1994). Threshold heteroskedasticity models. *Journal of Economic Dynamics and Control*, **18**, 931–955.

Zhang, H. and Nieto, F.H. (2015). TAR modeling with missing data when the white noise process follows a Student's t-distribution. *Revista colombiana de Estadística*, **38**, 239–266.

Zhang, H. and Nieto, F.H. (2016). A new R package for TAR modeling. In, Proceedings of the XXVI Simposio Internacional de Estadística, Sucre, Colombia.

Zivot, E. and Wang, J. (2006). *Modelling Financial Time Series With SPLUS*. Second Edition. New York: Springer.

Zivot, E. and Yollin, G. (2012).*Time series forecasting with state space models*. Disponível em http:// pt.scribd.com/document/192232609/Zivot-Yollin-R-Forecasting.

Índice remissivo

Algoritmo
  EM, 13
AR(p)
  vetorial, 42
Assimetria, 69
autorregressivos
  vetoriais, 42

Biespectro, 219
Bootstrap
  para PLE, 252

Causalidade
  unidirecional, 58
Coeficiente
  de correlação, 39
Coerência
  complexa, 200
  quadrática, 201
Coespectro, 198
Correlações
  matriz de, 39
Covariâncias
  estimação, 41
  matriz de, 37
Cruzada
  função de covariância, 197
Cumulante
  de ordem r, 216
  espectral, 218
Cumulantes, 216
  propriedades, 217
Curtose, 69

Decomposição

de Karhunen, 237
Desconto
  fator de, 18
Distribuição
  estável, 67

Equação
  de estado, 8
  de observação, 8
Equações
  de filtragem, 11
  de previsão, 11
Espectro
  cruzado, 198
  de amplitudes, 199
  de fases, 199
  de Priestley: estimação, 243
  de quadratura, 198
  de Wigner-Ville, 239
  de Wigner-Ville: estimação, 246
  evolucionário, 241
Espectros
  dependentes do tempo, 233
  evolucionários, 235
Estimação
  de modelos ARCH, 75
  de modelos TAR, 163
  de modelos VAR, 49
  do espectro cruzado, 201
Estimadores
  de MV, 12
  suavizados, 204
Extensões
  do modelo GARCH, 98

ÍNDICE REMISSIVO

F.C.
  conjunta, 216
Fatos
  estilizados, 64
Filtradas
  probabilidades, 177
Filtro
  de Kalman, 10
Forma vetorial
  de um modelo bilinear, 154
Função geradora
  de cumulantes, 217

Ganho
  de Kalman, 11

Identificação
  de modelos ARCH, 74
  de modelos TAR, 169
Invariante
  no tempo, 8

Matriz
  de transição, 8
  do sistema, 8
Modelo bilinear
  estacionariedade, 156
  estimação, 192
  invertibilidade, 156
Modelos
  ARCH, 61, 70
  autorregressivos vetoriais, 42
  BEKK, 130
  bilineares, 152
  CCC, 139
  com ciclo, 17
  com componente sazonal, 16
  com CP, 134
  DCC, 143
  de espaço de estados, 7
  de nível local, 14
  de tendência local, 15
  de transição, 173
  de volatilidade estocástica, 108
  EGARCH, 98
  estruturais, 7, 14
  EWMA multivariados, 125
  FAR, 187
  GARCH multivariados, 123

heteroscedásticos condicionais, 61
lineares dinâmicos, 7
MGARCH, 124
multivariados, 37
Não Lineares, 149
não lineares na média, 151
não lineares na variância, 151
TAR, 161, 162
TARMA, 161
TGARCH, 101
VEC, 125
VEC diagonais, 127
MTM
  estimação, 193
Multivariada
  análise espectral, 197

Observações
  perdidas, 29

Periodograma
  cruzado, 203
  short-time, 250
PIB
  variação anual, 192
PLE
  estimação do espectro, 248
  lineares, 250
  multivariados, 252
Preliminares, 1
Previsão
  de modelos ARCH, 77
  de modelos TAR, 170
Processo
  linear multivariado, 40
Processos
  espectrais empíricos, 251
  integrados, 221
Processos estocásticos
  harmonizáveis, 238
  localmente estacionários, 239
  oscilatórios, 237

Representação
  em espaço de estados, 7
  espectral, 199
Retornos, 62
  distribuição, 66

ÍNDICE REMISSIVO

Ruído
branco multivariado, 40

Sazonalidade, 64
Sistemas
não gaussianos, 34
não lineares, 34
Suavizadas
probabilidades, 177
Suavizador
de Kalman, 12

Tendência, 64
Teste
de Johansen, 228
de linearidade, 169
Transformada
de Fourier finita, 202

Valores
atípicos, 64
VAR
construção, 48
diagnóstico, 49
equações de Yule-Walker, 48
estacionário, 47
estimação, 49
identificação, 48
previsão, 50
Verificação
de modelos ARCH, 76
Vetor
cointegrante, 222
de médias, 37
estacionário, 39
Volatilidade, 61, 65
Volterra
expansão, 151

Wigner
pseudo estimador, 246

GRÁFICA PAYM
Tel. [11] 4392-3344
paym@graficapaym.com.br